京津冀、长三角和珠三角地区战略环境评价系列丛书

珠三角地区
战略环境评价研究

张玉环　刘晓文　许乃中　主编

中国环境出版集团·北京

图书在版编目（CIP）数据

珠三角地区战略环境评价研究 / 张玉环，刘晓文，许乃中主编 .—北京：中国环境出版集团，2020.9

（京津冀、长三角和珠三角地区战略环境评价系列丛书）

ISBN 978-7-5111-4423-2

Ⅰ . ①珠… Ⅱ . ①张… ②刘… ③许… Ⅲ . ①珠江三角洲一战略环境评价一研究 Ⅳ . ① X821.265

中国版本图书馆 CIP 数据核字（2020）第 167635 号

审图号：GS（2020）3893 号

出 版 人 武德凯
责任编辑 李兰兰
责任校对 任　丽
封面设计 宋　瑞

出版发行 中国环境出版集团
（100062　北京市东城区广渠门内大街 16 号）
网　　址：http://www.cesp.com.cn
电子邮箱：bjgl@cesp.com.cn
联系电话：010-67112765（编辑管理部）
010-67112735（第一分社）
发行热线：010-67125803　010-67113405（传真）

印　　刷 北京中科印刷有限公司
经　　销 各地新华书店
版　　次 2020 年 9 月第 1 版
印　　次 2020 年 9 月第 1 次印刷
开　　本 787×1092　1/16
印　　张 11
字　　数 280 千字
定　　价 86.00 元

《珠三角地区战略环境评价研究》

编　委　会

前言

生态文明建设是关系中华民族永续发展的根本大计。党的十八大以来，以习近平同志为核心的党中央大力推动生态文明理论创新、实践创新和制度创新，提出一系列新理念、新思想、新战略和新要求，形成了习近平生态文明思想，开辟了生态文明建设理论和实践的新境界。战略环境评价是促进生态文明建设的重要手段，建设生态文明必须在宏观决策层面进行战略部署，优化空间战略格局和重大生产力布局，从源头预防环境污染和生态破坏。

广东省是我国改革开放政策的实验区和排头兵，是我国参与国际合作的重要区域和前沿地带，是“一带一路”“粤港澳大湾区”“珠江—西江经济带”“北部湾城市群”“海峡西岸城市群”和自由贸易试验区等多重国家战略的指向区和实施区，是率先基本实现社会主义现代化的先行区。广东省地处我国大陆南部、珠江流域中下游，地跨南岭山地、岭南丘陵和雷州半岛台地 3 个自然区域，是重要的水源涵养区、生物多样性保护功能区、全国重点人居安全功能保障区以及国家绿色发展引领区。

多年来，广东省着力探索推进经济发展方式转变与环境治理模式创新，为全国其他地区绿色发展提供了先行示范经验。同时，随着经济的高速发展，区域资源环境压力日益增大，区域性、累积性、复合型生态环境问题尚未根本解决。当前，广东省经济已由高速增长阶段转向高质量发展阶段，但经济社会发展与生态环境保护不平衡状况依然存在，节约资源和保护环境的发展模式尚未完全形成，继续引领全国绿色发展仍将面临空间布局性矛盾有待根本解决、结构性问题依然突出、粗放型生产方式尚未根本转变、生活方式绿色化水平亟待加强等重大压力与挑战。

珠三角地区战略环境评价（涵盖广东省全境）是原环境保护部组织开展的第四轮重大区域战略环境评价工作之一，项目自 2015 年至 2017 年历时 3 年完成。本项工作以空间管制、总量管控和环境准入为评价主线，以环境质量改善和人居安全保障为两大核心任务，系统评估了区域生态环境重大问题和制约性因素，辨析了区域发展与生态环境的耦合关系，预测分析了区域发展的中长期环境影响与生态风险，研究提出了广东省经济绿色转型、空间开发优化与资源环境协调发展的调控对策，制定了促进广东省经济社会和生态环境保护协调发展的战略性总体方案，提出了分区和城市尺度的环境管控要求。根据项目成果，生态环境部、广东省人民政府以环办环评〔2018〕16 号文发布《关于促进广东省经济社会与生态环境保护协调发展的指导意见》。

2019 年，党中央、国务院先后印发《粤港澳大湾区发展规划纲要》和《关于支持深圳建设中国特色社会主义先行示范区的意见》，为新时代广东的发展带来前所未有的重大机遇。广东省的布局性、结构性问题难以在短期内根本扭转，珠三角地区战略环境评价的成果对协调区域经济社会发展和生态环境保护、促进广东继续引领全国绿色发展依然有较强的指导性作用。

珠三角地区战略环境评价的技术牵头单位生态环境部华南环境科学研究所联合国家和地方高水平科研单位组成了课题组，主要参加单位包括广东省环境科学研究院、北京师范大学、广州地理研究所、广东省社会科学院等。

珠三角地区战略环境评价项目在实施过程和本书编辑整理过程中得到了生态环境部、生态环境部环境工程评估中心以及广东省人民政府、广东省生态环境厅等有关部门的大力支持，得到项目专家顾问团队的悉心指导，谨此表示最诚挚的感谢！

目 录

第一章

概　述

第一节　研究背景

改革开放以来，珠三角地区（即广东省，下同）充分发挥了毗邻港澳的地缘优势、聚集五湖四海的资源优势、先行先试的体制优势、大胆创新的制度优势，锐意改革，率先开放，开拓进取，已经成为提升我国综合实力、带动全国经济发展的重要引擎之一。2015 年，珠三角地区以不足全国 2% 的国土，聚集了全国近 8% 的人口，创造出全国近 11% 的 GDP，人均收入与城市化率均处于全国领先水平。随着生态文明建设的深入推进，绿色低碳循环发展正在成为我国经济发展方式转变的主旋律。“一带一路”倡议及“粤港澳大湾区”“珠江—西江经济带”“北部湾城市群”“海峡西岸城市群”等国家战略的实施，为珠三角地区经济社会的可持续发展确立了新目标、提出了新要求、提供了新动力。

适应经济社会与环境保护新常态，改善生态环境质量、提升环境安全水平，继续在经济转型、绿色发展等方面走在全国前列，发挥引领和示范作用，对珠三角地区乃至全国具有重大现实意义。开展珠三角地区战略环境评价，系统评估珠三角地区发展战略及其资源环境支撑，全面诊断区域中长期生态环境风险，探索破解区域开发与生态安全格局、城市群发展与资源环境承载两大矛盾的共性路径，构建确保生态安全、促进经济转型、协调城乡发展的环境保护新格局，是率先实现绿色化转型发展和生态文明建设战略目标的重要举措，可为广东省继续在改善生态环境质量、推进绿色发展方面走在全国前列提供科学支撑。

第二节　研究范围与时段

一、研究范围

1. 研究范围[①]

本书研究范围涵盖整个广东省，具体包括广州、深圳、佛山、东莞、肇庆、惠州、江门、

① 本书中珠三角地区范围即为广东省全域；珠三角城市群范围为广州市、深圳市、珠海市、佛山市、江门市、东莞市、中山市、惠州市、肇庆市和顺德区；粤东地区包括汕头市、潮州市、揭阳市和汕尾市；粤西地区包括湛江市、茂名市和阳江市；粤北地区包括韶关市、清远市、梅州市、河源市和云浮市。

中山、珠海、汕头、潮州、揭阳、汕尾、梅州、河源、湛江、茂名、阳江、云浮、韶关、清远等21个地级及以上城市和顺德区（图1-1和图1-2），总面积17.97万km^2，占全国国土面积的1.9%。2015年，珠三角地区人口1.08亿，GDP 7.28万亿元，分别占全国的7.9%和10.7%。

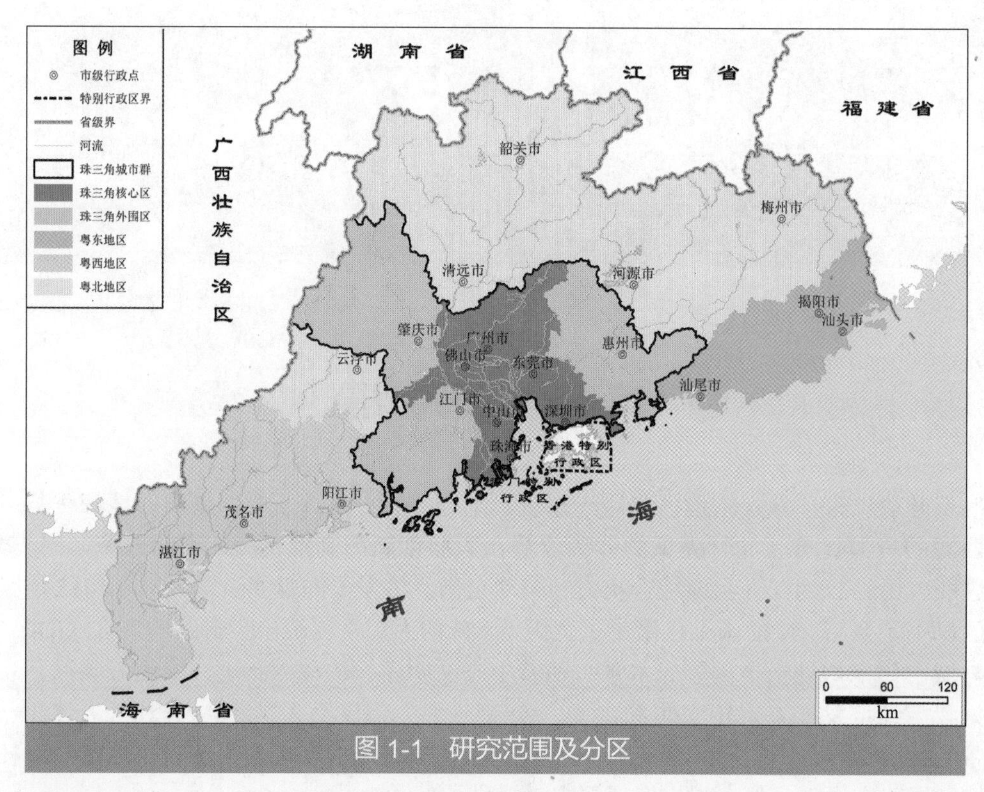

图1-1 研究范围及分区

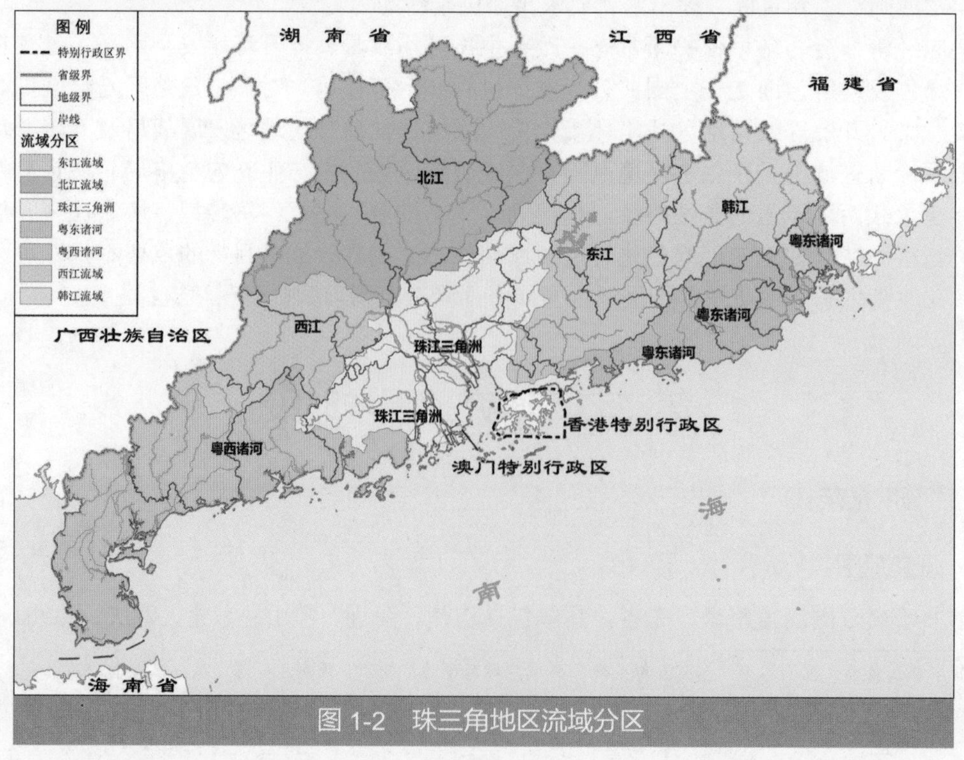

图1-2 珠三角地区流域分区

2. 各环境要素评价范围

各环境要素评价范围见表 1-1。

表 1-1 环境要素评价范围

评价要素	评价范围	重点评价区
大气环境	广东省全域	珠三角城市群、湛茂阳临港经济带、潮汕揭城市群
地表水环境	东江流域、西江流域、北江流域、珠江三角洲诸河、韩江流域、粤西诸河、粤东诸河	珠江三角洲河网
近岸海域	广东省管辖的近岸海域	珠江口及毗邻海域（珠江口、深圳湾、大亚湾、大鹏湾）
生态环境	广东省全域	珠三角城市群，粤东西北重点生态功能区、生态敏感区

3. 重点关注地区

重点关注珠三角城市群（包括广州市、深圳市、珠海市、佛山市、江门市、东莞市、中山市、惠州市、肇庆市和顺德区等 9 市 1 区），总面积 54 744 km^2。

二、评价时段

评价基准年为 2015 年，演变趋势分析时段为 2001—2015 年。近期到 2020 年，中期到 2030 年，远期到 2035 年。

第三节 研究目标与任务

一、研究目标

以促进环境质量改善、优化海陆生态格局、保障人居环境安全为目标，遵循生态红线优布局、行业总量控规模、环境准入促转型的基本原则，系统分析区域和城市群发展特征以及资源环境演化规律，辨识中长期生态环境影响特征及关键制约因素，评估区域和城市群发展的中长期环境影响和生态风险，研究珠三角地区经济转型、空间开发优化与资源环境协调发展的调控对策，制订区域生态环境战略性保护总体方案，为区域中长期发展战略等重大决策提供科学依据。

二、研究任务

1. 区域生态环境现状及其演变趋势评估

研究珠三角地区生态环境保护的战略定位和需求，利用资源环境等领域已有的调查、统计、监测数据和科研成果，开展必要的生态环境专项调查和补充监测，摸清区域生态环境现状和演变趋势，辨识区域性、累积性生态环境问题。

2. 区域发展现状及资源环境效率评价

梳理国家和区域经济社会发展战略，分析珠三角地区经济与城镇化发展特征和演变趋势，比较珠三角地区城市群与世界主要城市群在经济发展模式、空间利用方式、资源环境效率、环境管理水平等方面的主要差距，评估资源利用效率和环境压力状况。

3. 区域资源环境承载力综合评估

基于珠三角地区经济社会发展特征和发展趋势，分析预测区域发展战略实施的资源环境压力，判断区域社会经济发展与资源环境变化的基本态势。分析资源环境利用水平、承载状态及其空间分布特征，识别区域和城市群发展的资源环境总量、资源利用效率、生态空间需求等关键性制约因素。确定生态红线优布局、行业总量控规模、环境准入促转型的准则和要求，评估生态保护红线、环境质量底线和资源利用上线的总体状态及其对经济社会发展的支撑能力。

4. 中长期环境影响预测与风险评价

设置珠三角地区区域发展战略情景。评估区域发展的中长期生态环境影响特征和关键影响因子，明确中长期生态环境影响态势及其阶段性、布局性和结构性特征，评估区域性、行业性重大资源环境问题的演变态势。

5. 区域生态环境战略性保护总体方案

遵循生态红线优布局、行业总量控规模、环境准入促转型的基本原则，研究提出促进珠三角地区经济绿色转型、生态安全提升、环境质量改善的生态环境战略性保护的路线图、优先领域及重点任务，构建区域生态环境风险预警框架体系；探索区域工业化、城镇化与环境保护绿色协调发展的模式和路径。

6. 促进区域绿色发展与生态文明建设的体制机制

研究健全跨区域大气污染联防联控、流域水环境保护的协作机制，探索生态保护红线、环境质量底线和资源利用上线及生态环境风险预警的落地保障机制，创新有利于绿色转型发展的财税、金融、贸易、技术政策及环境保护管理制度等生态文明建设的体制机制。

第二章

区域发展与保护的全局战略性地位

第一节　区域发展的战略定位

一、绿色发展示范区

改革开放以来，珠三角地区经济高速增长，资源环境承载能力接近饱和，依靠高投入、高消耗、高排放的发展模式支撑经济增长的空间越来越小。21 世纪以来，广东省委、省政府把环境保护放在事关经济社会发展全局的战略位置，全面推进生态文明建设，深刻践行绿色发展理念，近年来逐步实现了经济社会持续发展与环境质量不断改善的双提高、双促进。绿色发展局面改观明显，发展质量和水平提升显著。

珠三角地区实现经济中高速增长的同时，资源环境绩效水平不断提升，环境质量初步呈现稳中求好态势，污染物减排、资源节约集约利用等工作走在全国前列，库兹涅茨曲线拐点初步显现：2010 年用水总量达到峰值，随后持续下降，2015 年万元 GDP 用水量接近 50 t；“十二五”期间，单位 GDP 能耗累计下降 20.98%，2015 年达到 0.42 t 标准煤 / 万元；COD、SO_2 等 4 项主要污染物排放量持续下降，超额完成国家减排任务；$PM_{2.5}$ 年均浓度在国家三大重点防控区中率先达标，珠江流域水质排在全国七大重点流域前列。珠三角地区环境保护工作取得的显著成就，不仅推动本区域绿色发展、全面建成小康社会迈上了新台阶，而且为指引国内先发地区可持续发展起到了示范作用。

珠三角城市群 2010 年率先建成国家环保模范城市群，在此基础上，2016 年 9 月，环境保护部与广东省人民政府签署省部合作协议，支持珠三角城市群建设国家绿色发展示范区，这既是对珠三角地区以往绿色发展成绩的充分肯定，也是对珠三角地区深化绿色发展工作提出的更高要求，更是珠三角地区迈入高质量发展新阶段的内在需求。珠三角地区建设国家绿色发展示范区将以珠三角城市群为重点、以全省绿色协调发展为目标、以产业合理分工和区域城市协同为主线，积极探索全省深入践行“两山论”的绿色发展机制与路径，全面提升生态环境竞争力与人居环境品质，努力建成“绿色空间合理、绿色经济发达、绿色环境优美、绿色人文繁荣、绿色制度创新”的国家绿色发展示范区，辐射带动粤东西北地区实现经济和环境协调发展，为珠三角地区率先建成小康社会、率先基本实现社会主义现代化提供重要支撑，履行珠三角地区争当全国绿色发展排头兵的历史使命。

二、深化改革试验区

作为改革开放以来探索中国特色社会主义发展道路的“试验田”，珠三角地区 30 多年飞速发展，成就举世瞩目，但积累的矛盾和问题也比其他地区相对更早、更突出、更集中，因而对优化产业经济结构、转变经济社会发展方式迫切性的体会和认识也更痛切、更深刻。全省上下日益认识到，加快实现经济社会转型升级是珠三角地区贯彻落实习近平新时代中国特色社会主义思想的必然选择，是事关前途命运和人民群众福祉的一场大仗、硬仗。探索可持续发展模式，是珠三角地区经济社会发展转型的内生自觉和内在要求，是社会各界的热切期盼。面对经济社会领域的这场深刻变革，要继续坚持以科学发展观统领全局，加快结构调整，多种方式推动转型升级。既要抓“腾笼换鸟”，又要推动“凤凰涅槃”；既要重视传统产业、加工贸易产业的改造提升，更要不断扩大战略性新兴产业的规模。

珠三角地区作为深化改革开放先行地，应充分强化国家“一带一路”倡议枢纽、世界经贸合作中心和区域发展重要引擎的功能，发展经济特区、中国（广东）自由贸易试验区的带动作用，着力抓好深化改革各项试点工作，在完善社会主义市场经济体制、推进经济建设、对外开放、社会管理、生态文明建设等方面积极开展先行先试，携手泛珠区域各方共同拓展参与“一带一路”建设的广度和深度，为泛珠区域和全国深化改革、扩大开放探索道路并积累经验。

三、泛珠联动引领区

坚持“政府引导、统筹推进，改革引领、创新驱动，优势互补、合作共赢，陆海统筹、全面开放，生态优先、绿色发展”的原则，着力深化改革、扩大开放，推动珠三角地区在泛珠三角区域“9+2”各方合作中发挥更大的作用，推动内地九省（区）一体化发展，进一步密切内地与港澳交流合作，促进泛珠三角区域经济协调联动发展，共同打造全国改革开放先行区、全国经济发展重要引擎、内地与港澳深度合作核心区、“一带一路”建设重要枢纽、生态文明建设先行先试区，共同构建经济繁荣、社会和谐、生态良好的泛珠三角区域。

进一步增强大局意识和责任意识，积极担当经济大省的责任和义务，更加主动加强与泛珠区域合作各方的沟通、衔接，不断强化合作机制，更加主动推进统一市场建设、基础设施互联互通、产业协作发展，在体制改革、对外开放、创新发展方面进一步增强服务和辐射作用。

建设与港澳深度合作核心区。在内地与香港、澳门关于建立更紧密经贸关系的安排（CEPA）及其补充协议框架下，充分发挥广东省与港澳联系密切以及“一国两制”的优势，深化各领域合作，协助港澳拓展发展空间，推动泛珠区域提升开放型经济水平。主动建立跨区域的生态建设、生态保护和污染防治联动机制，积极开展跨省（区）流域水资源保护、水污染防护、大气污染综合治理，强化跨省（区）生态保护和修复，推动泛珠区域清洁生产，开展生态保护补偿试点，为打造生态文明建设先行先试区提供重要支撑。

四、创新发展先行区

以创新驱动发展战略为核心战略和总抓手，坚持科技创新、制度创新“双轮驱动”，加强创新链、产业链、资金链、政策链“四链融合”，推动广东从要素驱动向创新驱动全面转变、从经济大省向创新强省全面转变。突出提高自主创新能力、培育创新型企业、形成区域创新格局和强化创新政策保障等四个方面，着力完善开放型区域创新体系，建设重大平台体系、自主研发体系、孵化育成体系、公共服务体系、信息网络体系，支撑引领珠三角产业转型升级，在全省率先形成以创新为主要引领和支撑的经济体系和发展模式，加快建成创新驱动发展先行省。

深入实施创新驱动发展战略，深化粤港澳及国际创新合作，建立有效的跨境、跨城创新合作协调机制，打造参与全球创新竞争与合作的重要平台，引领珠三角链接全球创新资源，促进区域内外创新主体之间的合作与交流，构建产业链分工协作体系和创新资源开放共享模式，联合香港、澳门建立协同高效、资源共享、功能齐全的创新集群，成为我国协同、开放创新的先行区。

以建设珠三角国家自主创新示范区和全面创新改革试验试点省为契机，创新合作机制，提升合作水平。把协同创新与珠江—西江经济带、粤桂黔高铁经济带合作试验区、粤桂合作特别试验区、闽粤经济合作区等跨省（区）重大平台建设结合起来，在区域创新发展方面发挥重要示范带动作用，成为促进全国创新发展的重要引擎。

五、对外开放门户区

珠三角地区因其连接南亚、东南亚和沟通太平洋、印度洋的区位优势，历史上就是我国最主要的开放口岸和最著名的侨乡。改革开放以来，珠三角地区利用历史时期形成的对外窗口及毗邻港澳的优势，率先引进外资和国外先进技术，大力发展出口加工业，积极兴办经济特区，掀起了中国经济体制改革创新的热潮。从实践成效看，深圳、珠海经济特区的改革开放与发展都取得了很大成功，为全省、全国积累了丰富的经验。

在 30 多年的发展过程中，珠三角地区积累了丰富的开放发展经验，收获了丰厚的“开放红利”。在新一轮开放热潮中，作为我国对外开放发展的门户，珠三角地区今后将深入贯彻开放发展理念，继续发挥地缘等各种优势，进一步提高对外开放的质量，加强开放发展的内外联动性，拓展经济发展空间，构建高水平开放新格局。对外抓住“一带一路”倡议机遇，努力构建全方位对外开放新格局，发展更高层次的开放型经济，进一步巩固对外开放优势，进一步增强与沿线国家和地区的合作，加强与欧美发达国家和世界其他国家的直接经济联系；对内大力推进泛珠三角区域合作和粤港澳合作，加强与周边地区的经贸往来。

第二节　绿色发展的战略意义

一、广东是探索新时代中国特色社会主义绿色发展路径的排头兵

习近平总书记参加第十三届全国人民代表大会第一次会议广东代表团审议时指出，广东

是改革开放的排头兵、先行地、实验区，在我国改革开放和社会主义现代化建设大局中具有十分重要的地位和作用。要在构建推动经济高质量发展体制机制、建设现代化经济体系、形成全面开放新格局、营造共建共治共享社会治理格局上走在全国前列。当前，广东正处于发展方式加快转变、经济结构持续优化、增长动力有序转换，同时生态环境质量由局部趋好向全面改善的可持续发展关键期，社会经济发展转型步伐和生态环境质量改善成效均处于我国先发地区的领先位置。广东先行探索新时代中国特色绿色发展路径，既是深化改革创新的必然之举，更是时代赋予的光荣使命，重任在肩，责无旁贷。

广东应有排头兵的政治自觉，将生态文明建设放在更加突出的战略位置，协同推进新型工业化、城镇化、信息化、农业现代化和绿色化，加快形成绿色低碳循环的发展方式和生活方式。既要抓牢携手港澳打造国际一流湾区和世界级城市群的重大机遇，建成珠三角国家绿色发展示范区，又要高标准建设北部生态特别保护区，推动粤东西北地区脱贫攻坚、实现绿色崛起，持续深化粤东西北和珠三角城市群协同联动发展，加快迈过环境质量拐点，为广东建设“两个重要窗口”和实现“四个走在全国前列”夯实生态基础，形成生态文明建设的广东样板和中国标杆。

二、加快绿色发展是广东实现高质量发展走在全国前列的关键点

党的十九大报告指出，当前我国社会主要矛盾已经转化为人民日益增长的美好生活需要与不平衡不充分发展之间的矛盾。其中，人民对美好生态环境的向往和优质生态产品的需求，与生态环境质量恶化和自然生态产品稀缺之间的矛盾尤为突出。要化解这个突出矛盾，推动产业经济绿色转型升级，实现经济由高速增长阶段向高质量发展阶段转变是根本。推动经济高质量发展是一个系统工程，需要统筹考虑、突出重点、抓住关键，着力发展绿色经济，加快形成绿色低碳循环生产方式，是实现高质量发展的突破口和关键点。

在国际政治经济环境动荡、国内经济发展进入新常态的关键期，广东应充分把握和巩固经济规模、创新动力、产业结构和生态环境质量等方面的比较优势，深化粤港澳大湾区协作融合，持续驱动经济发展方式转变、动力转化和质量提升，实现广东高质量发展水平保持全国前列。绿色发展是高质量发展的题中应有之义，也是人们追求安全、健康、优质生态产品的大势所趋，更是广东激发创新发展活力、深挖协调发展潜力、提升共享发展程度、塑造开放发展优势的本质内涵和内在动力。广东应继续加快绿色发展和配套制度创新步伐，提升传统产业技术水平，壮大节能环保产业、清洁生产产业、清洁能源产业，培育发展绿色服务业，提高资源能源效率和生态环境效益，通过绿色发展驱动产业分工由中低端资源消耗型向中高端创新驱动型迈进，助力广东高质量发展走在全国前列。

三、深化生态文明制度改革创新是广东释放绿色生产力的“先手棋”

“只有把制度建设作为重中之重，着力破除制约生态文明建设的体制机制障碍，才能走向生态文明新时代。”如果说创新是引领发展的第一动力，深化改革是激发创新活力的关键，那么生态文明建设的制度改革创新就是激活绿色发展潜力、释放绿色生产力的关键前提。加快构筑起产权清晰、多方参与、奖惩并举、系统完整的制度体系，对于推进生态文明领域国家治理体系和治理能力现代化、加快迈进社会主义生态文明新时代意义重大。

完善生态文明制度建设是绿色发展根本所依，长远所寄。党的十八大以来，广东牢记深化改革开放先行地和探索科学发展试验区的历史使命和责任担当，通过主体功能区划定、排污权交易、生态补偿、跨界治污、政府评价考核等系列体制机制创新，不断将生态文明建设引向深入。党的十八届三中全会提出了建立排污权交易制度，广东率先响应，一个月后就启动了排污权有偿使用和交易试点。广东制度改革创新不仅动作快，而且成效实、保障强。按照“谁受益，谁补偿”和“补偿激励相结合”的原则，广东建立和强化了“纵向＋横向”激励型生态补偿机制，在形成生态环境保护长效机制的同时，不仅激发了农村经济发展内生动力，提升了区域协调发展水平，而且引导传统生态补偿制度走出了“为了保护而保护、为了补偿而补偿”的误区，为相关制度创新探索正本清源、举旗定向。类似制度改革创新绝非个案，这些举措极大地释放了绿色生产力，为我国探索绿色发展路径、补强制度“短板”贡献了广东智慧和广东方案。

第三节　环境保护的战略方向

一、率先补齐环境“短板”是绿色发展的基本要求

改革开放30多年来，珠三角地区经济总量长期位居全国前列的同时，环境污染问题一度比较突出，主要污染物排放总量长期位居全国前列。按照人均GDP约7%的增长速度，到“十三五”期末，珠三角地区人均GDP将增至大约15 000美元（相当于1990年不变价约7 800美元）。根据发达国家的历史经验，此阶段属于多数污染物排放的峰值期，同时也是生态环境质量转变的“拐点期”，经济和环境之间的关系会发生深刻和重大转变，发展与保护的矛盾将趋于激化。与此同时，跨越“环境拐点”、实现经济与环境可持续发展的机会窗口也将开启。目前珠三角地区在经济转型发展与环境治理方面取得了显著的成绩，环境拐点初步显现，特别是深圳、珠海等先进地区，初步走出了一条经济发展和环境保护协调“共赢”的道路。

然而，生态环境质量状况与区域发展定位的目标要求仍有差距。珠三角城市群的广州、佛山、东莞、肇庆、江门以及粤北清远、粤东揭阳等城市实现环境质量稳定达标仍有较大难度，河源、梅州、阳江、云浮等粤东西北城市环境空气质量出现下滑趋势；城市水环境问题普遍突出，仍有17.7%的省控断面水质不达标，其中8.1%的省控断面为劣Ⅴ类，相当一部分城市内河涌水体黑臭现象明显，群众反映强烈；受人为活动影响，局部地区的土壤重金属等污染问题突出，粮食生产安全面临较大风险。

因此，珠三角地区应以率先补齐环境“短板”为绿色发展基本目标，加快推进大气、水、土壤环境综合防治，深入践行绿色发展理念，持续提升生态环境质量，打造生态文明建设的中国样板。基于大气污染物传输扩散规律，兼顾多种污染物综合预防和协同治理，进一步提升环境空气质量，逐步实现环境空气质量与发达国家接轨；针对流域单元存在的突出问题和流域整体性安全的要求，加大重点流域污染治理和生态修复力度，综合考虑工业、生活、农业污染源，以水环境容量与质量为依据，加快推进产业经济转型升级，持续削减主要水污染

物排放，完善区域、流域污染联防联控体系；摸清土壤环境污染底数，分类施策，采取合理的生态修复措施，加强土壤污染环境风险防控。

二、维护海陆生态安全是绿色发展的基础保障

1. 海陆生态安全体系的基础保障作用突出，但局部面临较大压力

珠三角地区是我国华南地区重要的水源涵养区、生物多样性保持功能区。东江、西江、北江三江汇聚于珠三角地区，其水资源、水生态和水环境安全是珠三角地区工业化、城镇化和农业现代化的基础保障。国家级重点生态功能区——南岭山地是长江流域与珠江流域的分水岭，是湘江、赣江、北江、西江等的重要源头区，有丰富的亚热带植被。区域生物多样性丰富，南岭生物多样性保护优先区域被列入《中国生物多样性保护战略与行动计划》。珠三角地区也是我国海岸线最长的省份，海洋生态保护地位突出，海洋生态系统安全是沿海城市发展的重要保障。珠三角地区特别是珠三角城市群陆域生态格局破碎化程度高，部分人口密集的城镇区域生产、生活与生态空间冲突剧烈，且填海造地、岸线开发等活动造成近岸海域生态健康受损严重，区域社会经济发展与生态系统支撑的矛盾仍然突出。

2. 统筹海陆开发与保护，构建海陆生态安全体系

从海域和陆域生态系统完整性和稳定性保护出发，统筹海陆开发和保护，是维护珠三角地区海陆生态安全、加强绿色发展基础保障的重要途径。以构建海陆生态安全格局为前提，统筹近海、海岸带、内陆腹地开发建设活动，加快划定并严守生态保护红线，严格控制开发利用强度和范围，以陆源人为活动控制和污染防治为重点，加大珠江口等重点河口、海湾的综合整治力度，逐步实施沿海城市和入海河流营养元素控制，完善海陆统筹、区域联动的环境保护和生态修复机制，构建珠三角地区经济社会发展和资源环境开发利用相协调的海陆统筹、绿色发展新格局。

三、保障人居环境安全是绿色发展的重要内容

1. 人民群众对美好生活环境的需求和向往不断升级

珠三角地区人口总量大、密度高，常住人口和城镇人口总量在各省（区、市）中居首位，平均人口密度高达 603 人 /km^2，珠三角城市群人口密度高达 1 052 人 /km^2，远高于京津冀地区（511 人 /km^2）和长三角地区（738 人 /km^2），是我国重要的人口集聚区之一、城镇化重要承载区之一，人居环境安全保障意义重大。同时，随着人民生活水平的不断提升和生态文明建设逐步推进，人民群众对美好生活环境的内在需求和殷切向往不断升级，生态环境问题已成为当前广大人民群众高度关注的热点、焦点问题。营造舒适的生态环境，保障广大人民群众的人居环境安全，已经成为切实提高民生福祉、维护公平正义的重要内容。

2. 人居环境安全亟待改善

近年来，珠三角地区生态环境质量明显改善，但由于“历史欠账”多，长期积累的污染

问题短期内没有根本改变，累积性、持久性的人居环境风险进一步凸显。城镇集中式饮用水水源地高标准达标仍存在困难，农村饮用水水质安全保障有待进一步提升；土壤污染面积有所扩大、程度不断加重，重金属污染和持久性有机物污染等长期累积性的环境风险日益凸显，农用地和场地土壤污染问题受到人民群众的广泛关注；部分城市产城混杂布局问题仍然突出，重污染产业发展对周边居民区人体健康影响突出，人居环境安全高水平保障面临明显挑战。

3. 加强综合治理与管控，保障人居环境安全

加快建立健全人居环境安全保障体系，深入推进空气、饮用水、土壤等环境要素的污染防治和质量改善；率先全方位提升环境风险防控基础能力，构建事前严防、事中严管、事后处置的全过程、多层级环境风险防范体系。率先建立健全环境风险预警体系，加强风险评估，加强重点行业环境管理，深化重点区域、领域的分类防控，全面保障和提升人居环境安全和人群环境健康保障水平。

第三章

区域发展现状与特征

第一节　区域发展基本特征

一、区位优势突出：中国华南经济圈核心区及西太平洋经济带枢纽

珠三角地区地处我国华南经济圈的核心区，东邻福建，北接江西、湖南，西连广西，南临南海，珠江口东西两侧分别与香港、澳门接壤，西南部雷州半岛隔琼州海峡与海南省相望。珠三角地区是华南乃至中南和西南地区物流运输的枢纽，还具有毗邻港澳、商贸服务业发达的优势，在泛珠三角区域合作中，珠三角地区发挥着桥梁、排头兵和吸纳辐射作用，成为此区域合作中的交通中心、经济辐射中心、开放型市场体系的示范窗口、区域金融中心、物流中心、深加工和制造业基地、劳动力吸纳中心、能源需求中心、科研创新中心和珠江文化交流协作中心。

同时，珠三角地区又是中国通往世界各地的南大门，处于新崛起的西太平洋新月形经济带的核心位置，面向东南亚，扼守来往西太平洋至印度洋的交通要冲，既是我国联系世界经济的桥梁和纽带，也是我国沿海南北航线的必经之地，是物流、人流、技术流、资金流和信息流的大通道，成为我国参与经济全球化的主体区域和对外开放的重要窗口。

二、经济地位重要：经济首位度领先全国，引领产业转型发展方向

珠三角地区是全国经济首位度最高的地区，具备较完善的市场体系，积累了丰厚的经济发展基础，是全国经济发展的强大引擎。从近年的发展情况来看，珠三角地区的 GDP、工业总产值和出口等主要经济指标，连年名列全国第一。珠三角地区在不到全国 2% 的土地上，产出的经济总量和工业增加值均约占全国的 1/8，实现的出口总额峰值达到全国的近 1/3。从 1989 年开始，珠三角地区 GDP 连续 26 年排名全国第一，是中国改革开放过程中经济持续蓬勃发展的第一经济大省。珠三角地区规模以上工业增加值持续增加，2015 年规模以上工业增加值达 30 259 亿元，较 10 年前增长 2.88 倍，其中，珠三角城市群为 25 483 亿元，较 10 年

前增长 2.94 倍。珠三角地区的外贸总体仍然保持增长态势，2013 年进出口总值首次突破 1 万亿美元大关，占同期全国外贸总值的 26.2%。2008 年金融危机之后，珠三角地区经济增速有所放缓，但从发展质量来看，仍远高于全国平均水平，也略高于 GDP 总量排名第二的江苏省。随着工业化、城市化和国际化进程不断加快，珠三角地区已经从中华人民共和国成立初期的初级工农业产品生产加工的工业初级阶段逐渐过渡升级到目前工业化中后期阶段，并且深圳等个别城市已经率先进入了发达经济的初级阶段，经济总体发展也正在从数量、速度型向质量、效益型转变。

珠三角地区产业也取得了较快发展，基本改变了以加工贸易为主的产业结构，逐渐发展成为世界重要的制造业基地和高技术产品生产基地。电子信息、纺织服装、电气机械和专用设备、建筑材料等产业在全球具备较强的出口规模竞争力。同时，20 世纪 90 年代中期至今，珠三角地区形成了多种产业发展模式，在全国具有典型意义。一种是深圳模式，高新产业和先进制造业发达，互联网新兴产业引领全国；一种是东莞模式，是外向型经济代表；一种是以佛山为代表的制造业基地，成为家电王国、木工王国、家具王国，本土经济发展强劲；以湛江、茂名为代表的地区，又实行了央地合作模式，搞大化工、大钢铁、大项目拉动，部分类似天津滨海模式。同时，作为中国的经济龙头，珠三角地区孕育了广州和深圳两大全国中心城市，金融、医疗、教育、物流等第三产业发达。这种混合型、多元化的发展模式，造就了复合型的产业结构，增强了经济的抗风险能力，也提高了产业整体效益。

三、改革开放引领：中国改革开放政策的实验区和创新发展排头兵

自改革开放以来，珠三角地区利用历史时期形成的对外窗口及毗邻港澳的优势，一直充当着中国改革开放各项政策的实验区和创新发展的排头兵角色。在这一过程中，市场因素逐渐加强，在初期的外资驱动下，从农村公社工业化起步发展至今，取得了辉煌的成绩。

改革开放初期，珠三角地区凭借国家赋予的“特殊政策、灵活措施”，取得了“先行一步”的优势。在对外开放方面，率先引进外资和国外先进技术，发展出口加工业，兴办经济特区，掀起了中国经济体制改革的热潮。从实践看，深圳、珠海两个经济特区的改革开放与发展，都取得了很大成功，为全省、全国积累了丰富的经验。30 多年来，珠三角地区率先进行市场化改革，探索建立社会主义市场经济体制，并率先进行财政管理体制改革、流通体制和价格体制改革、投资体制改革、国有企业管理体制和企业制度改革等，一直发挥着中国特色社会主义现代化市场经济政策实验区和先行者的引领作用。

同时，还应该看到，珠三角地区历史上就是我国最主要的开放口岸和最著名的侨乡，粤籍海外华人华侨多达 2 000 万人，约占全国的一半。海外华侨在国际交流、利用国际资源、接受新思想和新观念等方面，历来就有得风气之先的优势。紧跟世界潮流，解放思想、开放观念、创新制度，这种改革精神逐渐与广东的商贸文化、实用文化相融合，形成了珠三角地区开拓创新的实干精神内核。

第二节　区域发展的阶段判断

一、经济长期保持高速增长，珠三角城市群进入转型关键期

1. 经济总量迈入“七万亿”，产业结构转向“三二一”

2015 年，珠三角地区经济总量继续保持全国首位，实现生产总值 72 812.55 亿元，按可比价格计算，比上年同期增长 8.0%，增长速度比全国高 1.1 个百分点。其中，第一、第二和第三产业增加值分别增长 3.4%、6.8% 和 9.7%，第二、第三产业增速分别比全国高 0.8 个和 1.4 个百分点。第三产业对 GDP 增长贡献率超过 50%，2015 年达到 55.9%，逐渐呈现服务业主导经济增长的发展格局（图 3-1）。

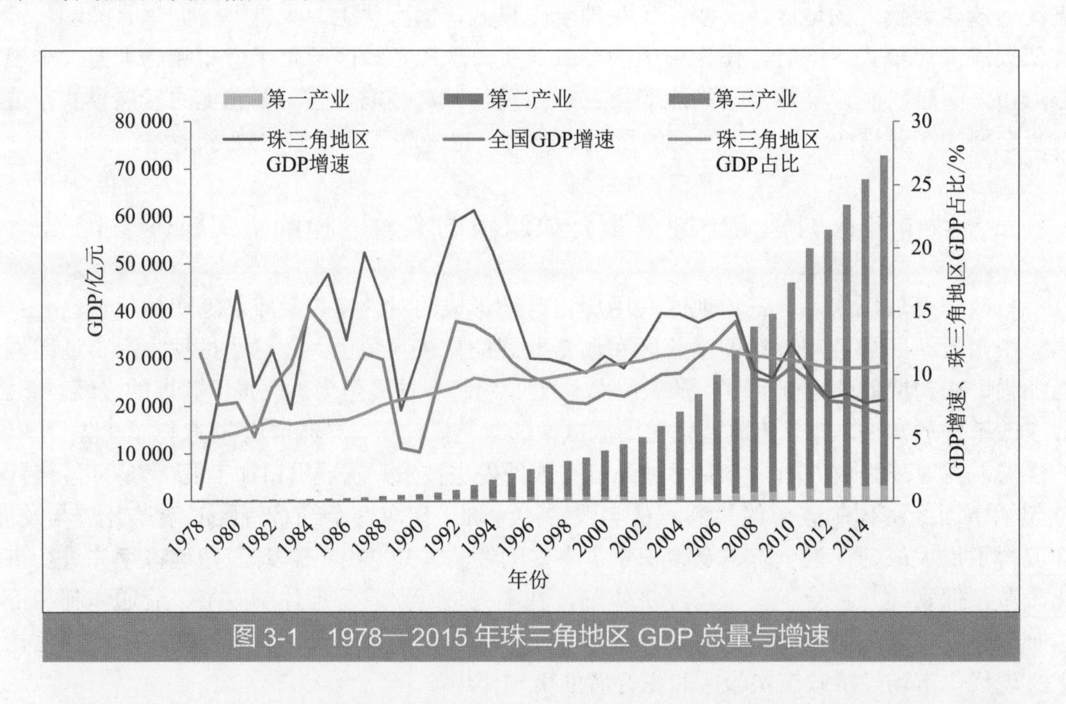

图 3-1　1978—2015 年珠三角地区 GDP 总量与增速

珠三角地区近年来三次产业结构持续优化，第三产业占比持续走高，2013 年首次超过第二产业，2015 年三产比例调整为 4.6 ∶ 44.6 ∶ 50.8。其中，珠三角城市群产业结构层次提升较快，服务业主导地位凸显，珠三角城市群第三产业占比近年来提升明显，2015 年为 54.6%，较 2000 年大幅提升了 7.6 个百分点。粤东西北工业化进程加快，产业发展不断取得新进展，第二产业不断发展壮大。

2. 内需拉动增长作用渐强，进出口依存度逐步下降

长期以来，消费对于珠三角地区经济增长贡献占比最高，但金融危机之后消费在 GDP 中的绝对占比从 2008 年 46.8% 的历史最低点逐渐上升至 2015 年的 51.1%。“十二五” 期间，最终消费对珠三角地区经济增长的年均贡献率达到 49.3%，比“十一五”平均水平高 1.1 个百分点。

2015 年，最终消费支出、资本形成总额、货物和服务净出口三大需求对区域经济增长的贡献率分别为 48.5%、47.8%、3.7%，消费比投资的贡献率高出 0.7 个百分点（图 3-2）。

改革开放以来，珠三角地区进出口总值始终居全国第一位。2015 年进出口总额 63 559 亿元（10 229 亿美元），其中出口 39 983 亿元（6 435 亿美元）、进口 23 576 亿元（3 793 亿美元）。进出口差额 16 406 亿元（2 641 亿美元）。在 1993—2013 年的 20 年间，珠三角地区外贸依存度（进出口依存度）始终维持在 100% 以上，远高于除上海、北京外的其余省份。但随着外需萎缩和内需增长的双重发展趋势，近年来珠三角地区外贸增长趋于停滞，进口总额下降较为明显，进出口依存度呈稳步下降态势（图 3-3）。

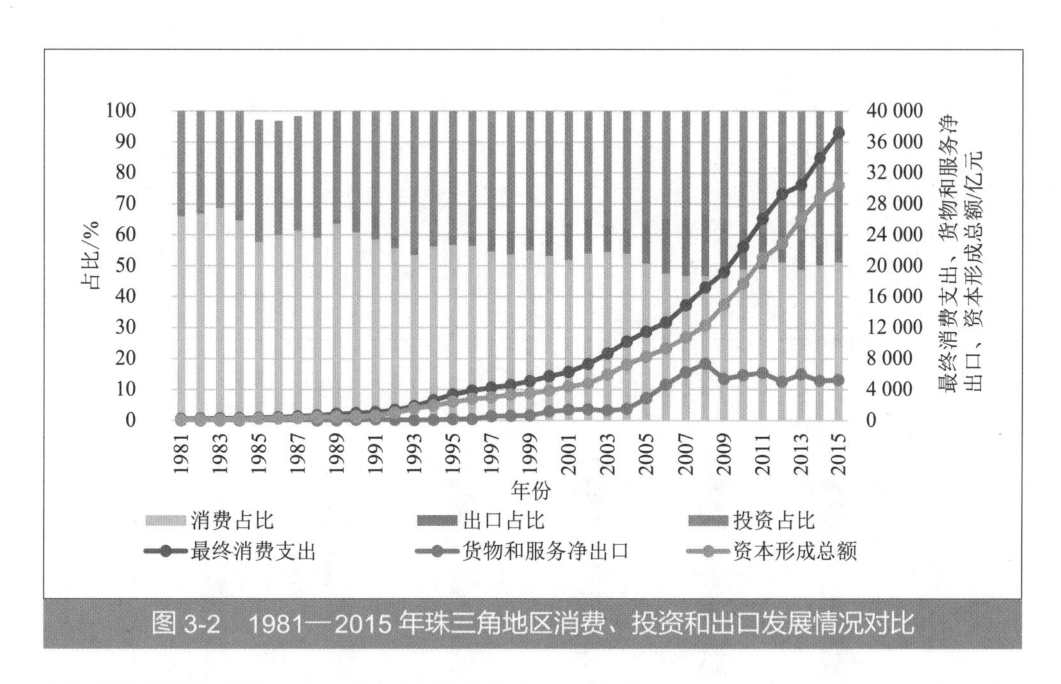

图 3-2　1981—2015 年珠三角地区消费、投资和出口发展情况对比

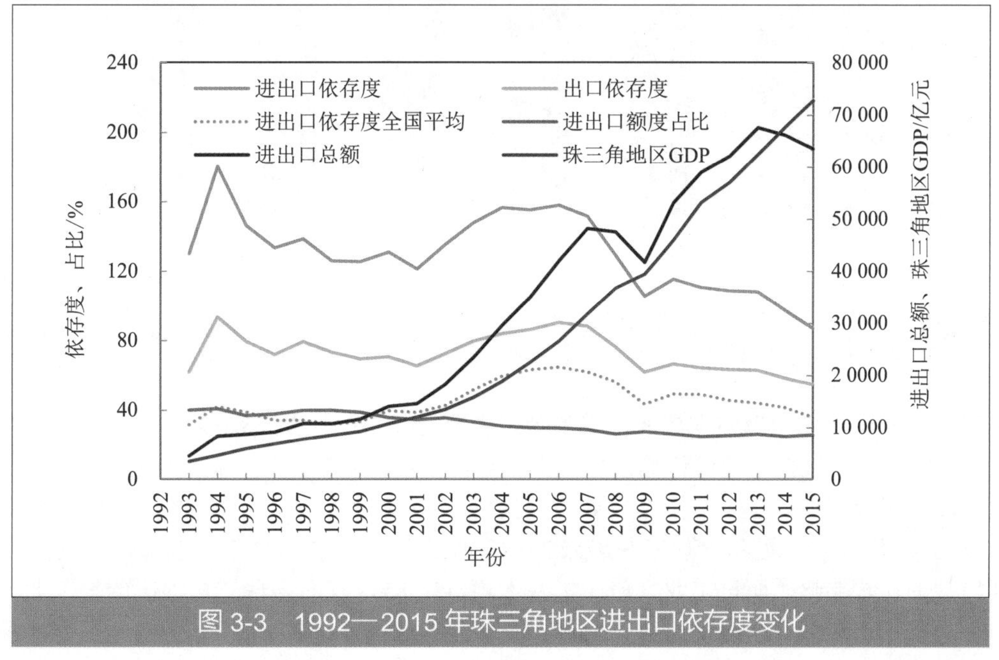

图 3-3　1992—2015 年珠三角地区进出口依存度变化

在扩大内需战略的带动下，消费的基础性作用和投资的关键性作用得到较好发挥，特别是消费结构升级带动居民消费潜力有序释放，消费逐步成为拉动经济增长的主动力。2011—2015年，珠三角地区社会消费品零售总额现价年均增长12.5%，扣除物价因素后实际增长10.4%，比GDP增速高出1.9个百分点。

3. 产业转型升级步伐加快，高端化、重型化趋势明显

工业转型升级步伐加快，结构逐步向高端化演进。近年来，珠三角地区大力推进先进制造业和战略性新兴产业发展，电子信息、装备制造、石化等产业布局更趋成熟和合理，技术层次进一步提升，先进制造业和高技术制造业保持高于整体工业的增速，发挥了“定盘星”的主导作用。汽车装备制造、钢铁冶炼及加工和石油及化学工业等先进制造业增加值占规模以上工业增加值的比重由2010年的47%增长至2015年的47.9%（图3-4）。以信息化学品、医药、航空航天器及设备、电子及通信设备、电子计算机及办公设备和医疗设备及仪器仪表为主的高技术制造业增加值在金融危机之后快速增长（图3-5），规模以上工业增加值占比从2010年的21.1%提高到2015年的25.6%。

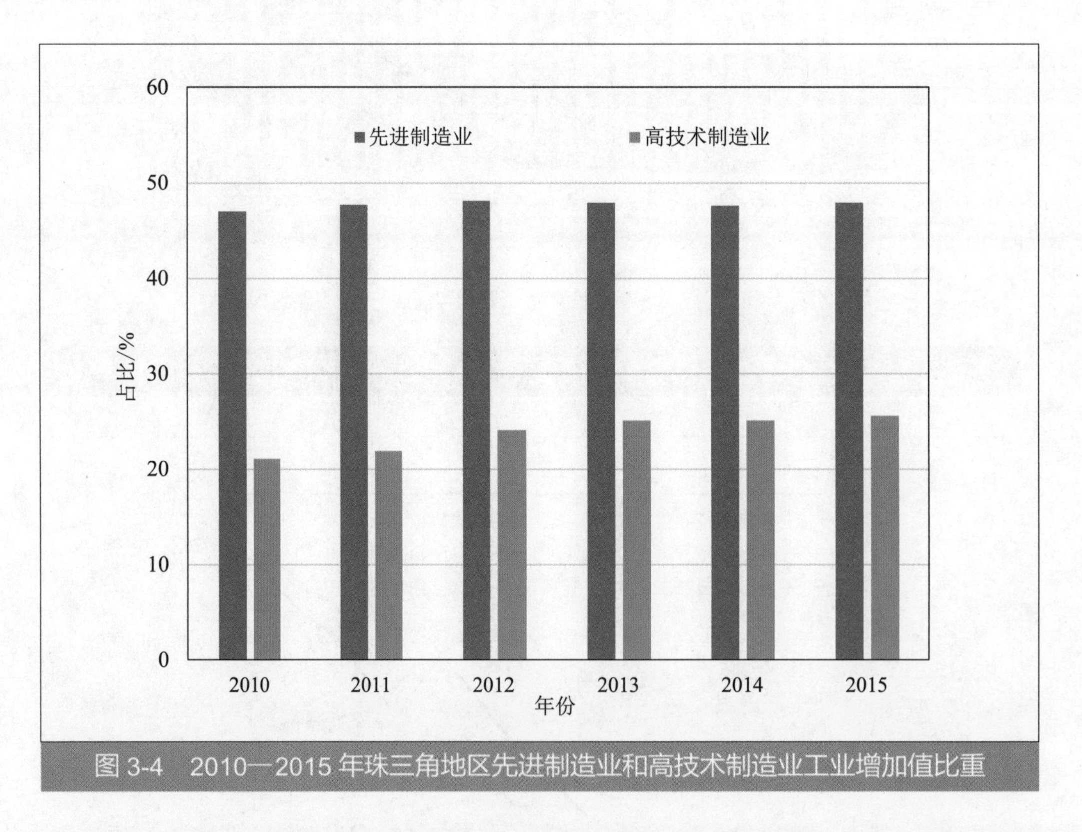

图3-4 2010—2015年珠三角地区先进制造业和高技术制造业工业增加值比重

工业重型化发展态势逐步显现，成为全国重要的装备制造和高新技术产业基地。1990年以来，珠三角地区轻重工业产值的比值下降明显，从接近2.0逐步下降至0.6，2002年重工业占比首度超越轻工业。重工业快速发展主要集中于1990—1993年和1998—2005年两个阶段（图3-6）。分区域看，近年来珠三角城市群轻工业产值占全省比重下降明显，有向粤东西北地区扩散的显著趋势，而重工业产值比重基本稳定在85%左右。珠三角地区的轻工业比重明显高于全国平均水平，也高于北京、上海、天津、江苏等发达省（市），但各地区比值逐步接

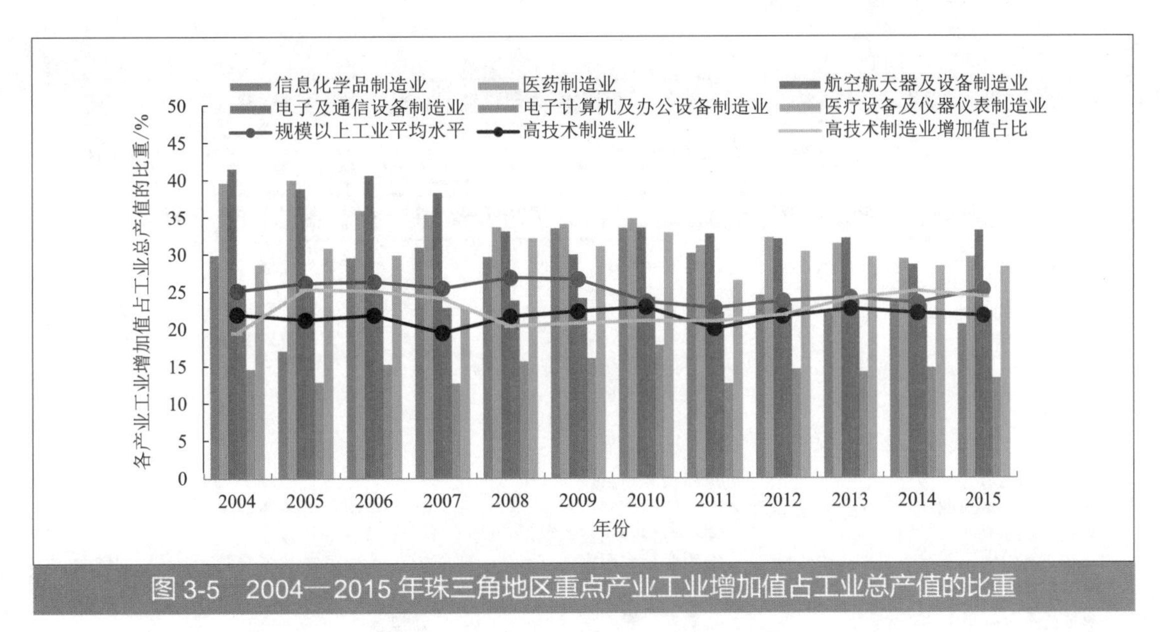

图 3-5　2004—2015 年珠三角地区重点产业工业增加值占工业总产值的比重

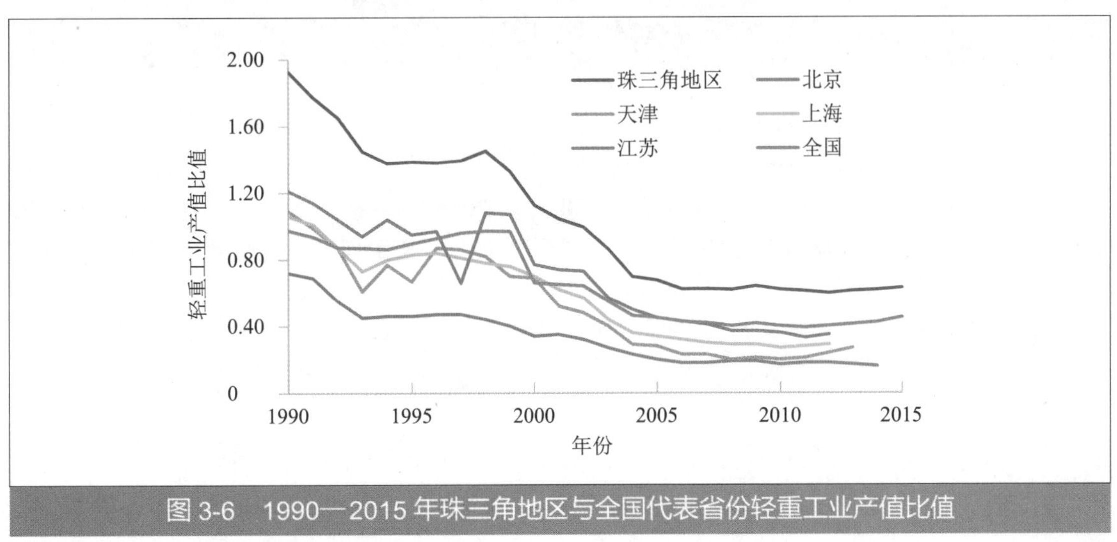

图 3-6　1990—2015 年珠三角地区与全国代表省份轻重工业产值比值

近。按工业部门构成看，珠三角地区电力、石化、钢铁、有色、建材等能源和基础原材料工业产值占比为 21.5%，远低于京津冀和长三角地区；金属制品业、装备制造业、电器机械和器材制造业、计算机、通信和其他电子设备制造业产值占比超过 50%（图 3-7）。轿车、移动通信设备、微型计算机、集成电路等代表性工业产品产量占全国比重均在 10% 以上。

4. “供给侧改革”不断深化，“走出去”战略加速推进

“十二五”时期，珠三角地区大力推进“供给侧改革”，加快落后产能淘汰步伐，其中，累计淘汰炼钢 378.9 万 t、水泥 4 026.5 万 t、平板玻璃 1 781.5 万重量箱、造纸 176.1 万 t、制革 200 万标张、印染 52 406 万 m。规模以上工业企业减量合计 7 566 个（包括转出、关停和产能压减 3 种类型，不含省内跨县转移企业），工业增加值累计减少 2 158 亿元，相当于五年规模以上工业增加值的 1.8%、全省五年 GDP 的 0.9%。其中，转出、关停和产能压减而减少的工业增加值分别为 214 亿元、1 358 亿元和 585 亿元，分别相当于全省五年规模以上工业增

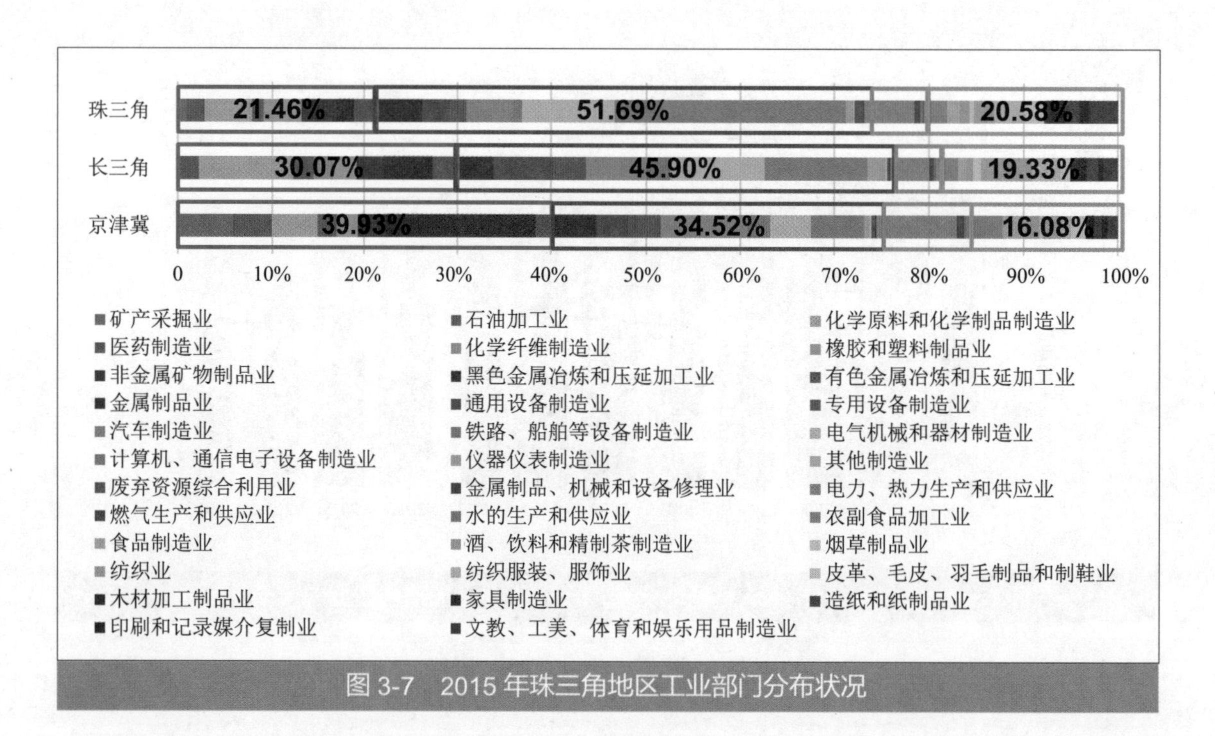

图 3-7 2015 年珠三角地区工业部门分布状况

加值的 0.18%、1.14% 和 0.49% 及全省五年 GDP 的 0.09%、0.56% 和 0.24%。

“走出去”战略加快实施，对外投资进入加速发展阶段。2015 年，珠三角地区对外实际投资超过 100 亿美元，“十二五”年均增长 50.8%。2015 年，对外承包工程业务完成营业额 198.8 亿美元，比 2010 年增长 142.2%，“十二五”年均增长 19.4%。自由贸易试验区建设取得重要突破，2015 年广东自由贸易试验区正式挂牌成立，包括南沙、前海和横琴三大片区，更加积极有为地参与“丝绸之路经济带”和“21 世纪海上丝绸之路”合作建设，参与境外产能和装备制造合作，推动国际物流大通道建设，加强与沿线国家的经贸合作。

二、城镇化进程快速推进，珠三角城市群率先步入成熟阶段

1. 常住人口总量全国居首，增长速度相对放缓

“十二五”时期，珠三角地区人口总量增长相对放缓，但受庞大人口基数、人口再增长周期以及“单独二孩”政策实施等因素的综合影响，常住人口继续保持惯性增长。2015 年年底，珠三角地区常住人口达 10 849 万人，占全国人口总量的 7.9%；城镇人口 7 454 万人，在各省（区、市）中位居首位（图 3-8 和图 3-9）。“十二五”期间年均增长 0.77%，与“十一五”时期 2.58% 的年均增速相比下降 1.8 个百分点，但仍明显高于全国平均水平（“十二五”时期全国平均自然增长率为 4.79‰～ 5.21‰），人口总量仍持续着惯性的增长态势。相对平稳的增长率和较低的生育水平是“十二五”时期珠三角地区人口增长的显著特征。

2. 城镇化率持续快速增长，逐步迈进成熟阶段

经过 20 世纪末高速发展后，21 世纪以来珠三角地区城镇化达到较高水平。2000—2010 年，全省城镇人口比重上升了 10.5 个百分点，平均每年提高 1.05 个百分点。2015 年年末，珠三

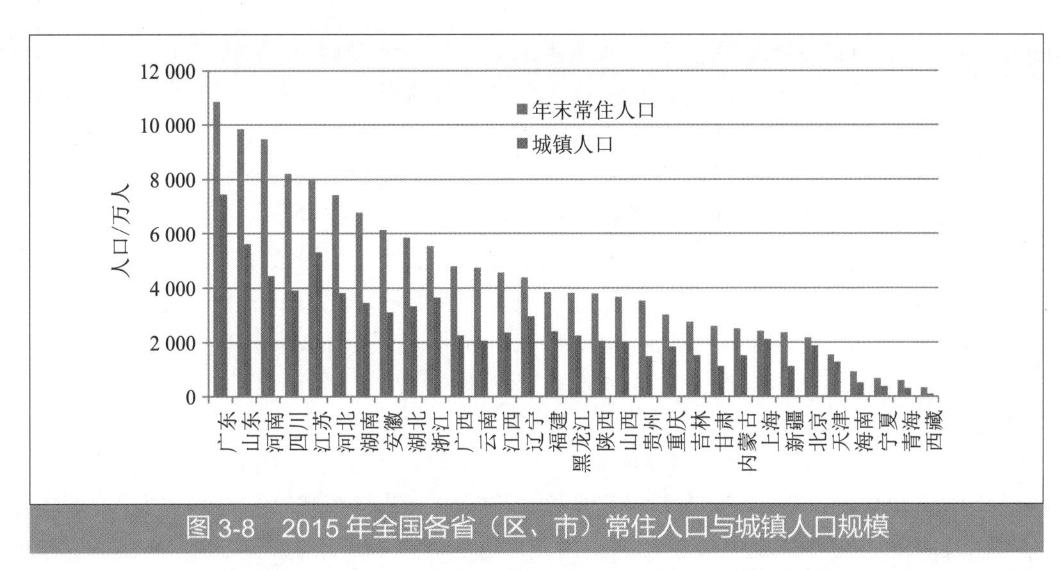

图 3-8　2015 年全国各省（区、市）常住人口与城镇人口规模

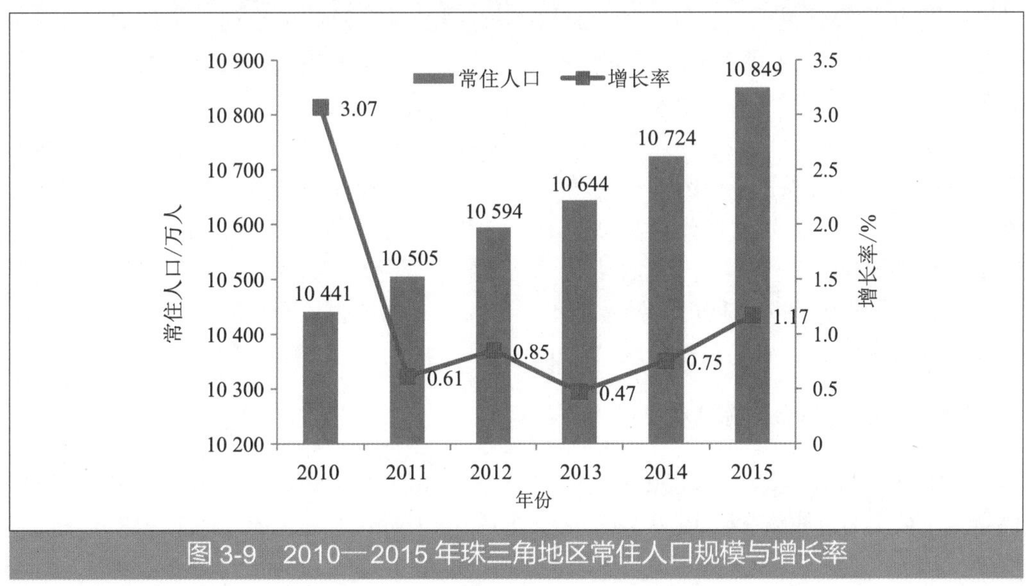

图 3-9　2010—2015 年珠三角地区常住人口规模与增长率

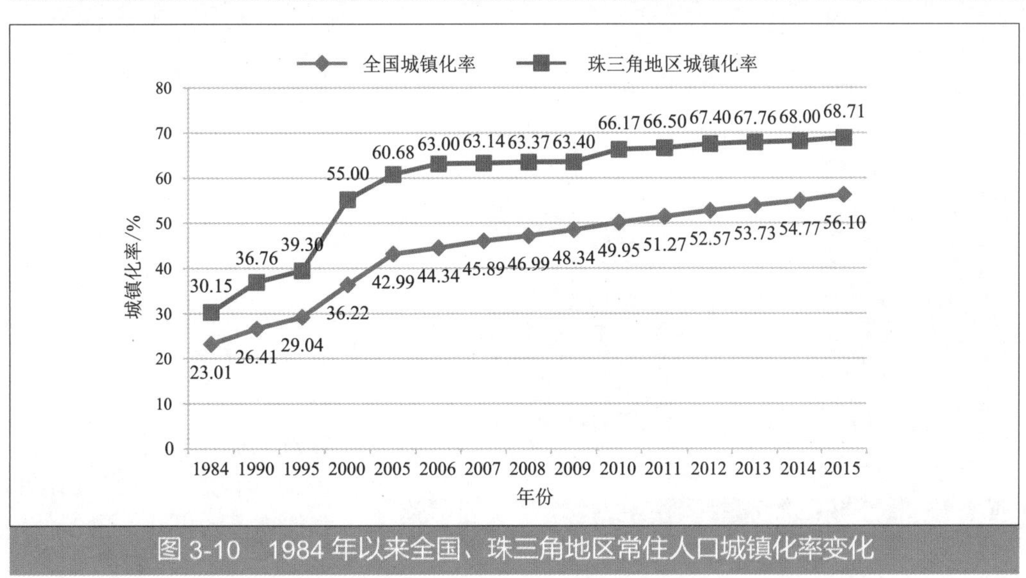

图 3-10　1984 年以来全国、珠三角地区常住人口城镇化率变化

角地区城镇化水平为68.7%（图3-10），比全国平均水平（56.1%）高出12个百分点以上，除北京（86.5%）、天津（82.6%）、上海（87.6%）三大直辖市外，在全国各省（区、市）中居于首位，分别高出江苏（66.5%）、浙江（65.8%）、山东（57.0%）约2.2个、2.9个和11.7个百分点。

根据城市地理学"诺瑟姆曲线"公理，世界城市发展过程的轨迹是一条被拉长的S型曲线。城市化进程大致分为三个阶段，第一个阶段为初期，城市化率30%以下，城市化速度比较缓慢；第二阶段是中期，城市化率在30%～70%，城市化处于加速发展阶段；第三阶段是后期，城市化率超过70%，城市化率在达到90%后趋于饱和。参照城市化发展进程三阶段理论，目前珠三角地区城镇化已进入中后期的发展阶段，珠三角城市群地区已总体率先步入后期成熟阶段。

3. 城市边界内敛外扩，珠三角形成巨型连绵区

珠三角地区主要城市群和核心城市的城市边界不断扩大。1992—2013年，珠三角地区城市边界面积增加5倍以上。夜间灯光数据显示，2013年珠三角地区城市边界面积约为18 324 km^2，占全省国土面积的10.1%，主要集中在珠三角城市群、汕潮揭城市群、湛茂沿海、韶关等地。

大都市区化特征日趋明显。2015年的世界银行报告《东亚城市景观变化》中，珠三角城市群已超过长三角和东京湾地区，成为东亚地区乃至全球规模最大的城市连绵体。广佛、深莞形成功能强大、联系紧密的都市圈，并对区域发展起着核心组织作用。香港作为区域内唯一的全球顶级城市，具有最高的国际化程度和组织能力，其在改革开放初期大量的产业转移极大地推动了珠三角地区的成长，但因"一国两制"体制所限，香港并不深入直接参与对珠三角区域的组织，而更多的是通过与广州、深圳的密切联系进行间接传递。澳门的情况较为特殊，一方面拥有很高的国际化程度，另一方面其对区域的影响力极为有限。同时，随着珠三角城市群一体化程度的加深以及区域之间产业共建的不断深入，珠三角地区正逐步形成"广佛肇＋清远、云浮"、"深莞惠＋河源、汕尾"和"珠中江＋阳江"的"3+2"大都市区发展新格局。

4. 基建配套不断完善，综合承载能力不断增强

珠三角地区基础设施配套不断完善。其中，全省城市公共交通日均客运量达3 500万人次，居全国首位；公交运营线路突破10万km，公交车达6.3万标台；高速公路通车总里程突破7 000 km，居全国第一，实现"县县通高速"。高速公路密度达3.9 km/100 km^2，超过德国3.6 km/100 km^{2}的水平。珠三角城市群核心区路网密度已超过纽约、东京都市圈水平。

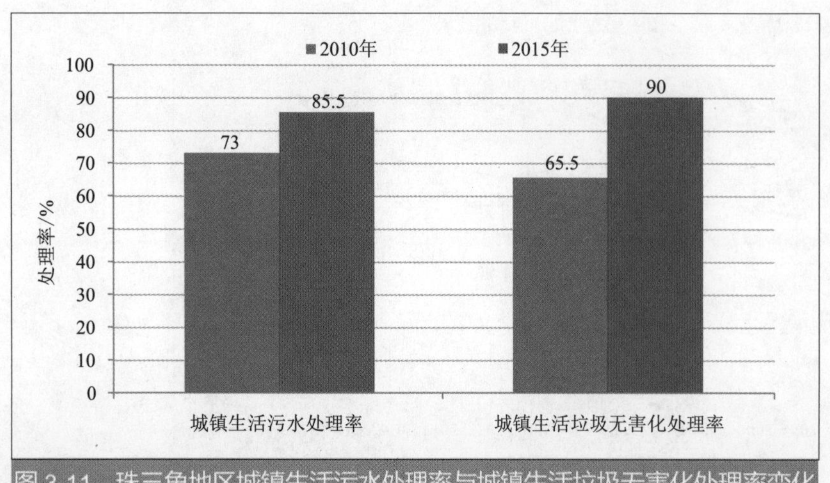

图3-11 珠三角地区城镇生活污水处理率与城镇生活垃圾无害化处理率变化

城市环境保护基础设施建设不断加速。截至2015年年底，全省共建成城镇污水处理厂460座，城市污水日处理能力达2 353万t，城镇生活污水集中处理率达85.5%；建成城镇生活垃圾处理设施158座，城镇生活垃圾无害化处理率达90%，环境保护设施的综合承载能力不断提升（图3-11）。

第三节　区域发展的空间格局

一、人口高度集聚珠三角城市群，广深人口密度持续增大

1. 常住人口格局基本稳定，人口持续向珠三角城市群集聚

“十二五”时期，珠三角地区常住人口区域分布的基本格局保持稳定，超过一半的人口集聚在珠三角城市群。珠三角城市群拥有广州、深圳两个超大城市（常住人口 1 000 万以上）以及佛山、东莞两个特大城市（常住人口 500 万以上、1 000 万以下)。“十二五”期末，珠三角城市群、粤东、粤北和粤西常住人口分别占全省常住人口总量的 54.2%、15.9%、15.3% 和 14.6%。与“十一五”末期相比，珠三角城市群、粤东、粤西和粤北的人口数量分别增长 4.6%、2.3%、3.8% 和 3.4%。五年来，珠三角城市群人口增长最快，人口增量占全省人口净增总量的 25.8%。

2. 常住人口向广、深等超大、特大城市集聚趋势依然明显

“十二五”期间，广州、深圳两个超大城市的常住人口增量为全省最多，分别比“十一五”期末净增 79.2 万人和 100.7 万人，两市人口增量约占同期珠三角城市群人口增量的 70%，反映出人口持续向超大城市集聚的趋势仍然十分明显。珠三角城市群主要城市的人口密度不断增大，广州、佛山、东莞、中山等 4 市人口密度高于北京和天津，而深圳则已超过了上海，成为全国人口密度最高的超大城市（图 3-12)。

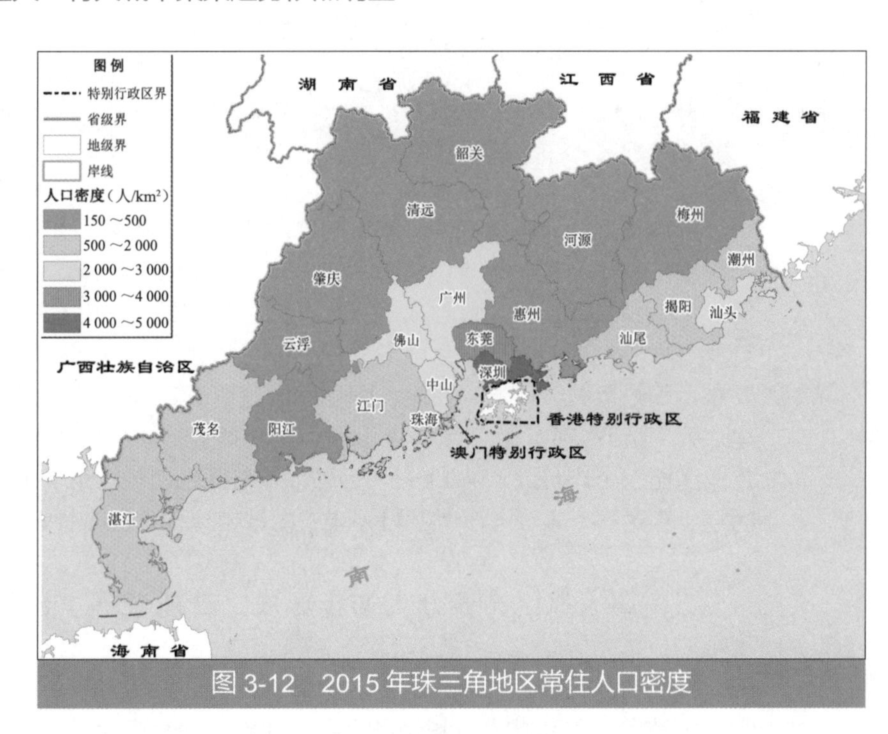

图 3-12　2015 年珠三角地区常住人口密度

二、城镇体系空间格局不断优化，集聚支撑能力持续增强

省域城镇格局不断优化，聚集人口与产业的支撑能力不断提高。2015 年年末，珠三角地区辖 21 个地级市，62 个市辖区、20 个县级市、34 个县、3 个自治县，445 个街道、1 128 个镇、11 个乡、7 个民族乡（表 3-1)。近年来，珠三角地区已逐步形成以珠三角城市群为核心，

以汕潮揭城市群、湛茂沿海城镇带和韶关都市区为增长极，省域中心城市、地区性中心城市、县（市）域中心城市和中心镇协调发展的城镇格局，城镇化空间结构逐步由“双中心”向多中心、网络化转变。至2015年，珠三角地区有超大城市2个、特大城市2个、大城市9个、中等城市6个、小城市2个（表3-2）。

表3-1 珠三角地区城镇数量演变情况 单位：个

年份	地级市	县级市	县	自治县	市辖区	市辖镇	街道
2015	21	20	34	3	62	1 128	445
2010	21	23	41	3	54	1 134	436
2005	21	23	41	3	54	1 145	429
2001	21	31	43	3	45	1 556	337
1995	21	32	43	3	42	1 531	—
1990	19	—	73	3	38	1 297	—

表3-2 珠三角地区城镇规模结构

城镇人口规模等级	现状（2015年）	
	数量/个	城市
超大城市（1 000万人以上）	2	广州、深圳
特大城市（500万～1 000万人）	2	佛山、东莞
大城市（100万～500万人）	9	中山、惠州、珠海、江门、汕头、湛江、茂名、清远、揭阳
中等城市（50万～100万人）	6	韶关、肇庆、潮州、阳江、梅州、河源
小城市（50万人以下）	2	汕尾、云浮

从城市群格局演替来看，城市功能网络从过去的以广州、深圳为核心，其他城市同属下一层级的扁平结构，逐步优化为以广州、深圳为核心，佛山、东莞为第二梯队，9个大城市经济规模和人口规模大致形成第三梯队的层级式结构。从珠三角城市群和粤东西北地区的联动发展来看，近年来珠三角地区积极推进“广佛肇”“深莞惠”“珠中江”三大经济圈一体化发展，促进韶关、河源、汕尾、阳江、清远、云浮等环珠三角城市加快融入珠三角，初步构建“9+6”新型都市圈。粤东西北中心城区扩容提质成效凸显，首位度不断提升，中心城区建成区面积合计超过1 000 km^2。另外，随着北部湾城市群、海峡西岸城市群等区域发展战略的逐步推进，粤东、粤西两翼相关城市的城镇化水平稳步提升。

三、四大片区产业分工初步形成，产业发展平台作用突出

珠三角城市群及粤东西北四大片区产业分工体系初步成形。珠三角城市群以电子信息、装备制造等资本和技术密集型制造业为主，其优势行业为电子信息、电气机械、汽车制造、化工、通用设备和专用设备；粤东以电力和纺织等资源和劳动密集型产业为主，其中电力、金属制品、纺织、橡胶和塑料制品等行业具有绝对优势；粤西以钢铁和石化等资源型重化工业为主，其优势行业集中在金属制品、石化等重工业；粤北则以电力和建材等资源密集型产业为主，其优势行业为建材、电力等（图3-13）。

1. 装备制造业主要集聚于珠三角城市群

装备制造业是珠三角地区的主要支柱产业。2015 年总产值达 63 132 亿元，占工业总产值的比重为 50.6%。装备制造业主要集聚于珠三角城市群，产值排名前五位的城市分别是深圳、佛山、广州、东莞和惠州，五市总产值占全省比重为 79%。近年来，珠江西岸以佛山、中山和珠海为核心片区的先进装备制造产业带初步形成（图 3-14）。

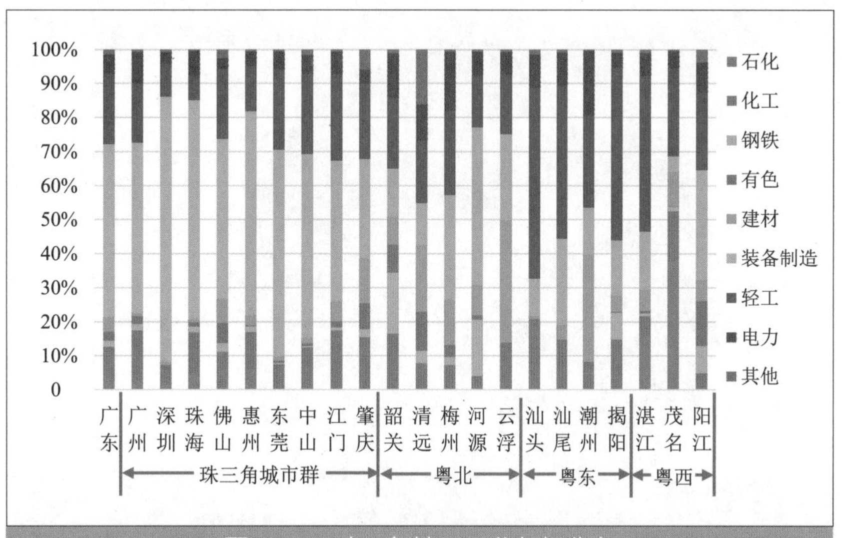

图 3-13 珠三角地区工业部门分布

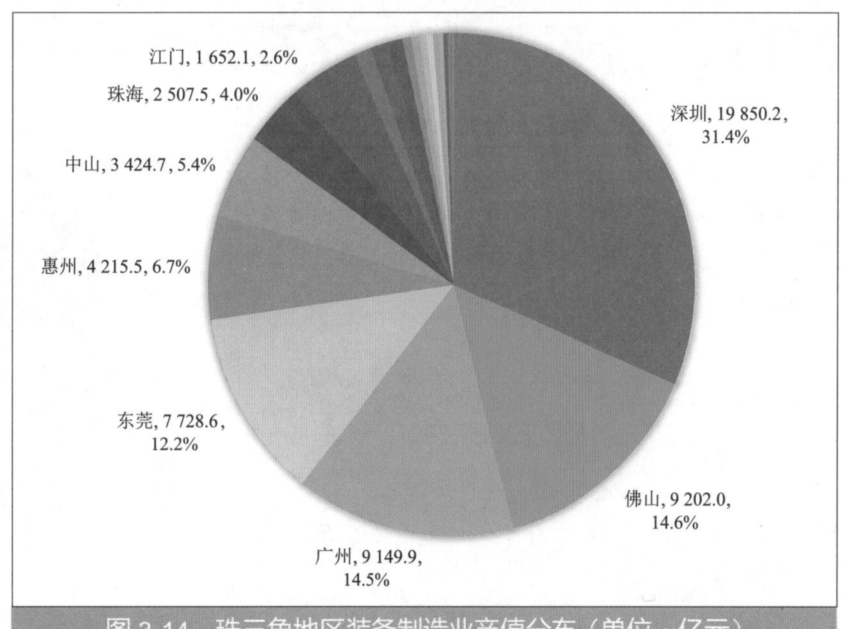

图 3-14 珠三角地区装备制造业产值分布（单位：亿元）

2. 能源基础原材料工业集聚于珠三角城市群，沿海和粤北山区呈点状集聚

2015 年珠三角地区能源基础原材料工业总产值达 30 562 亿元，占工业总产值的比重为 24.5%，主要集聚于珠三角城市群，排名前五位的是佛山、广州、深圳、东莞和惠州，五市总产值占全省比重为 55%（图 3-15）。

①石化。2015 年，珠三角地区石化工业总产值为 13 636.08 亿元，占工业总产值的 10.9%，主要分布在广州、佛山、茂名和惠州。2015 年，四市石化工业总产值分别占全省的 22%、15%、9% 和 9%（图 3-16）。其中，化工产业分布相对分散，但广州占据绝对优势，占全省比重达 32.8%，其次是佛山、惠州和江门。石油加工业则主要集聚在茂名、广州和惠州。2014 年珠三角地区炼油能力达 4 743 万 t，其中，茂名市 1 802 万 t，广州市 1 262 万 t，惠州市 1 200 万 t，湛江市 530 万 t。

②建材。2015 年珠三角地区建材产业工业总产值达 5 007 亿元，占工业总产值的 4%，21 个地市都有分布，产值最高的前五名分别是佛山、肇庆、潮州、云浮和清远（图 3-16）。其中，佛山建材工业总产值占全省 27%。产品主要以水泥和散装水泥为主，2015 年珠三角地区水泥

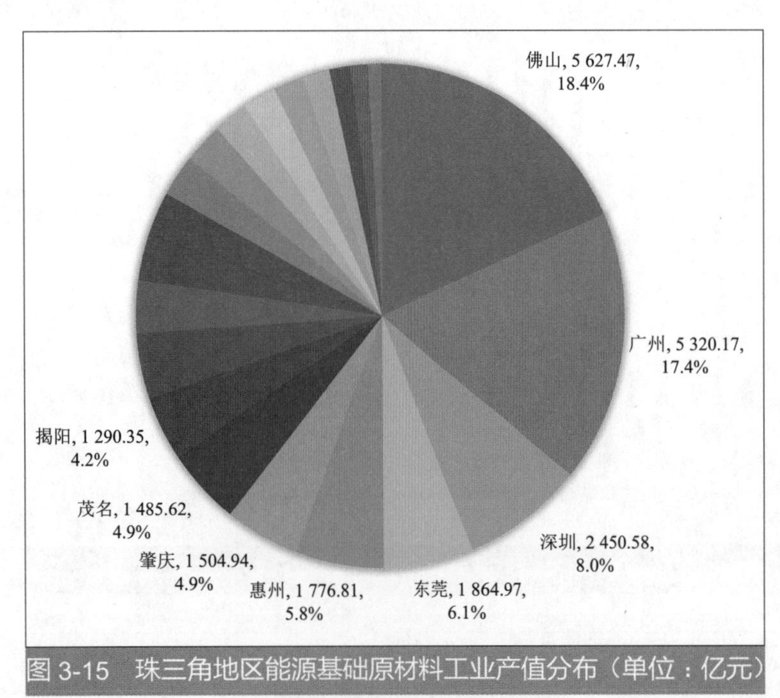

图 3-15　珠三角地区能源基础原材料工业产值分布（单位：亿元）

生产量达到 14 489.7 万 t，位列全国第 4 位，占全国水泥总产量的 6.2%，同比增长 -1.7%。其中，水泥产量超过千万吨的地市有清远、惠州、肇庆、梅州和佛山。散装水泥供应量达到 8 337.8 万 t，位列全国第五，同比增长 8.3%。

散装水泥供应量居前四位的是清远、惠州、肇庆和梅州，分别为 1 643 万 t、1 074 万 t、960 万 t 和 862 万 t，共占珠三角地区总供应量的 55%（图 3-17）；同比产量增长居前三位的是阳江、惠州和肇庆，分别增加 443.31 万 t、219 万 t 和 41.6 万 t；同比增幅较大的是阳江、惠州，分别为 369.9%、25.6%。

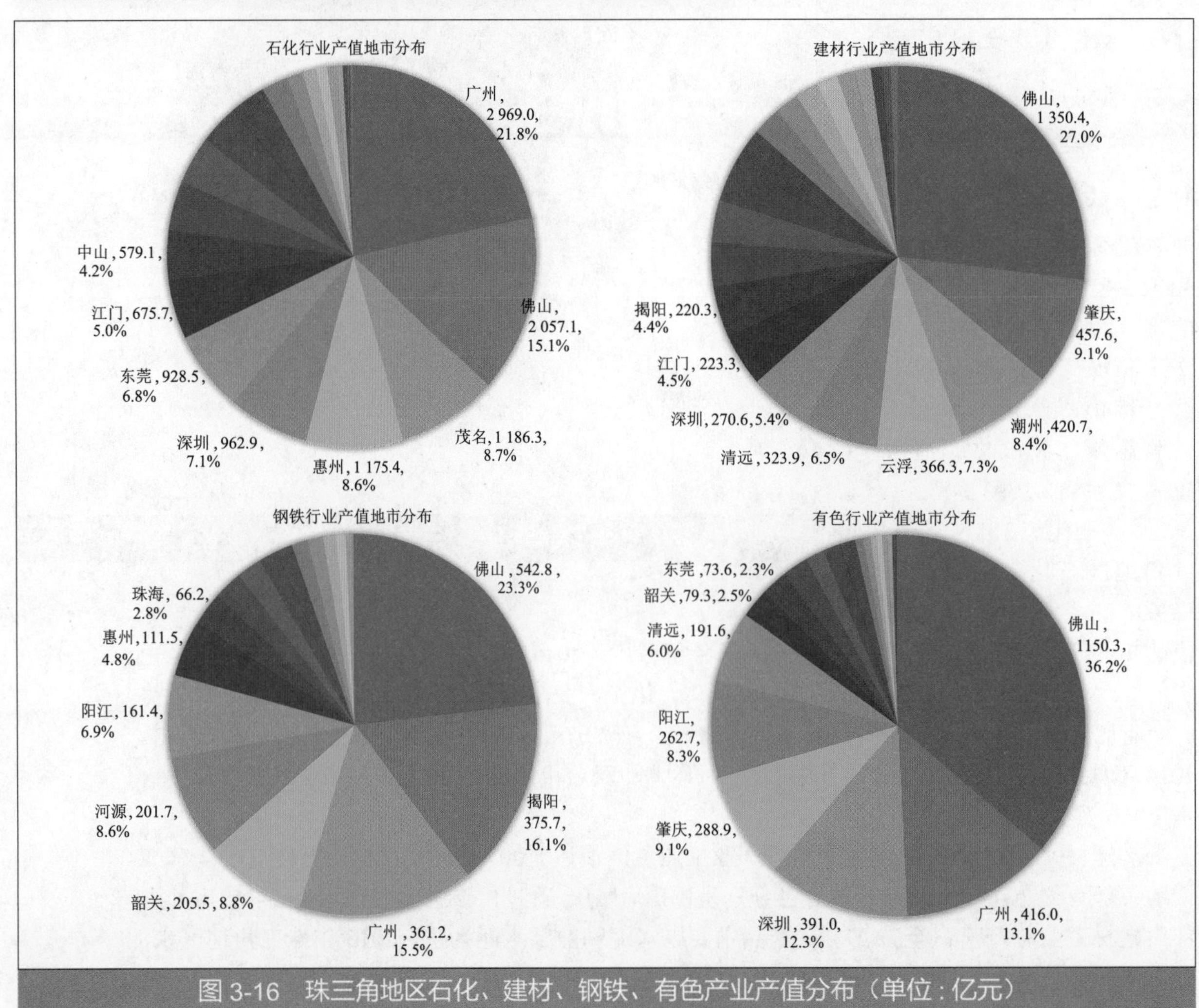

图 3-16　珠三角地区石化、建材、钢铁、有色产业产值分布（单位：亿元）

③钢铁。2015年珠三角地区钢铁行业总产值为2 332亿元，占工业总产值的1.9%。钢铁行业主要分布在珠三角城市群的佛山、广州和粤东的揭阳、粤北的韶关和河源等市，其他地市也有少量分布。2015年珠三角地区生铁产量1 146万t，粗钢产量1 762万t，分别比2014年增长了5.9%和3%。生铁和粗钢产量居前四位的是湛江、韶关、阳江和珠海市。

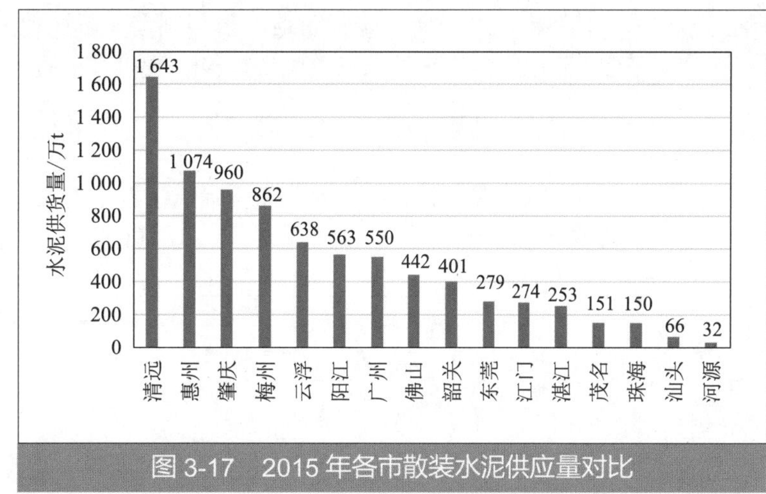

图3-17 2015年各市散装水泥供应量对比

④有色。2015年珠三角地区有色金属行业总产值为3 181亿元，占工业总产值的2.6%，主要分布在珠三角城市群的佛山、广州、深圳和肇庆，其次是粤西的阳江和粤北的清远、韶关，珠三角城市群其他城市也有少量分布。

⑤电力。2015年珠三角地区电力工业总产值为6 405亿元，占全省工业总产值的5.1%。主要集中在珠三角城市群的广州、深圳、东莞、佛山和惠州等地市。

3. 轻工业集中在珠三角城市群及粤东、粤西重点城镇

珠三角地区的轻工业主要包括食品、纺织、造纸和医药等制造业。2015年珠三角地区轻工制造业总产值为18 754亿元，占工业总产值的比重为15%。轻工制造业主要分布于珠三角城市群（图3-18），其外围个别县市也有部分产业集聚区，如湛江和阳江的农副食品加工业、清远的皮革产业等。

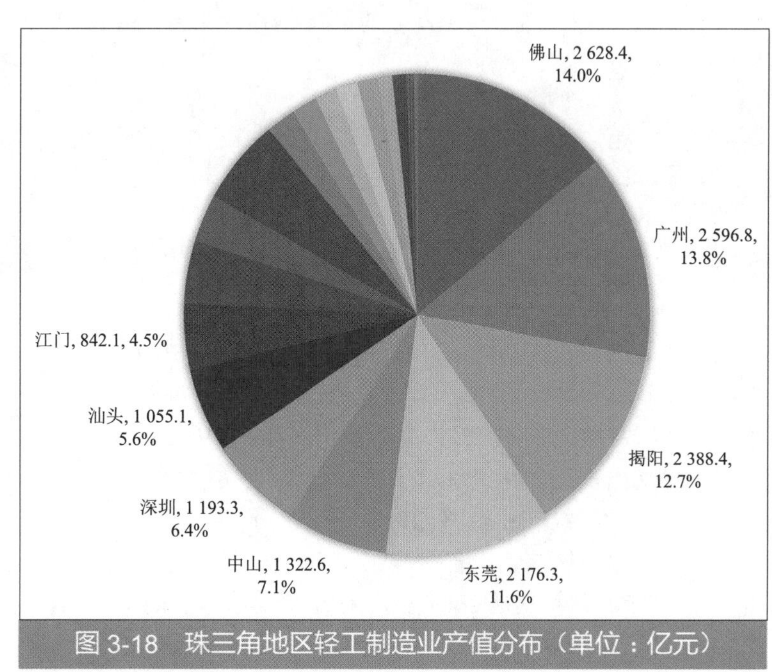

图3-18 珠三角地区轻工制造业产值分布（单位：亿元）

①食品。2015年珠三角地区食品加工业总产值为6 543亿元，占工业总产值的5.3%。食品加工业主要集聚于珠三角城市群，其他区域也有广泛分布。农副产品加工业主要集聚于广州和湛江；食品制造业和饮料制造业主要集聚于广州和佛山；烟草制品业主要集聚于广州。

②纺织。2015年珠三角地区纺织服装业总产值为9 174亿元，占工业总产值的7.4%。纺织服装业主要集聚于珠三角城市群，其他主要集聚于粤东的汕头和揭阳。

③造纸。2015年珠三角地区造纸业总产值为2 013亿元，占工业总产值的1.6%。造纸业主要集中于以东莞和佛山为核心的珠三角城市群，其次是粤西的湛江。

④医药。2015 年，珠三角地区医药制造业总产值为 1 484 亿元，占工业总产值的 1.2%。医药制造业主要集聚于珠三角城市群核心区和粤东的揭阳。

4. 重点产业平台聚集城市群及沿海，产业转移园密布粤东西北地区

国家级、省级开发区主要分布于珠三角城市群及沿海。截至 2015 年年底，珠三角地区共有 26 个国家级开发区和 66 个省级开发区（图 3-19）。国家级、省级开发区均主要集聚于珠三角城市群以及沿海区域，少量省级开发区分布于北部山区。近年来，各类开发区保持了较高的发展速度和较好的经济运行状态，创新环境和自主创新能力得到了明显的优化和提升，是地方自主创新的重要载体，成为各个地方经济建设新的增长点，有力推动了区域经济的快速健康发展。国家级和省级产业平台的持续健康发展对珠三角地区产业结构的优化调整和自主创新能力的提升发挥了重要作用。珠三角地区国家级高新技术开发区所属企业有 73.6% 属于四大高新技术产业，即电子与信息、生物医药、新材料和光机电一体化四大产业领域。四大高新技术产业领域的企业总收入占高新技术开发区总收入的 87.2%，高新技术产品销售收入占比为 92.6%，出口创汇占比为 92.2%，研发经费支出占比为 91.7%。

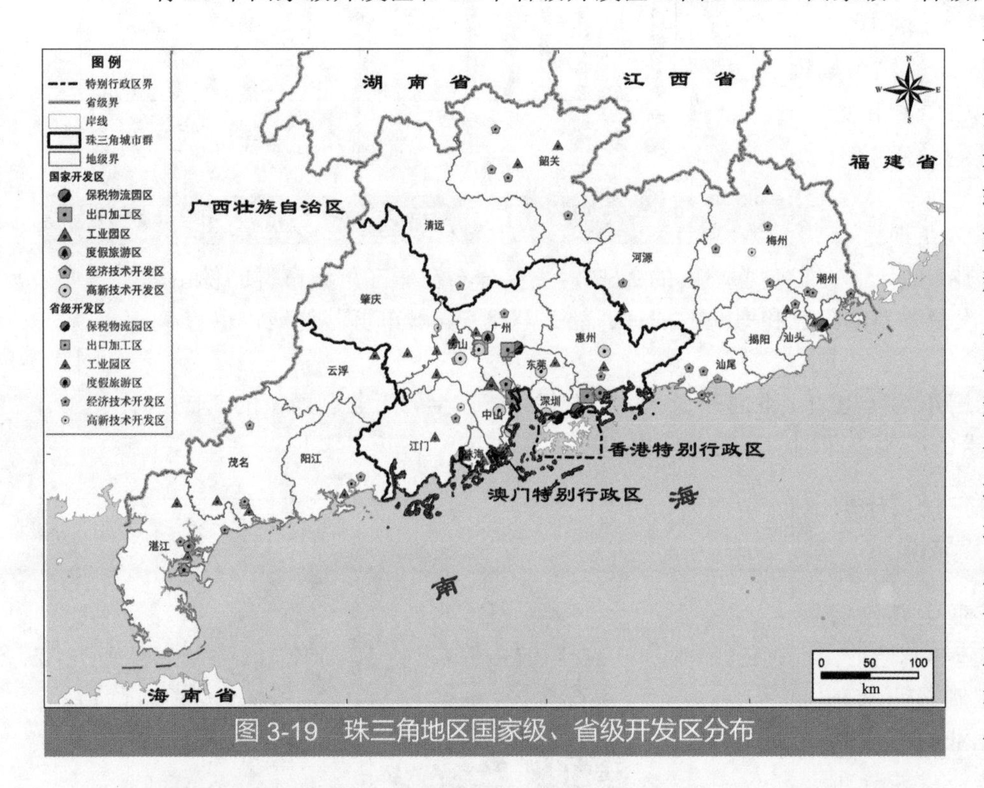

图 3-19 珠三角地区国家级、省级开发区分布

省级产业转移园区主要分布于粤东西北且沿高速公路轴向布局。截至 2015 年年底，珠三角地区共认定省级产业转移园区 40 个，主要分布于粤东西北，且沿高速公路轴向拓展（图 3-20）。特别是 2001 年后建设陆续通车的西部沿海高速和珠三角—河源、梅州的高速公路沿线，已成为产业转移园分布最密集的地带。然而，由于部分地区优质项目资源缺乏且地区间招商引资竞争较为激烈，部分产业转移园存在功能定位不清晰、产业发展雷同的问题，致使产业集中度低，部分企业仍处于产业链低端，单位土地面积产出效率不高。

专业化基地集中分布于珠三角城市群和沿海沿江地区。珠三角地区现有专业化生产基地 53 个，其中精细化工产业基地 12 个，石油化工产业基地 6 个，电镀、印染产业基地 21 个，建材产业基地 10 个，再生资源产业基地 4 个，主要分布于珠三角城市群、沿海以及西江流域（图 3-21）。其中，石油化工基地主要分布于茂名、湛江地区，精细化工主要分布于广州、佛山以及粤北部分地区，电镀、印染基地主要分布于东莞、惠州及清远等地，建材基地主要分

布于粤北的清远、肇庆、云浮等地，再生资源基地分布于肇庆、韶关、佛山等地。

专业镇集聚分布于珠三角城市群。20世纪90年代以来，珠三角地区涌现出了大批经济规模达10亿元、几十亿元甚至百亿元的产业基地，这些产业基地是一种分布相对集中、产供销一体化、以镇级经济为单元的新型经济形态。经过10多年的快速发展，珠三角地区的专业镇已成为我国乃至世界电视机、空调、陶瓷、铝材、服装、玩具、灯饰、家具、皮具、珠宝等产品的重要制造业基地。专业镇的迅速崛起提升了珠三角地区中小企业的技术创新水平，极大地推动了珠三角地区的经济社会发展。从空间布局来看，专业镇集中在珠三角城市群以及汕头、潮州、揭阳、云浮等地（图3-22）。其中，珠江口东岸以电子信息产业为主，西岸则是电气机械产业的密集区。

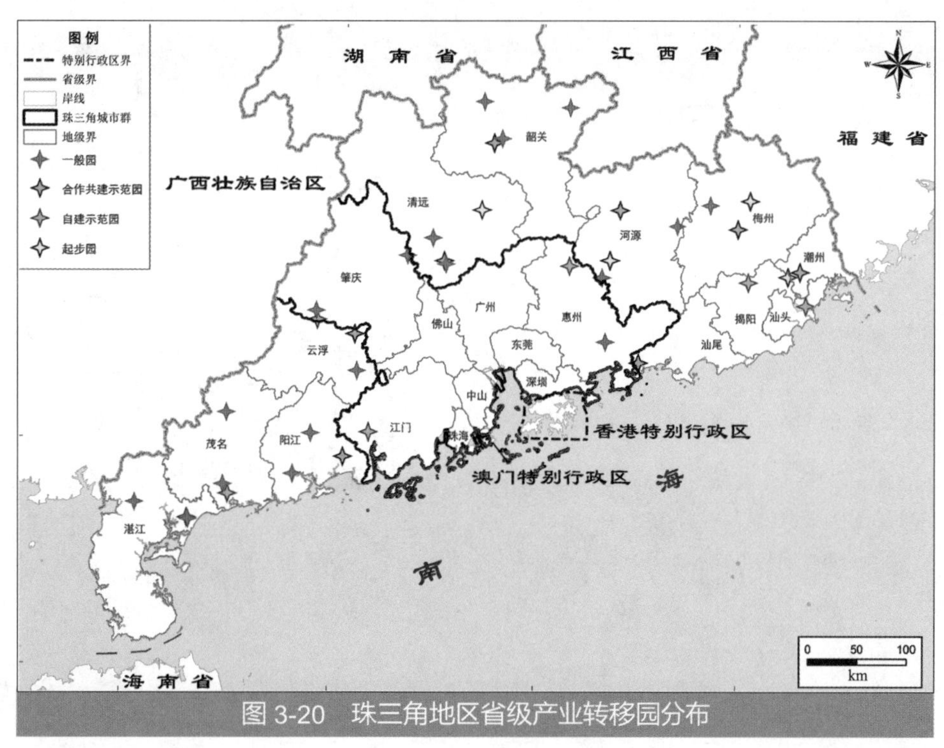

图3-20　珠三角地区省级产业转移园分布

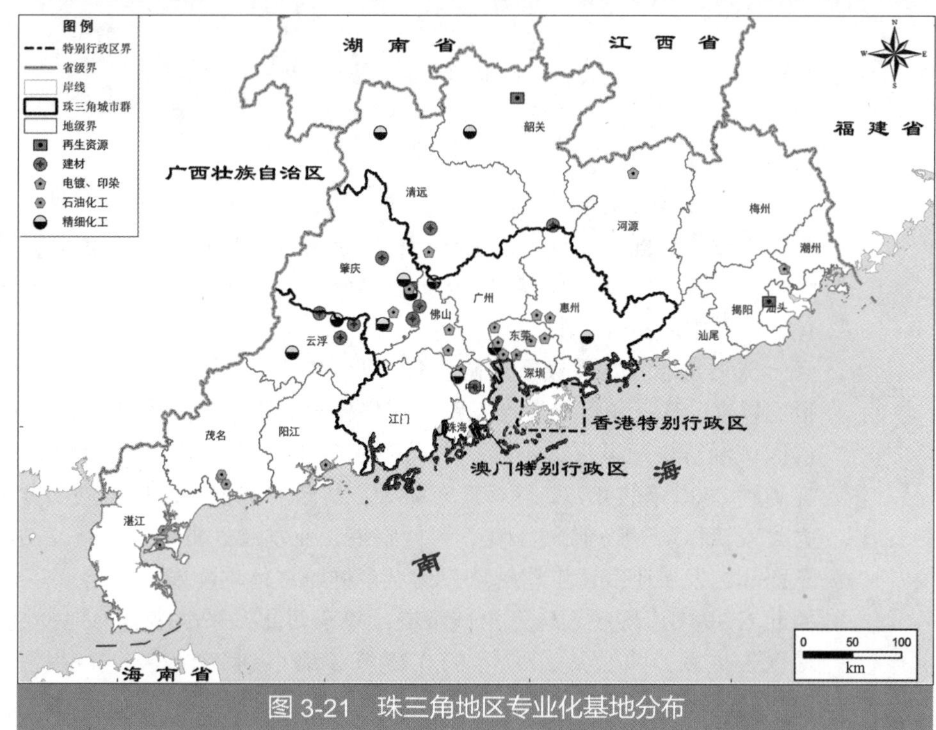

图3-21　珠三角地区专业化基地分布

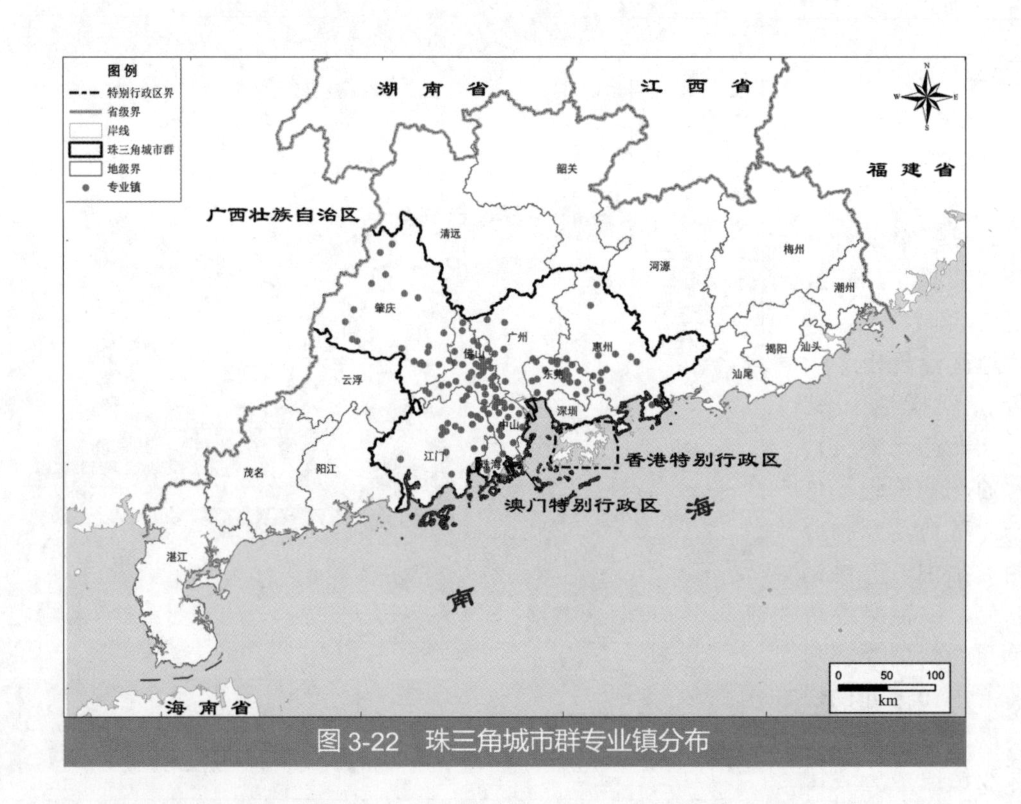

图 3-22 珠三角城市群专业镇分布

四、区域发展失衡问题极为突出，核心外围发展差距明显

1. 区域经济发展水平极不均衡

从工业化发展水平来看，珠三角地区总体进入工业化中后期。但珠三角城市群及粤东西北的工业化进程差异较大，主导产业特征各异。城市群核心区整体已进入工业化后期，其中深圳、广州、珠海等城市已经接近发达经济体的初级阶段，而粤东西北地区总体尚处于工业化初期至中期发展阶段。

珠三角地区发展极不均衡，粤东西北大部分地区人均 GDP 尚达不到全国平均水平。21 世纪以来，珠三角区域发展差距呈现先扩大后收窄的发展特征。2000—2006 年，珠三角城市群区域经济快速发展，不断拉大与粤东西北地区差距，地区差异发展系数从 2000 年的 0.69 提高到 2006 年的 0.77。随着广东省委、省政府加强对区域发展的分类指导，实施产业和劳动力“双转移”，粤东临海工业、粤西临港工业发展大步推进，粤北山区绿色崛起势头良好，粤东西北的发展速度逐步超越珠三角城市群，总体均衡发展态势逐步好转。2009 年以后，粤东西北 GDP 增速均超过珠三角城市群，粤东西北振兴战略有力地促进了外围地区的经济增长；地区发展差异系数从 2007 年的 0.75 持续缩小到 2014 年的 0.66，为 2000 年以来最低水平，但仍处于高位。同期江苏、山东和浙江的地区发展差异系数分别为 0.413、0.452 和 0.263，均远低于珠三角地区。

2. 城镇化发展水平区域差距明显

珠三角地区城镇化整体进入中后期的发展阶段，而珠三角城市群已进入城镇化发展的后期成熟阶段，而粤东西北地区目前尚处于城镇化发展的中期阶段。2015 年，珠三角城市群城镇化率为84.6%，而粤东为59.9%，粤北为47.2%，粤西仅为42.0%。分地市来看，城镇化率80%以上的6个城市均位于环珠江口地区，汕潮揭城镇化率略高于全国平均水平，汕头和潮州的城镇化率分别达到了70%和63%，粤西和粤北地区各地市的城镇化率均明显低于全国平均水平（图3-23）。

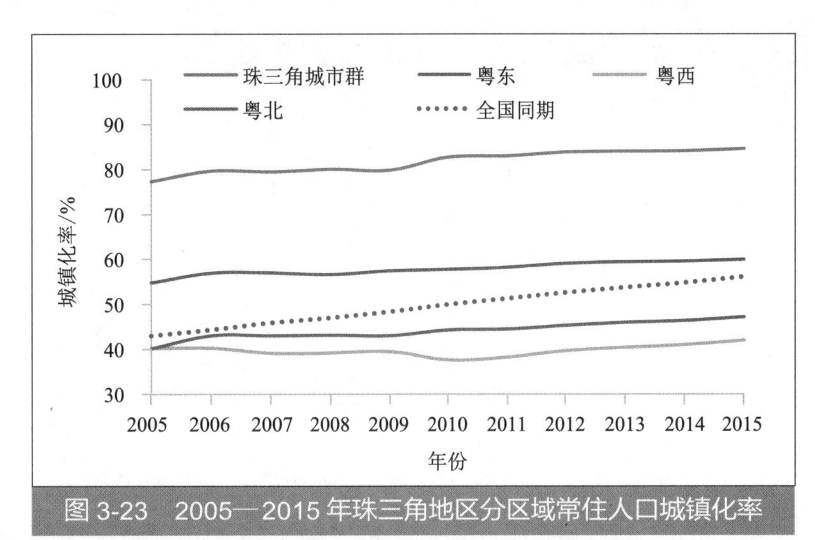

图3-23　2005—2015年珠三角地区分区域常住人口城镇化率

从人均GDP和城镇化率的关系来看（图3-24），珠三角城市群基本占据了第一、第二梯队，体现出“高城镇化、高效率”的特征。粤东西北城市基本位于第三梯队。其中，粤东地区呈现“中等城镇化水平、低效率”特征，城镇化水平虽有所发展，但人均效益和劳动力水平仍有较大提升空间；粤西、粤北地区城镇化率和人均GDP均为全省最低，体现出“低城镇化水平、低效率”的特征，城镇发展尚处于起步阶段。区域的城镇化效益分化严重。从区域城镇化水平所处阶段看，珠三角城市群已处于成熟阶段，而粤东西北虽处于第二阶段的高速发展阶段，但其中粤西沿海及粤北山区的城镇化水平与全国平均水平相比仍存在一定差距。

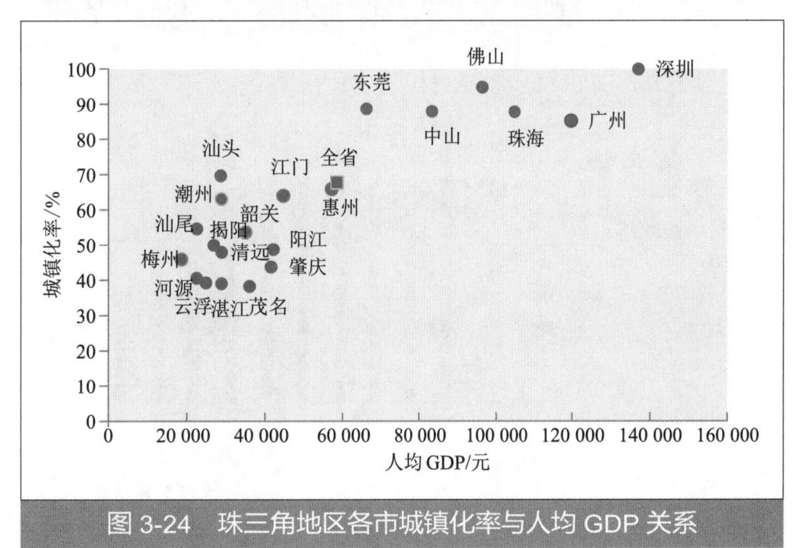

图3-24　珠三角地区各市城镇化率与人均GDP关系

3. 区域基本公共服务水平差距显著

珠三角地区的基本公共服务水平呈现出明显的空间集聚和地域分异特征。高水平地区主要集中于珠三角城市群，极高水平地区聚集于环珠江口城市，中等水平地区分布于环珠三角城市群外围和粤西中部，低水平地区主要分布于粤北山区、粤西的西部地区和粤东的东部地区。

公共教育、卫生医疗、文化体育、公共交通等基本公共服务整体呈现珠三角城市群＞粤东地区＞粤北地区＞粤西地区的空间特征。其中，佛山、中山、江门和清远已实现社区公共服务站全覆盖，东莞、广州、阳江、珠海、深圳的覆盖率超过全省平均水平，但仍有9个城市不足50%（图3-25）；广州、珠海、佛山、中山、韶关、阳江、东莞、惠州、江门9市的万人医院床位数高于全省平均水平，而云浮、河源、汕尾、揭阳和潮州的万人医院床位数不足20张（图3-26）；珠三角城市群公交发展水平领先全省，广州、珠海万人公交车数量超过20标台以上，深圳、东莞、中山、佛山也均大幅领先其他城市，而粤东西北城市整体偏低，其中仅有梅州达8.85标台，领先粤东西北各市，而潮州仅为2.71标台，公共交通设施建设亟须大力加强（图3-27）。

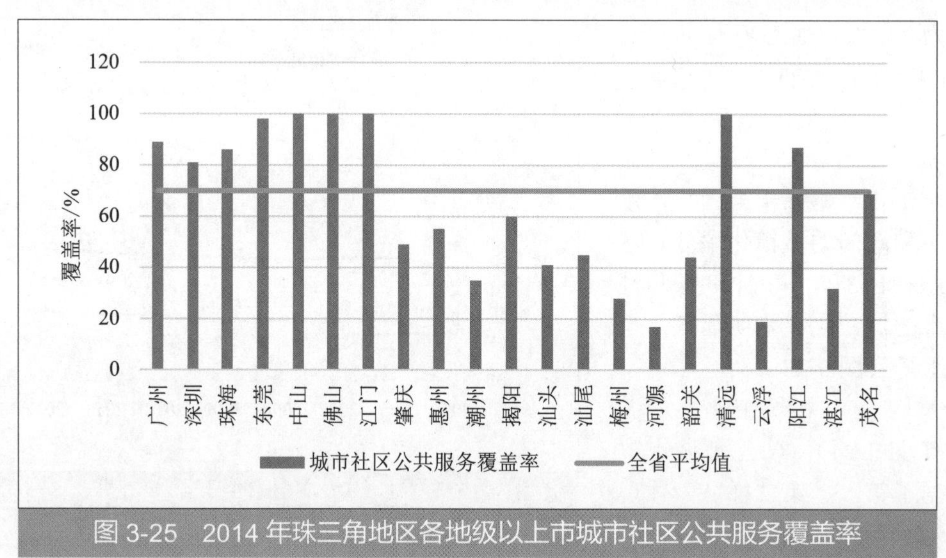

图 3-25 2014 年珠三角地区各地级以上市城市社区公共服务覆盖率

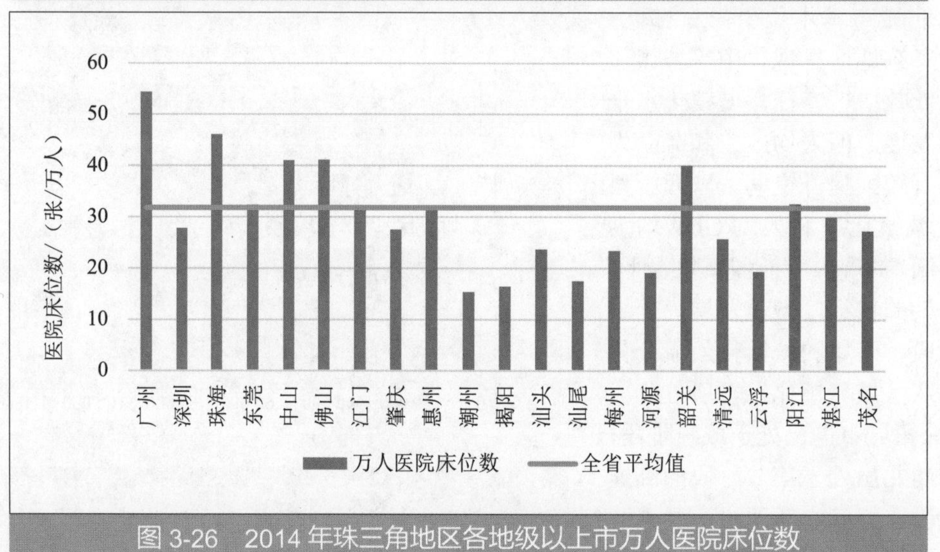

图 3-26 2014 年珠三角地区各地级以上市万人医院床位数

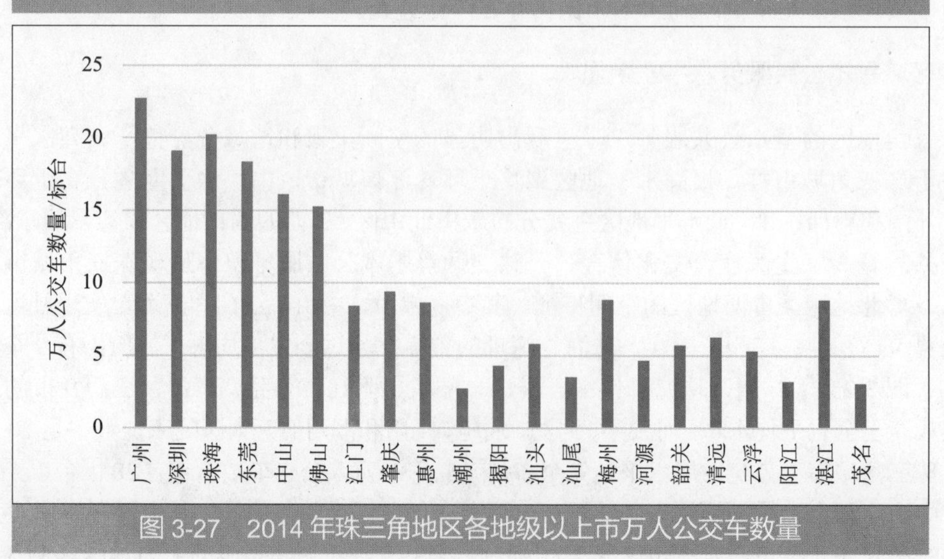

图 3-27 2014 年珠三角地区各地级以上市万人公交车数量

第四节　经济社会与资源环境的耦合关系

21 世纪以来，珠三角地区工业化、城镇化水平不断提升的同时，资源消耗和环境污染的压力也在同步提升。截至目前，珠三角地区的社会经济发展仍未摆脱对自然资源的严重依赖，环境质量虽有局部好转但整体压力仍居高位，其中粤东西北地区的资源环境压力仍有不断增加的发展趋势。

总体来看，目前珠三角地区的资源环境效率不断提升，总体压力呈现略有减缓的良好态势，尤其是工业领域的节能减排成效显著，工业经济发展对于资源环境的依赖程度和压力不断减轻。一是珠三角地区单位工业增加值能耗累计下降 35.0%，超额完成国家下达的“十二五”时期累计下降 21.0% 的目标任务，为完成单位 GDP 能耗下降 18.0% 的总体节能目标任务奠定了坚实基础。二是工业废水、废气和固体废物的产生和排放量明显下降。2015 年，珠三角地区单位工业增加值废水排放量、二氧化硫排放量和固体废物排放量分别为 5.3 万 m^3/ 亿元、21.5 t/ 亿元和 1 853.5 t/ 亿元，分别比 2010 年下降 39.3%、53.9% 和 27.7%，年均分别下降 9.5%、14.3% 和 6.3%。三是单位工业增加值用水量持续减少。2015 年，珠三角地区工业用水量达 112.5 亿 m^3，占全社会用水量的 25.4%，比 2010 年下降 4.2 个百分点；单位工业增加值用水量 37.2 万 m^3/ 亿元，比 2010 年下降 43.0%，“十二五”时期年均下降 10.6%。

一、能源消费部分解耦，总量缓增，效率提高

随着人均 GDP 的不断增长，能源消耗总量近年来增速明显放缓，逐步逼近平台期。从能耗细分领域来看，工业能耗总量已越过峰值，效率稳步提升，说明珠三角地区目前工业经济增长已经初步摆脱了对能源资源消耗的依赖（图 3-28）。随着工业节能降耗工作的深入推进和工业节能潜力的进一步释放，珠三角地区工业能耗总量有望继续下降。交通运输业和生活领域的能源消费总量近年来均保持快速增长，贡献了能耗总量的主要增量，并且这种趋势将随着人民生活水平的提高仍将保持较长时间。总体判断，珠三角地区经济增长和能源消耗呈现出局部解耦的特征。

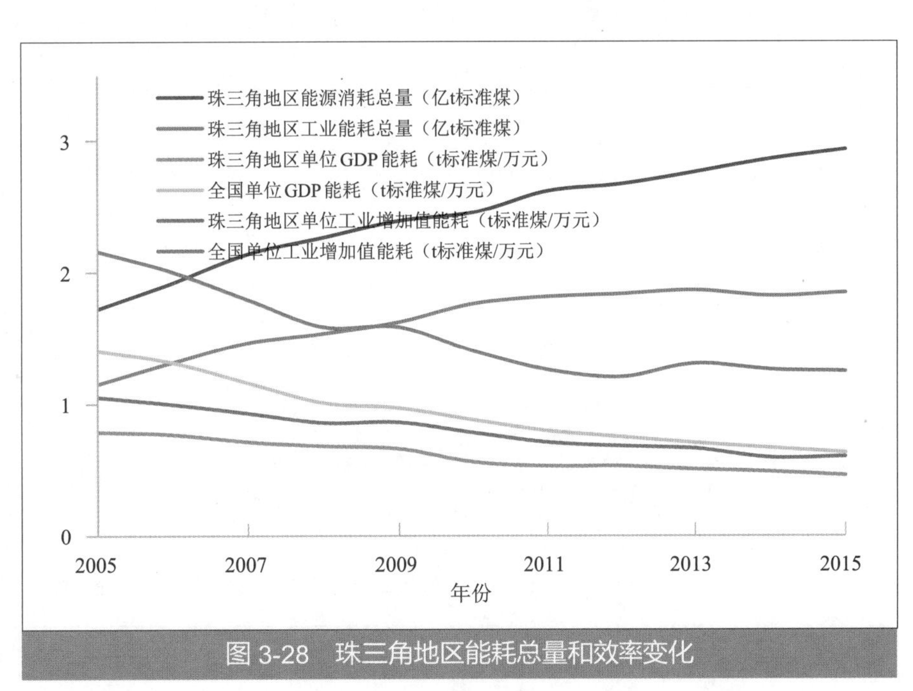

图 3-28　珠三角地区能耗总量和效率变化

二、用水总量局部解耦，总量与强度持续下降

珠三角地区的水资源消耗特征和能源消耗特征差别较大。总体判断，用水效率不断提升的同时，用水总量于2010年达到峰值，GDP增长和用水总量在2010年彻底解耦，区域经济增长已不依赖于水资源使用量的增长。从具体行业来看，工业单位增加值用水量持续下降，工业用水总量于2010年越过峰值后持续下降；农业的用水总量和单位增加值用水量均呈现较为稳定的下降趋势，2004年前农业经济的发展就已不依赖于水资源使用量的增长（图3-29）。

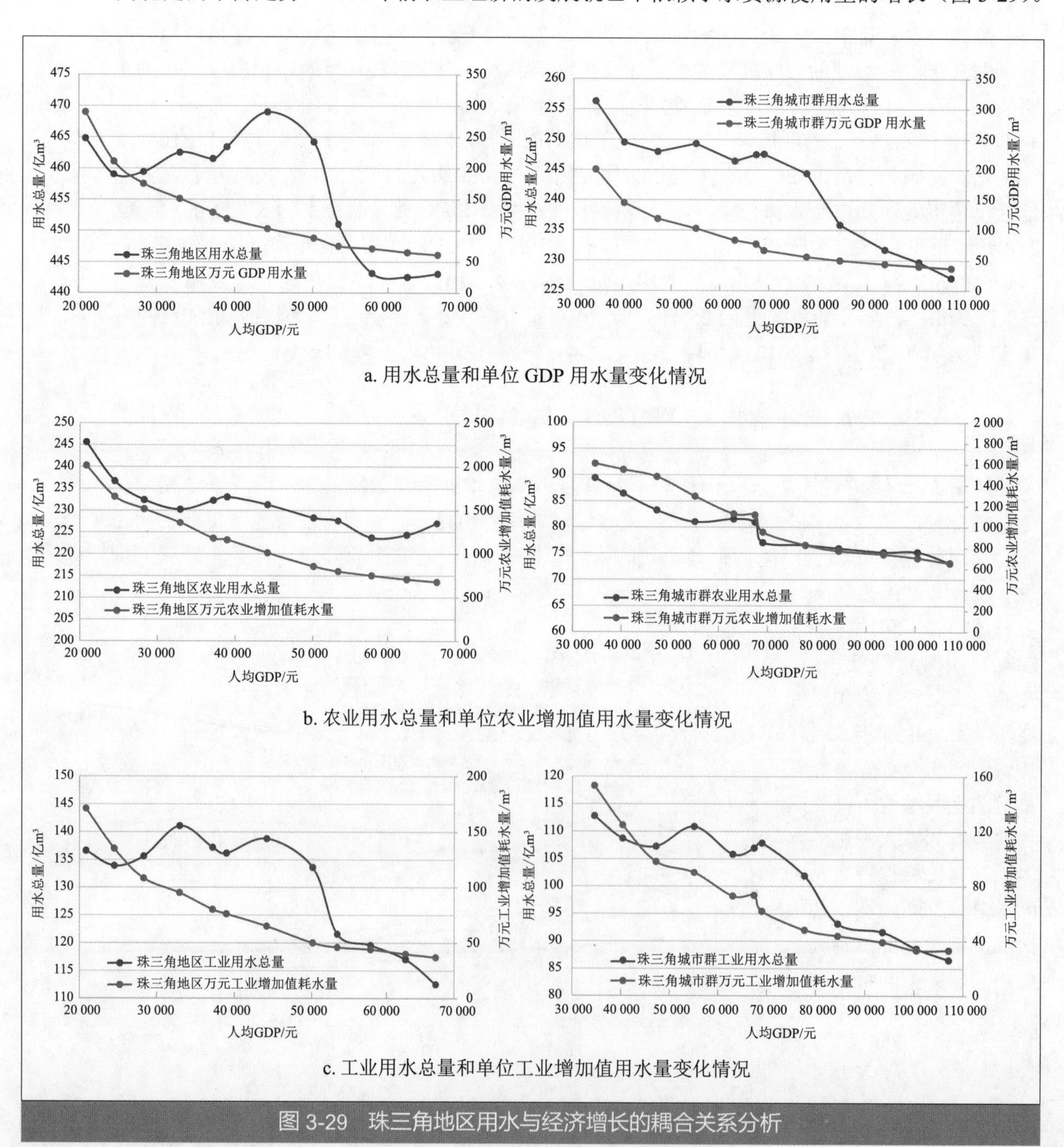

图3-29 珠三角地区用水与经济增长的耦合关系分析

三、环境效率部分解耦，总量增长效率提升

1. 区域发展与水污染物排放的解耦

珠三角地区废水排放总量在 1990—2014 年随着人均 GDP 的增加快速上升，其中“十五”以来废水排放总量增速随人均 GDP 增长逐渐趋于平缓（图 3-30）。总体来看，珠三角地区人均 GDP 与废水排放总量的解耦“拐点”尚未到来，发展阶段仍处于库兹涅茨曲线的左侧，说明目前珠三角地区经济社会发展与水环境保护之间的矛盾依然突出。人均 GDP 与生活污水排放量的耦合关系也位于倒“U”型曲线的左侧，且生活污水排放量随人均 GDP 增长而增长的趋势保持平稳。另外，“十五”以来，珠三角地区大力提高生活污水治理力度，城镇生活污水集中处理率从 2001 年的 16.6% 提高到 2014 年的 91.4%，生活污水处理率高于全国平均水平。这既在一定程度上反映了经济社会发展反哺带动了水环境污染治理的投入，也说明未来珠三角地区生活污染的治理压力相对较大。相比之下，人均 GDP 与工业废水排放量的耦合关系并不明显。

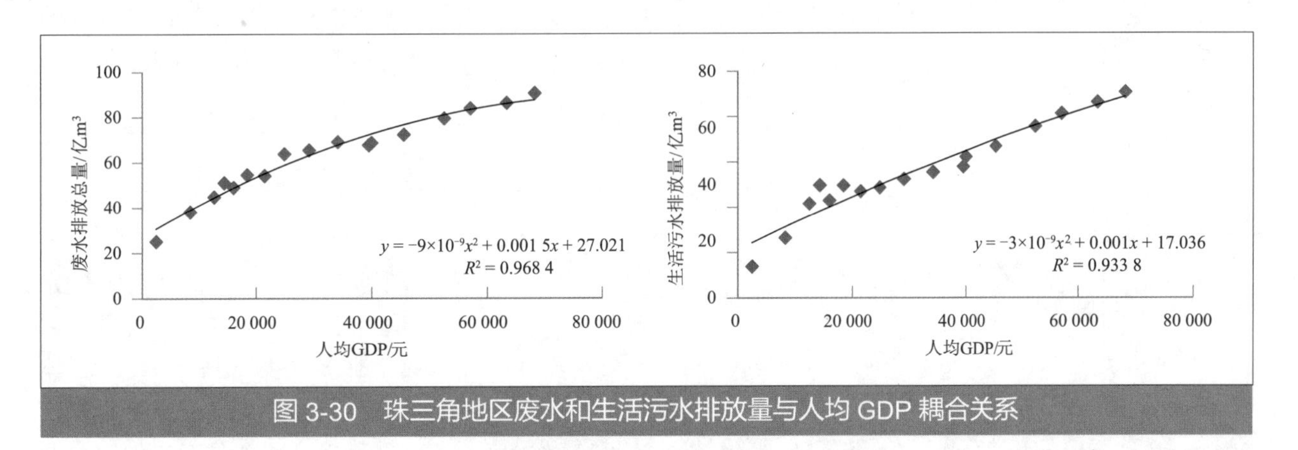

图 3-30　珠三角地区废水和生活污水排放量与人均 GDP 耦合关系

“十一五”前，珠三角地区主要水污染物随人均 GDP 变化的趋势较平缓；“十二五”以来，因环境统计口径发生变化（农业源纳入核算体系），水污染物排放量显著增加。其中 COD 排放量与人均 GDP 的耦合关系不明显，氨氮排放量与人均 GDP 的耦合关系表明，目前珠三角地区氨氮排放量处于高位区间，污染排放的规模效应可能仍将持续一段时间后才能出现“环境曲线”拐点（图 3-31）。

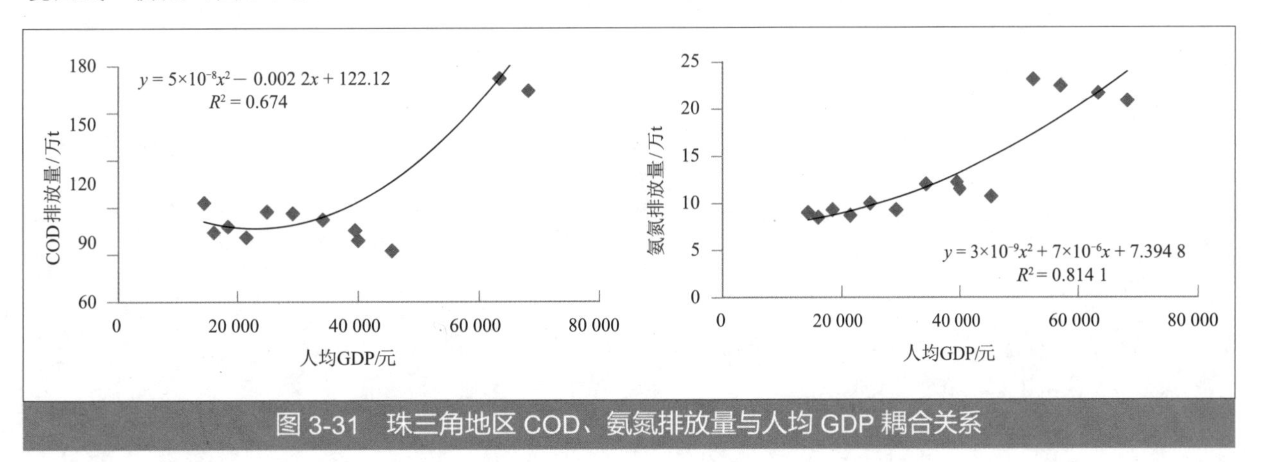

图 3-31　珠三角地区 COD、氨氮排放量与人均 GDP 耦合关系

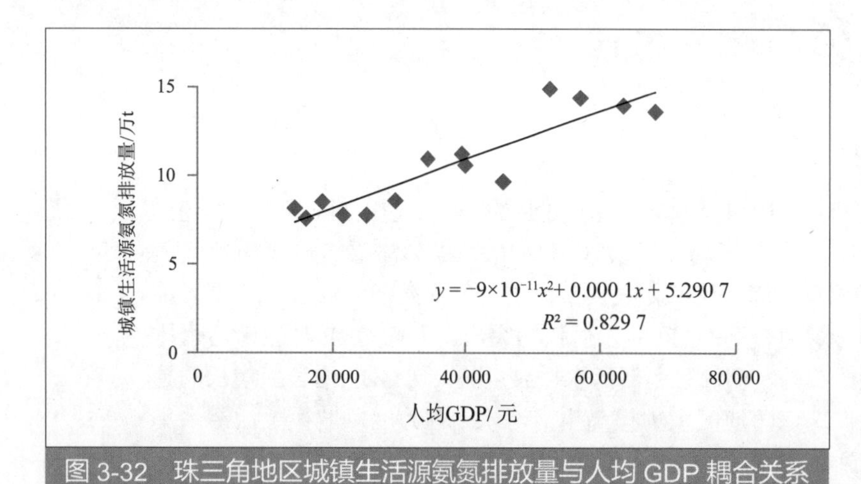

图 3-32 珠三角地区城镇生活源氨氮排放量与人均 GDP 耦合关系

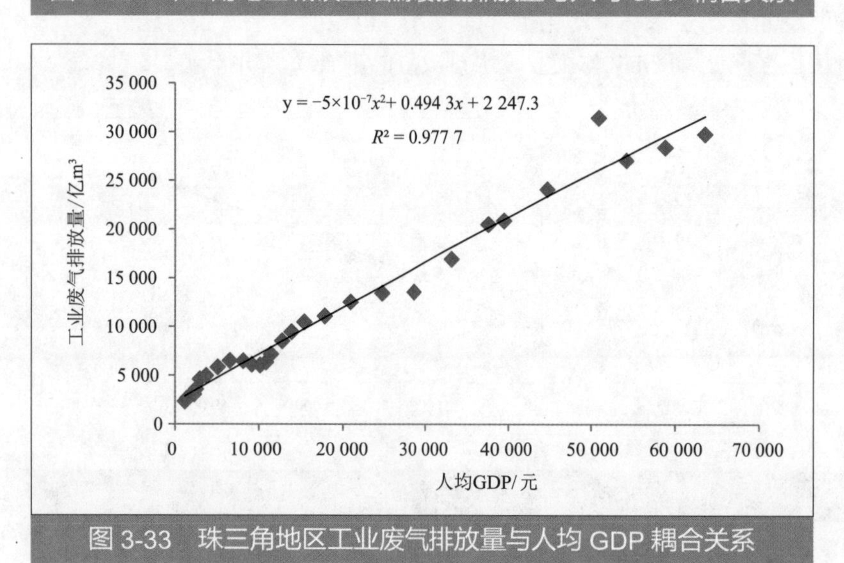

图 3-33 珠三角地区工业废气排放量与人均 GDP 耦合关系

按照“十三五”时期人均GDP约7%的增长速度，“十三五”末珠三角地区人均GDP将增长至15 000美元左右（约相当于1990年不变价7 800美元）。根据发达国家的历史发展经验，此时期属于多类污染物排放的峰值期，与目前氨氮排放量和人均GDP的耦合分析结论基本吻合。

生活源氨氮排放量与人均GDP的耦合关系大致位于倒“U”型曲线的左侧，且生活氨氮排放量仍随人均GDP平稳增长（图3-32），说明未来珠三角地区面临的生活源水污染治理压力仍然较大。

2. 区域发展与大气污染物排放的耦合关系

1986—2014年，珠三角地区工业废气排放总量随人均GDP的增加呈现快速增长，且目前仍处于上升态势（图3-33）。总体来看，目前人均GDP与工业废气排放总量的耦合关系仍处于倒“U”型曲线的左侧，说明目前珠三角地区经济社会发展与大气环境治理之间的矛盾依然突出。

“十五”以前，珠三角地区二氧化硫随人均GDP变化的速度趋于平缓，在“十五”末期（人均GDP达到25 000元左右）达到顶峰，之后呈现持续下降特征。随人均GDP增长，氮氧化物排放量呈现缓慢的下降特征（图3-34）。

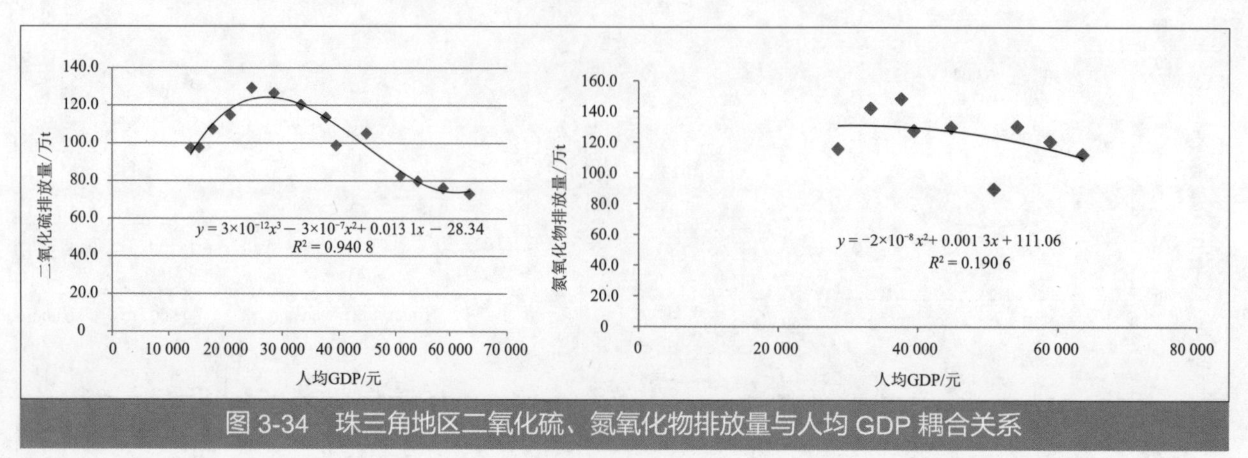

图 3-34 珠三角地区二氧化硫、氮氧化物排放量与人均 GDP 耦合关系

四、资源环境拐点初显，跨越峰值仍需努力

改革开放以来，随着城镇和经济规模的持续扩大，珠三角地区在经济总量上居全国前列的同时，环境污染问题一度十分突出，主要污染物排放总量同样位居全国前列。国际经验表明，在当前的经济发展阶段，经济发展和环境保护之间的关系会发生重大转变，发展与保护的矛盾将趋于激化。与此同时，跨过“环境拐点”、实现经济与环境协调发展的机会窗口也将开启。目前，珠三角地区在经济转型升级与环境治理方面取得了显著的成绩，部分地区、部分指标的“环境拐点”已经逐步显现，特别是深圳、珠海等先进地区，率先探索出了一条社会经济发展和环境保护“双赢”的路径。

第四章

区域生态环境现状与问题

第一节　环境治理成效显著，环境质量仍是“短板”

一、生态环境质量改善比较明显

近年来，国家以改善环境质量为核心，实行最严格的环境保护制度。2013 年以来，先后发布实施《大气污染防治行动计划》（以下简称“大气十条”）、《水污染防治行动计划》（以下简称“水十条”）和《土壤污染防治行动计划》（以下简称“土十条”），推进主要污染物减排，大力实施污染治理、结构调整等环境治理措施；广东省委、省政府始终把环境保护放在事关经济社会发展全局的战略位置，全面推进生态文明建设，大力推动绿色发展。近年来，珠三角地区经济保持中高速增长的同时，环境治理取得了明显进展，生态环境质量明显改善。

1. 区域空气质量整体持续改善

“大气十条”实施以来，珠三角地区全面推动燃煤锅炉污染整治、重点行业提标改造、落后产能淘汰、黄标车及老旧车辆淘汰、VOCs 治理、扬尘污染整治以及重污染天气应急等措施，全省 121 台 12.5 万 kW 燃煤火电机组按要求完成降氮脱硝改造，二氧化硫、氮氧化物、VOCs、一次 $PM_{2.5}$ 等污染物排放显著下降，减排显著。截至 2016 年，珠三角地区空气质量持续改善。优良天数明显增加，重污染天数显著降低，$PM_{2.5}$、PM_{10}、SO_2、NO_2 年均浓度逐年下降。全省空气质量优良天数占比从 2013 年的 76.3% 上升到 2016 年的 92.7%，

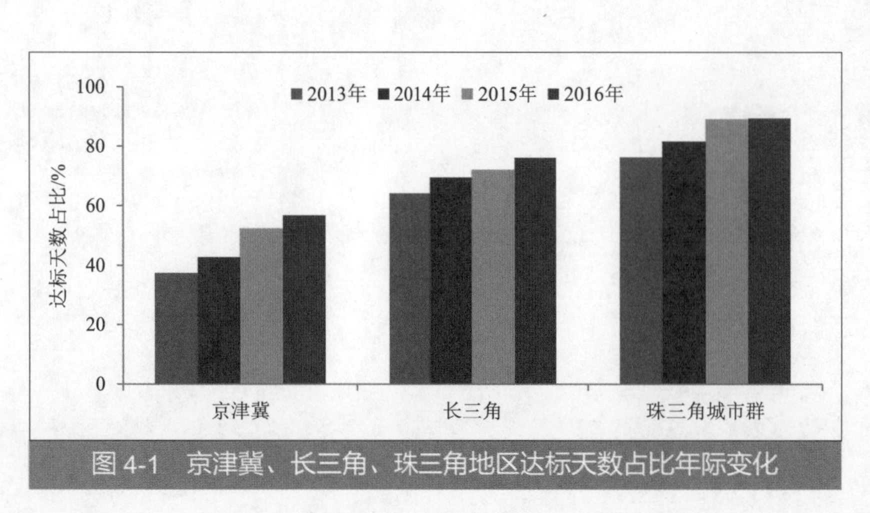

图 4-1　京津冀、长三角、珠三角地区达标天数占比年际变化

空气质量明显优于京津冀、长三角地区（图 4-1）。$PM_{2.5}$ 从 2013 年的 47 μg/m³ 下降到 2016 年的 32 μg/m³，提前完成 2017 年“大气十条”目标的基础上率先达标。从 2006 年起，各污染物年均浓度总体上均呈现下降趋势，其中 SO_2 从 30 μg/m³ 下降到 12 μg/m³，下降幅度为 60%，PM_{10} 从 63 μg/m³ 下降到 48 μg/m³，下降幅度为 22.6%，年灰霾日数从 61 天下降到 29 天，下降幅度为 52%（图 4-2）。

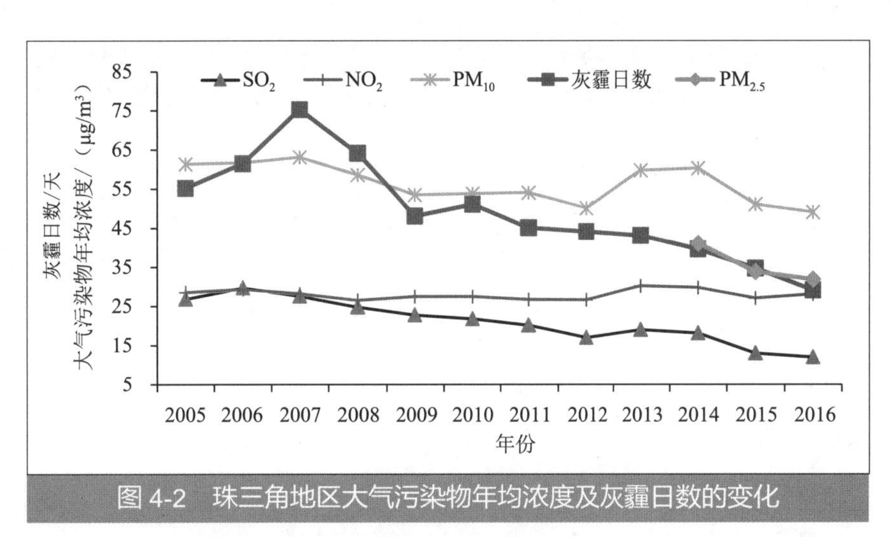

图 4-2　珠三角地区大气污染物年均浓度及灰霾日数的变化

2. 集中式饮用水水源水质全面达标，水环境功能区达标率有所上升

近年来，珠三角地区城市、县城饮用水水源保护区划得到进一步强化和优化，保护区建设不断加强。“十五”和“十一五”期间，达标率从 60.0%（2003 年）上升到 97.1%（2010 年），该阶段饮用水水源主要受到沿岸城市污水和面源污染，其中广州、深圳是受污染相对较严重的城市。自 2011 年开始，全省城镇集中式饮用水水源地水质达标率保持 100% 达标，水质优良。随着珠三角地区污染治理设施日趋健全，水污染物排放持续下降，“十二五”期间 COD 和氨氮排放总量累计下降了 14.7% 和 13.5%。2001—2015 年，珠三角地区江河水质总体有所好转，功能区水质达标率的变化趋势与优良水质占比的变化趋势总体一致。“十五”期间，水质优良（Ⅰ～Ⅲ类）省控断面占比在 53.9% ～ 69.8% 波动，重度污染（劣Ⅴ类）省控断面占比在 16.0% ～ 19.8% 波动，变化趋势不明显（图 4-3）。“十一五”至 2015 年，江河水质总体显著好转，其中水质优良占比显著上升，重度污染占比有所下降。2015 年省控断面水环境功能区水质达标率为 82.3%，优良率 77.4%，分别比 2010 年提高了 12.2 个和 6.5 个百分点；劣Ⅴ类水体占比为 8.1%，比 2010 年下降 1.3 个百分点（表 4-1）。“十二五”以来，江河水质持续改善程度有所趋缓，劣Ⅴ类比例稳定在 8%

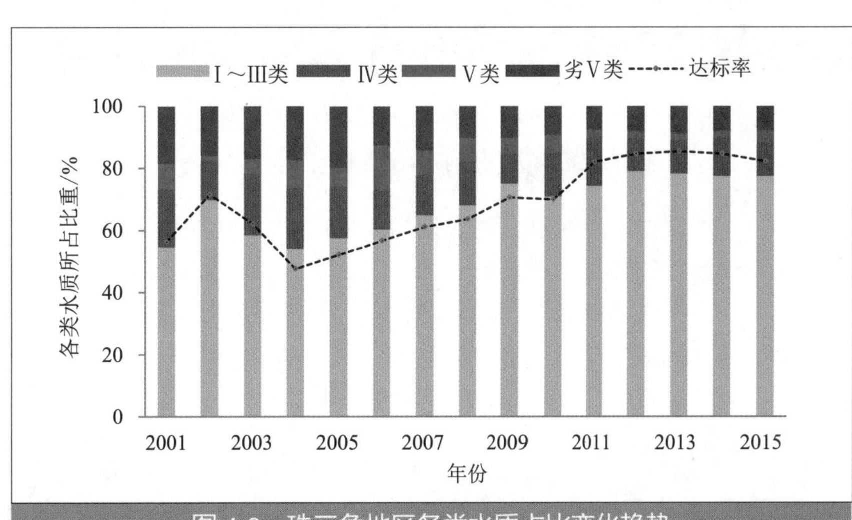

图 4-3　珠三角地区各类水质占比变化趋势

表 4-1　珠三角地区地表水环境质量变化　单位：%

水质	2005 年	2010 年	2015 年
Ⅲ类及以上	57.6	70.9	77.4
劣Ⅴ类	19.8	9.4	8.1

左右。总的来说，主要江河Ⅲ类水体在 2002 年后基本维持在 60% 以上的占比，Ⅳ～劣Ⅴ类水体总体呈现减少的趋势，但水质改善程度有所趋缓。

3. 生态环境状况整体提升

2015 年珠三角地区总体生态环境状况指数为 77.6，生态环境状况级别为“优”；县域生态环境质量以“优”和“良”为主，127 个县中 63 个生态环境质量为“优”，57 个为“良”，占全省面积比重合计 99.6%。珠三角地区自然生态系统在该地区占据主导地位，占国土面积的 68% 以上，近年来森林质量改善较大。2014 年，珠三角地区森林活立木蓄积量为 54 678.9 万 m^3，森林植物生物量为 6.6 亿 t，森林生态功能等级一类、二类林占比 82.7%，与 2010 年相比明显增加。2000 年，珠三角地区生物量平均值为 1 720 t/km^2，最大值为 2.6 万 t/km^2；2015 年，生物量平均值提高到 2 110 t/km^2，最大值提高到 27 920 t/ km^2。2005—2015 年，珠三角地区的生态环境状况总体保持稳中有升。其中，珠三角城市群生态环境状况指数值总体保持稳定，粤西和粤北地区波动上升，粤东地区先降后升，生态环境趋于改善（图 4-4）。

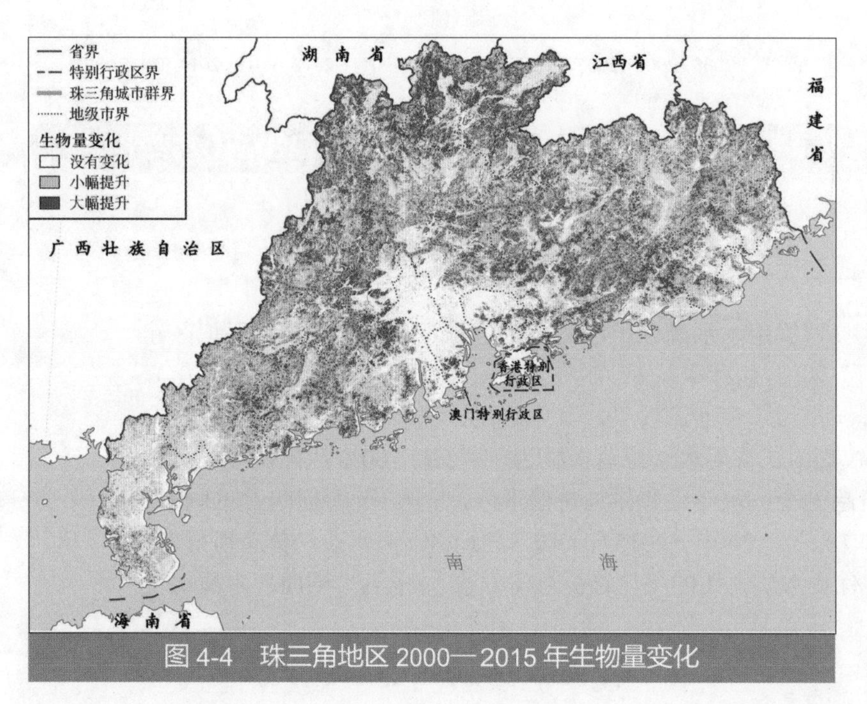

图 4-4 珠三角地区 2000—2015 年生物量变化

4. 环境保护体制机制不断创新

珠三角地区以法治建设为保障，以环境监管为突破，以制度创新为动力，不断推进环境保护机制体制创新。出台了全国首个大气污染防治地方政府规章——《广东省珠江三角洲大气污染防治办法》；新修订的《广东省环境保护条例》于 2015 年 7 月 1 日正式实施，成为新环保法实施后全国首个配套的省级环保法规。相关地市积极推进地方立法，对生态环境保护起到了积极作用，如惠州市颁布实施《惠州市西枝江水源水质保护条例》，纳入生态补偿等相关制度；珠海市出台了全国首部生态文明建设地方性法规——《珠海经济特区生态文明建设促进条例》。建立了环保、监察、公检法等部门联合的联动执法机制，佛山、韶关、顺德等 8 市（区）设立“环保警察”，顺德区设立“环保巡回法庭”，“两法衔接”得到强化。积极推行环境监察网格化管理，实施“横向到边、纵向到底”的基层监管模式，提升环境监察执法效率。健全重点污染源管理联席会议制度，连续 5 年对国家重点监控企业开展环保信用评级，每季度公布环境违法企业“黑名单”，推动企业自觉落实污染防治措施。不断完善大气联防联控和跨界河流联合治理机制，在珠三角城市群建立了全国首个区域大气污染防治联席会议制度，率先以改善大气环境质量为目标实施区域联防联控；以淡水河、石马河等重污染跨界河流整治为重点，加强水质目标考核和跟踪督办，统筹流域联合治理，积极探索河流污染治理的新模式，深入实施《广东省跨行政区域河流交接断面水质保护管理条例》，实行跨界河流交接断面水质目标管理；省政府建立跨界河流污染整治工作联席会议，地方各级政府全面实行“河长制”，严格落实治污主体责任。大力推进环境污染第三方治理和环境监测社会化改革试点工作，惠州市在公共环保设施、定点产业园区、重点综合整治和生态修复项目等领域实行第三方治理，有效提升了环境污染治理水平；东莞市积极开展环境监测社会化改革，将环境监测转为政府购买服务，大力推动监测产业发展；清远、佛山等城市引入第三方机构开展环境保护考核。加强环保综合协调能力建设，佛山、肇庆、清远等多个市设立环境保护委员会，落实部门“一岗双责”制，构建“大环保”工作格局。

二、区域性、累积性、复合型生态环境问题依然突出

在客观评价珠三角地区环境治理成绩的同时，必须清醒地认识到区域总体呈现“先污染、后治理”的状态，由于“历史欠账”多，长期积累的污染问题短期内未有根本改变，环境质量状况与全面建成小康社会以及世界级城市群的目标要求还有差距。

1. 局部地区环境空气稳定达标难度大，臭氧污染仍不容忽视

虽然珠三角地区城市空气质量达标天数总体呈现上升趋势，但是珠三角城市群的广州、佛山、东莞、肇庆、江门以及粤北清远、粤东揭阳等城市稳定达标仍有较大难度，河源、梅州、阳江、云浮等粤东西北城市环境空气质量出现下滑势头。珠三角空气质量总体改善，但臭氧浓度呈震荡上升趋势。2016 年珠三角地区臭氧较 2015 年上升 0.7%，东莞、江门两市存在超标现象。与世界先进地区相比，珠三角地区 PM_{10} 年均浓度除与韩国持平，较加拿大、美国、日本、德国、法国高出 104.0% ～ 363.6%；$PM_{2.5}$ 年均浓度较加拿大、美国、日本、德国、法国、韩国高出 47.8% ～ 325.0%（图 4-5）。

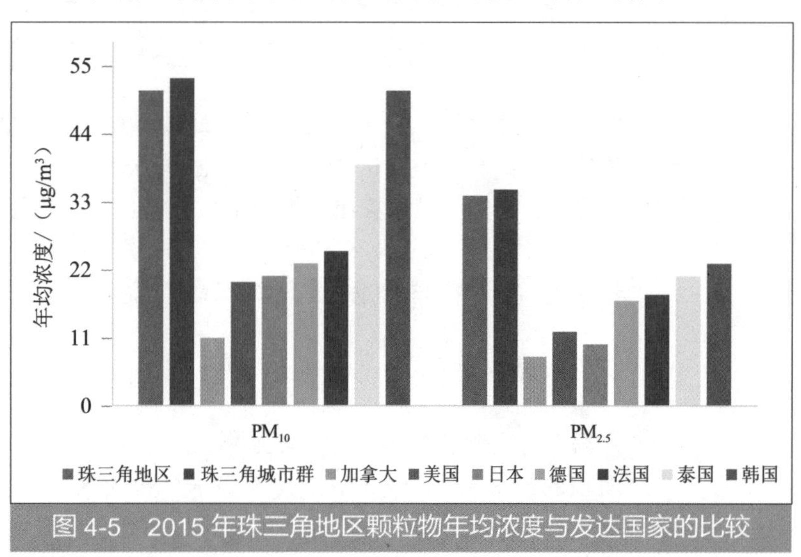

图 4-5　2015 年珠三角地区颗粒物年均浓度与发达国家的比较

2. 劣Ⅴ类水体尚未消除，城市黑臭水体问题依然突出

在高水污染负荷背景下，珠三角地区地表水环境质量不容乐观，“十二五”期末全省仍有 17.7% 的省控断面水质不达标，地表水水质优良比例与 2020 年达 84.5% 的目标差距超过 7 个百分点，8.1% 的省控断面为劣Ⅴ类，珠江三角洲河网区重污染河流尚未消除，淡水河、茅洲河、深圳河、石马河、练江等河流水质改善压力最为突出。相当部分城市内河涌水体黑臭现象明显，群众反映强烈。根据《全国地级及以上城市黑臭水体名单》，全国 295 座地级及以上城市共排查出黑臭水体 1 861 个，珠三角地区以 243 个居首，占全国的 13.1%。珠三角城市群的

黑臭水体最为突出，黑臭水体数量占珠三角地区总数的63.2%；其次是粤西地区。其中，深圳、广州等城市的黑臭水体数量最多。珠江口近岸海域水质污染严重，10.5%的入海河流呈劣V类，局部海域富营养化状况不容乐观。

3. 生态质量总体偏低，“三生”空间冲突剧烈

珠三角地区生态系统功能处于较低水平。根据第八次全国森林资源清查结果，2013年珠三角地区森林以人工林为主，面积占比达51.8%，其中22.2%为人类干扰较大的经济林。城市群区域开发强度大，建设用地面积持续增加，1980—2016年16年间建设用地面积增长了十几倍，农用地面积占比减少超过10个百分点。生态形势严峻，受大面积围填海、采砂等过度开发行为影响，近海海域生态系统受到不同程度的损害，红树林、珊瑚礁和海草床等珠三角近海典型海洋生态系统退化严重。农用地和污染场地土壤污染问题突出，威胁粮食和人居环境安全。

综上所述，珠三角地区处在传统污染和新型复合污染、局地污染与区域污染并存的大气复合污染态势下，臭氧、$PM_{2.5}$和VOCs等污染新老问题并存，生产与生活、工业和交通环境污染交织；水环境问题依然突出，水资源、水污染双重胁迫，氮、磷污染凸显，饮用水安全存在风险，水生态系统继续恶化，近岸海域污染严重。区域性、累积性、复合型环境污染格局仍然是区域可持续发展的突出“短板”，改善生态环境质量、保障人居环境安全任重道远。

第二节　局部区域生态安全形势严峻，近岸生态系统健康受损

珠三角地区多年来在生态保护和建设方面开展了大量工作，取得了积极成效，区域生态状况整体趋于好转，但是区域生态质量总体仍处于较低水平，局部区域不断扩张的城镇和产业用地侵占生态空间现象突出，城市群生态格局破碎化程度加剧，生态安全形势严峻。

一、生态质量总体偏低，城市群生态格局破碎程度加剧

1. 生态系统功能处于较低水平，生物多样性下降

根据第八次全国森林资源清查结果，2013年珠三角地区森林以人工林为主，人工林占森林总面积的51.8%，其中22.2%为人类干扰较大的经济林。根据广东省森林资源情况公报，森林自然度和景观等级改善趋势不明显，仍然处于较低水平，2014年森林自然度Ⅰ类、Ⅱ类、Ⅲ类林总面积仅占32.9%，森林景观等级Ⅰ类、Ⅱ类林总面积仅占11.0%（表4-2）。根据遥感测算，2000年珠三角地区生物量平均值为17.23 t/hm^2，最大值为259.6 t/hm^2，2015年生物量平均值提高到21.12 t/hm^2，最大值提高到279.23 t/hm^2，珠三角地区森林建设卓有成效，但整体尚处于较低的水平。

珠三角地区野生动植物的分布并不均匀，粤北地区丰富度最高，其次为珠三角城市群和粤西地区，粤东地区丰富度最低。野生动物的分布总体差异不大，但是在特有的野生动物方面，粤北地区和粤西地区占比较大，这跟这两个区域内有大量国家级和省级自然保护区有关，反映出这两个区域内山区作为珠三角地区野生动物物种宝库的重要地位。评价结果显示，全

省生物多样性评价结果较好的区域基本位于粤北生态屏障等生物多样性保护工作基础较为坚实的地区或是经济社会发展水平较高的珠三角城市群地区。全省外来入侵种以珠三角城市群数量最多，占全省的 89% 左右，其他 3 个地区则较为接近。

表 4-2　珠三角地区森林质量变化

年份	蓄积量 / 万 m^3	生物量 / 亿 t	生态功能等级一类、二类林占比 /%	森林自然度 Ⅰ 类、Ⅱ 类、Ⅲ 类林总面积占比 /%	森林景观等级 Ⅰ 类、Ⅱ 类林总面积占比 /%
2010	43 935.6	5.7	65.1	34.3	9.2
2011	46 328.6	5.9	66.2	33.9	9.5
2012	49 204.1	6.1	68.1	34.0	10.2
2013	52 424.7	6.3	79.3	33.9	10.7
2014	54 678.9	6.6	82.7	32.9	11.0

由于全省经济社会的迅速发展和不合理开发活动等因素，导致环境污染严重和生境破碎化，土地资源的高度开发利用使得自然生境日趋缩小甚至消失，最终致使生物多样性下降。主要体现在三方面：

一是物种数变化不大，但个体数量减少。受人类活动干扰，许多动物之间相互接触和繁殖受到影响，数量逐渐减少，种群逐渐走向灭绝；二是生物赖以生存的生态系统遭到严重破坏，使系统多样性下降。由于城镇开发或交通干线等线性基础设施的建设，野生动物的栖息地破碎化，另外单一品种的农作物、树种的大面积种植也使区域生物多样性严重下降；三是遗传多样性减少，广东省外来入侵种的频繁出现导致植物资源的遗传多样性下降。由于入侵种群通常由入侵种少数个体发展而成，与土著种种群相比，其遗传多样性会降低，通常遗传多样性降低会对种群不利，但对于入侵种来说，较低的遗传多样性反而能增强其在新栖息地中的竞争与生活能力。

2. 城市群景观连通性降低，生态格局破碎程度加剧

1980—2015 年，以森林和农田为主的自然生态系统在珠三角地区占据主导地位，占珠三角地区国土面积的 68% 以上。珠三角地区生态系统景观格局地区差异明显。生态系统聚集度指数粤北＞粤西＞粤东＞珠三角城市群；边界密度粤北地区最小，粤东地区和粤西地区其次，珠三角城市群边界密度最大。总体上，珠三角城市群由于工业化、城镇化高速发展而空间开发模式相对粗放，导致区域景观破碎化程度较高；粤北地区景观破碎化程度相对较低。1980—2015 年，珠三角地区生态系统景观斑块数从 39.5 万个减少到 31.3 万个，平均斑块面积呈增加趋势，上升了 26.24%，可见珠三角地区景观的复杂程度降低，景观完整性变好；边界密度呈减小趋势，较 1980 年下降了 3.82%，说明不同景观类型，斑块边缘变得相对规则，但聚集度指数略有下降（2.86%），景观镶嵌体连通性降低，人类干扰强度明显增加，生态系统稳定性有所下降。

二、建设用地持续扩张，侵占生态用地，农用地大量流失

从整体来看，1980—2016 年 30 多年间，林地始终为占区域总面积比例最大的土地利用类型，其次是农用地，由于近 30 年广东省社会经济和城市化的快速发展，这两类土地利用类

型面积逐年减少。近 30 年来珠三角地区社会经济和城镇化快速发展，建设用地面积逐年增加，由 1980 年的 980.9 km^2（占国土面积的 0.56%）增长至 2016 年的 16 839 km^2（占国土面积的 9.51%）。各类用地类型不断转换为城镇建设用地。农田是建设用地的主要来源，年转换速率达到 136 km^2/a。珠三角城市群其他生态系统向城镇生态系统的总体转换速率远大于粤东西北地区。

珠三角地区土地利用结构变化呈现阶段性特征：1980—1990 年，改革开放初期珠三角地区加速发展，各类土地利用类型变化较大；1990—2000 年，城市发展速度较平稳，各类型变化不大；2000—2010 年，建设用地面积快速增加，其他类型面积减少；2010 年后各种土地利用类型的面积变化的速度都较 2000—2010 年小。

总体来看，1980—2016 年，减少最多的土地利用类型是农用地，增加最多的土地利用类型是建设用地。农用地由原来占总面积的 33.57% 减少至 22.81%，减少了 18 635.87 km^2，而建设用地面积逐年增加，由原来占总面积的 0.56% 增加至 9.51%，在 2016 年成为珠三角地区第三大土地利用类型。

通过土地利用双向转移矩阵可以看出，2000—2010 年珠三角地区土地利用变化最剧烈，农用地、草地、水域的转出，建设用地和水域的转入均超过 10%，建设用地的转入更是达到 45%（表 4-3）。建设用地在各个时段均为净转入，并且转入速率远高于其他用地类型。由土地利用转移矩阵可以看出，在各个时段各用地类型主要转出方向均为建设用地，其中农用地是建设用地增长的最主要来源，1990—2016 年共有 4 062.65 km^2 的农用地转化为建设用地，其次是林地，共有 1 756.62 km^2 的林地转化为建设用地。

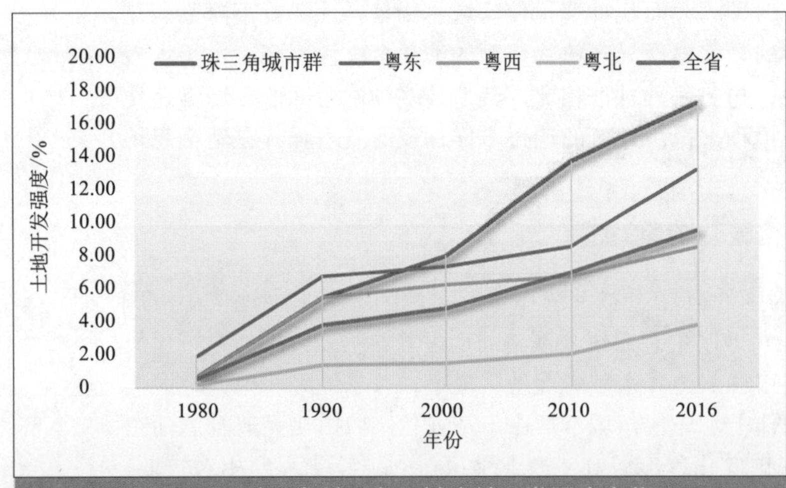

图 4-6 珠三角地区各区域土地开发强度变化

1980—2016 年，珠三角地区土地开发强度快速加大，由 1980 年的 0.56% 增加至 2016 年的 9.51%。珠三角城市群土地开发强度增长速度最快，由 1980 年的 0.68% 增加至 2016 年的 17.22%；其次是粤东，2016 年土地开发强度达 13.14%；粤北土地开发强度相对较小，2016 年为 3.78%（图 4-6）。

表 4-3 珠三角地区土地利用类型双向转移矩阵 单位：%

土地利用类型	1990—2000 年		2000—2010 年		2010—2016 年	
	年均转出率	年均转入率	年均转出率	年均转入率	年均转出率	年均转入率
农用地	7.09	2.78	10.48	4.43	3.53	2.16
林地	1.62	1.54	2.47	2.05	1.37	0.91
草地	7.32	4.91	11.44	5.24	4.69	4.29
水域	6.69	13.73	17.19	14.08	3.72	3.77
建设用地	0.00	26.01	0.00	45.00	0.00	9.43

三、人工岸线快速增长，近岸海域生态健康受损问题凸显

1. 海岸带高强度开发，自然岸线空间明显减少

2000—2015 年珠三角地区滨海滩涂占海岸带用地的比例从 1.0% 大幅降至 0.1%。1990 年以来围填海面积超过 642 km^2，重大项目涉及填海面积达到 10 余万 km^2，5 倍于澳门的面积，珠江口区域（深圳西海岸至江门黄茅海）围填海强度最大，深圳、珠海和广州南沙沿岸成为围填海的重点区域（图 4-7），岸线不断向海延伸，天然岸线逐渐被平直的人工岸线取代，1990—2000 年新增围填海 161.60 km^2，2000—2015 年新增围填海 167.34 km^2。根据遥感分析结果，珠三角地区岸线类型以养殖围堤、基岩岸线、建设围堤和沙砾岩岸线为主，2016 年分别占岸线总长的 30.5%、20.7%、19.2% 和 16.9%，以基岩岸线和沙砾岩岸线为主的自然岸线占岸线总长的 43.7%（表 4-4）。

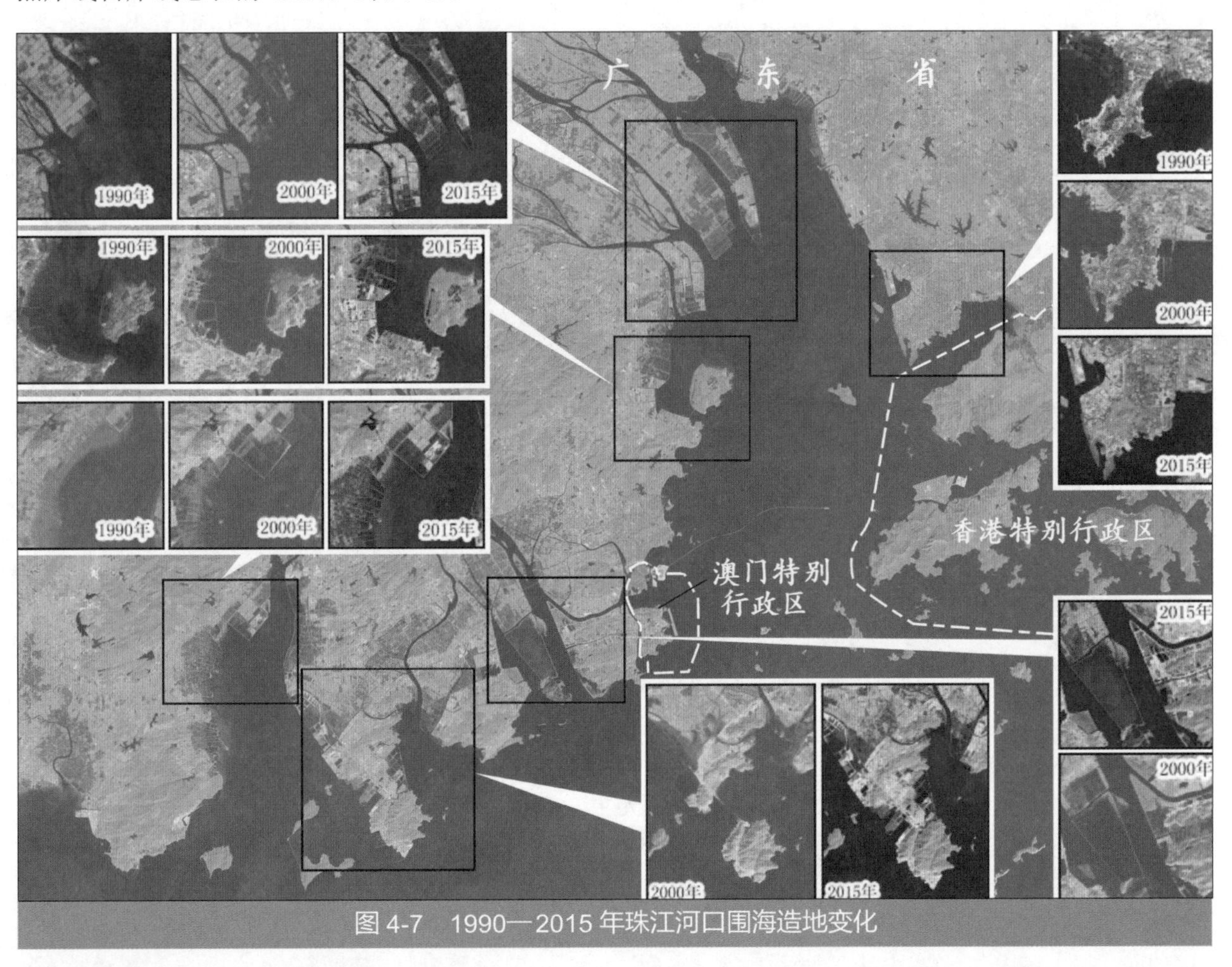

图 4-7　1990—2015 年珠江河口围海造地变化

表 4-4　1982—2016 年珠三角地区岸线类型比例变化情况　单位：%

岸线类型	1982 年	2000 年	2005 年	2010 年	2016 年
自然岸线	67.8	50.7	50.2	48.4	43.7
人工岸线	32.2	49.3	49.8	51.6	56.3

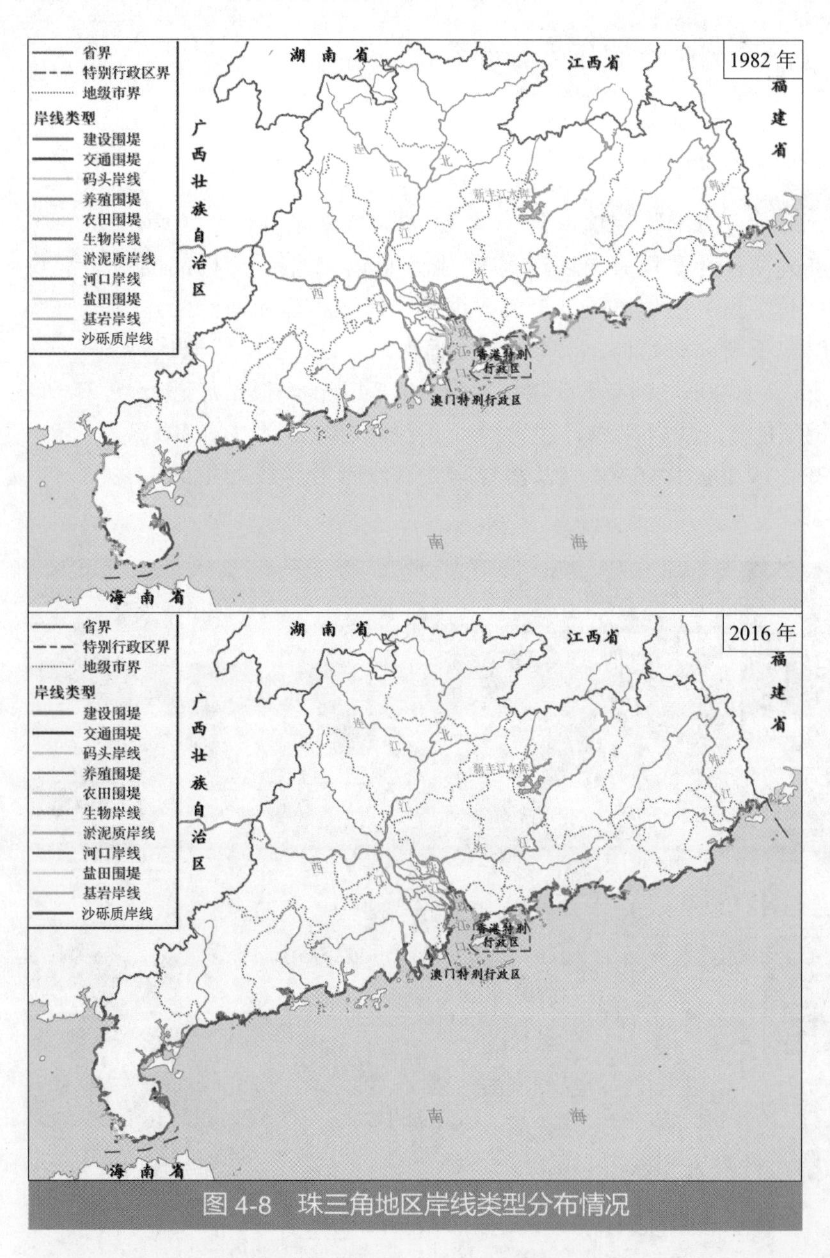

图 4-8 珠三角地区岸线类型分布情况

1982—2016 年，珠三角地区的自然岸线（包括淤泥质岸线、生物岸线、沙砾质岸线、基岩岸线、河口岸线）比例不断下降（图 4-8），从 1982 年的 67.8% 下降至 2016 年的 43.7%，人工岸线（包括养殖围堤、盐田围堤、农田围堤、码头岸线、交通围堤、建设围堤）比例不断上升，从 1982 年的 32.2% 上升至 2016 年的 56.3%。最主要的增长类型是养殖围堤和建设围堤，分别增长了 14.7% 和 9.6%，主要侵占的是基岩岸线，1982 年至 2016 年减少了 17.7%。交通围堤和码头岸线占岸线总长度的比例并不大（2016 年分别为 1.2% 和 2.6%），但 30 年来分别增长了 12 倍和 10 倍，而且由于交通岸线人类干扰强度大，对海岸生态的影响不容忽视。

从分布上看，各类型岸线在全省各市均有分布，珠三角城市群地区岸线类型较为复杂，建设围堤、交通围堤和码头岸线所占比例较高。1982—2016 年，东莞沿岸的部分养殖围堤转变为建设围堤，广州、中山一带的大部分农田围堤转变为养殖围堤，珠海、江门沿岸的部分基岩岸线转变为建设围堤和码头岸线，大亚湾地区的建设围堤从 2000 年开始快速增长。粤西和粤东的岸线相对珠江口区域变化不大，粤西岸线以养殖岸线、基岩岸线和沙砾质岸线为主，夹杂部分建设围堤和农田围堤，养殖围堤主要是近 30 年间新增的，主要由基岩岸线、沙砾质岸线和淤泥质岸线转化而来。粤东岸线以基岩岸线和沙砾岩岸线为主，且相对于珠江口和粤西地区，30 年间的变化较小。在汕头、汕尾市区附近有部分建设围堤分布。

2. 局部海域生态系统健康状况较差

根据《2015 年广东省海洋环境状况公报》，2015 年珠三角地区近岸海域浮游植物、大型底栖生物多样性等级均处于“较好—较差”水平，大亚湾和珠江口海域大型底栖生物多样性等级均为较差（表 4-5）。

表 4-5　2015 年珠三角地区近岸海域生物多样性等级

海域	浮游植物		浮游动物		大型底栖生物	
	多样性指数均值	等级	多样性指数均值	等级	多样性指数均值	等级
大亚湾	2.01	中	2.90	中	1.92	较差
珠江口	2.23	中	3.95	较好	1.36	较差
雷州半岛西南沿岸	3.60	较好	2.82	中	—	—

根据《中国海洋环境质量公报》，“十一五”期间珠江口生态监控区内生态系统始终处于不健康状态，直至 2010 年才转变为亚健康状态，主要是受陆源污染和人类频繁的开发活动的影响；雷州半岛西南沿岸生态监控区与大亚湾生态监控区内生态系统一直处于亚健康状态，其中大亚湾生态监控区的生态状况则主要是受围填海、濒海电站温排水和湾内港建设等海洋开发活动的影响。根据夏季重点监控区监测结果，2009 年以来，夏季珠江口海域浮游动物和大型底栖生物多样性指数呈下降趋势。

3. 近岸海域典型生态系统受损

珠三角近海典型海洋生态系统主要包括红树林、珊瑚礁和海草床等生态系统。已有研究表明，珠三角地区大面积的红树林逐渐消失。通过遥感反演分析得到近 40 年沿海红树林呈先下降后上升的趋势，面积下降了 72.1%。海草床破碎化程度略有增加，局部破坏严重。《广东省海洋环境状况公报》显示，徐闻珊瑚礁生态系统长期处于亚健康状态，活石珊瑚覆盖度总体呈下降趋势。2005—2008 年连续监测表明，大亚湾适应低光照环境的珊瑚种类数量明显增加，意味着礁石珊瑚出现了严重退化。

第三节　复合型大气污染突出，区域性特征明显

一、区域空气质量率先达标，部分城市达标仍有压力

截至 2015 年，珠三角地区空气质量率先达标，呈持续改善态势，全省平均空气质量指数（AQI）达标率从 2014 年的 85% 上升到 2015 年的 91.1%。但在区域整体达标的情况下，广州、佛山、肇庆、东莞、潮州、揭阳等城市的 $PM_{2.5}$ 年均浓度分别为 39 μg/m^3、39 μg/m^3、39 μg/m^3、36 μg/m^3、38 μg/m^3、39 μg/m^3，距离达标还存在一定差距；同时，东莞、潮州等城市臭氧浓度也超过年均值达标限值要求，区域整体全面稳定达标还需要持续深入推进大气污染治理。

二、空气质量标准相对宽松，与发达国家相比仍有较大差距

虽然珠三角地区空气质量改善领先全国，但与世界先进地区相比差距依然明显。在空气质量标准方面，现行的《环境空气质量标准》（GB 3095—2012）处于世界卫生组织（WHO）的第一阶段过渡时期标准要求水平，与世界卫生组织推荐的准则值和欧美等发达国家和地区的标准要求有较大差距（图 4-9）。在空气质量现状水平方面，珠三角地区 PM_{10} 年均浓度除

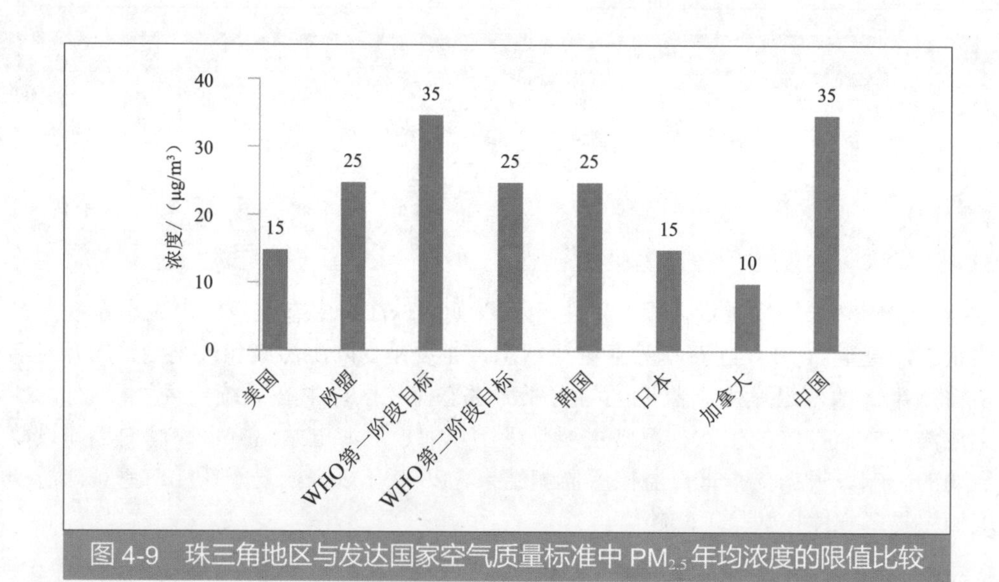

图 4-9 珠三角地区与发达国家空气质量标准中 $PM_{2.5}$ 年均浓度的限值比较

与韩国持平，较加拿大、美国、日本、德国、法国高出 104.0% ～ 363.6%；$PM_{2.5}$ 年均浓度较加拿大、美国、日本、德国、法国、韩国高出 47.8% ～ 325.0%（图 4-5）。

三、区域性复合污染日益凸显，O_3 作为首要污染物贡献占比明显上升

自 2013 年按照《环境空气质量标准》（GB 3095—2012）实施监测以来，珠三角地区的首要污染物主要以 $PM_{2.5}$ 和 O_3 为主（图 4-10），2015 年 O_3 和 $PM_{2.5}$ 作为首要污染物日数分别占全年的 40.5% 和 36.8%，合计占比高达 77.3%，复合污染特征明显，随着 $PM_{2.5}$ 治理改善，O_3 作为首要污染物贡献占比自 2014 年起持续上升，据空气质量监测数据，自 2005 年以来珠三角城市群的 O_3 污染不仅未得到改善，其浓度反而呈现震荡上升趋势（图 4-11），珠三角城市群的二次污染问题日益凸显。近两年，粤东西北地区的 $PM_{2.5}$ 年均浓度已与珠三角城市群基本持平，O_3 对粤东西北地区空气质量超标的首要污染物贡献也超过 30%，接近 O_3 对珠三角城市群空气质量超标的影响水平，此外，粤东西北地区 O_3 和 $PM_{2.5}$ 作为首要污染物日数占全年超过 78%，表明复合污染已是全省各地区的普遍空气污染问题。

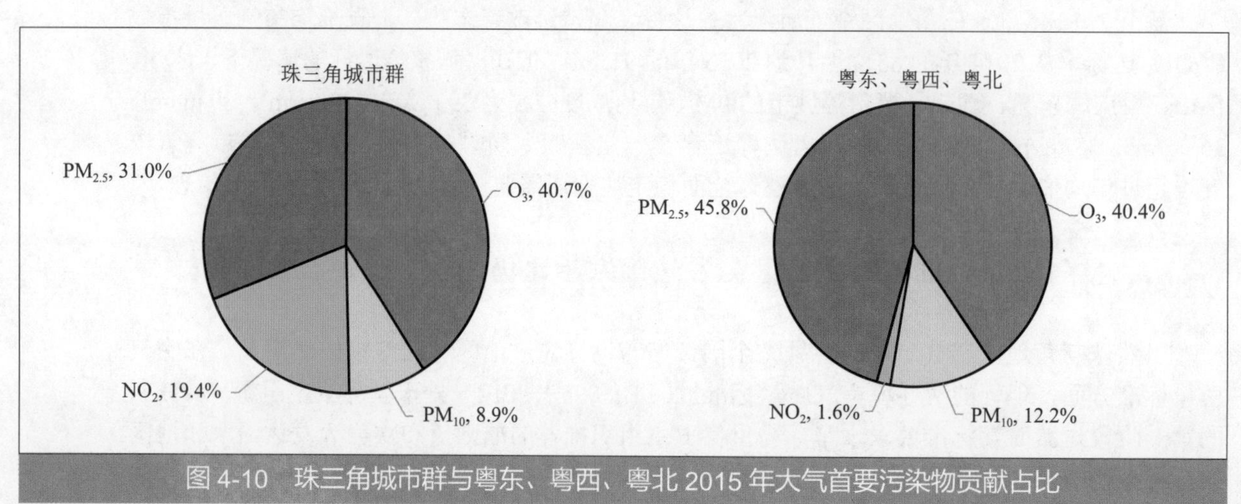

图 4-10 珠三角城市群与粤东、粤西、粤北 2015 年大气首要污染物贡献占比

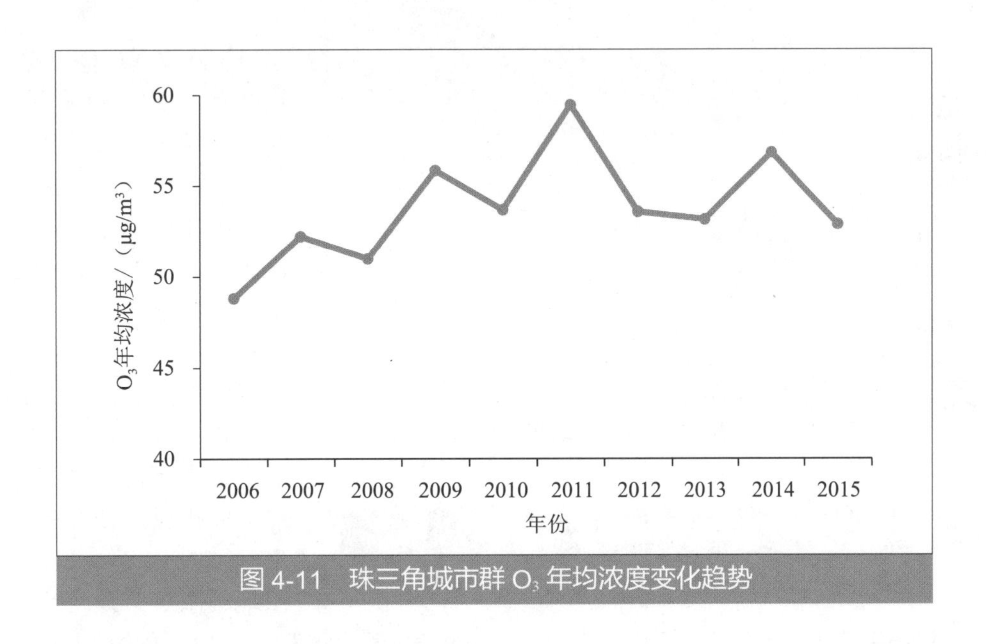

图 4-11　珠三角城市群 O_3 年均浓度变化趋势

第四节　流域水环境胁迫依然严重，城市水环境污染突出

一、复合型缺水危机尚未扭转，水生态空间破碎化严重

1. 资源型、水质型复合缺水交织叠加

珠三角地区水资源总量充沛，但区域分布不均衡，城市群核心区用水总量大。粤西地区、粤东潮汕平原、南澳地区为珠三角地区传统资源型缺水地区，粤北地区工程性缺水比较突出，城市群核心区本地水资源紧缺，主要依靠过境水资源。根据《2015 年广东省水资源公报》，2015 年珠三角地区人均水资源量 1 782 m³，是全国平均水平（1 998.6 m³/ 人）的 89.2%，深圳、东莞和汕头 3 个地市的人均水资源量则不足 500 m³，其中深圳市人均年水资源量仅为 163 m³，处于维持人口生存最低需求水平（图 4-12）。珠三角地区的水资源

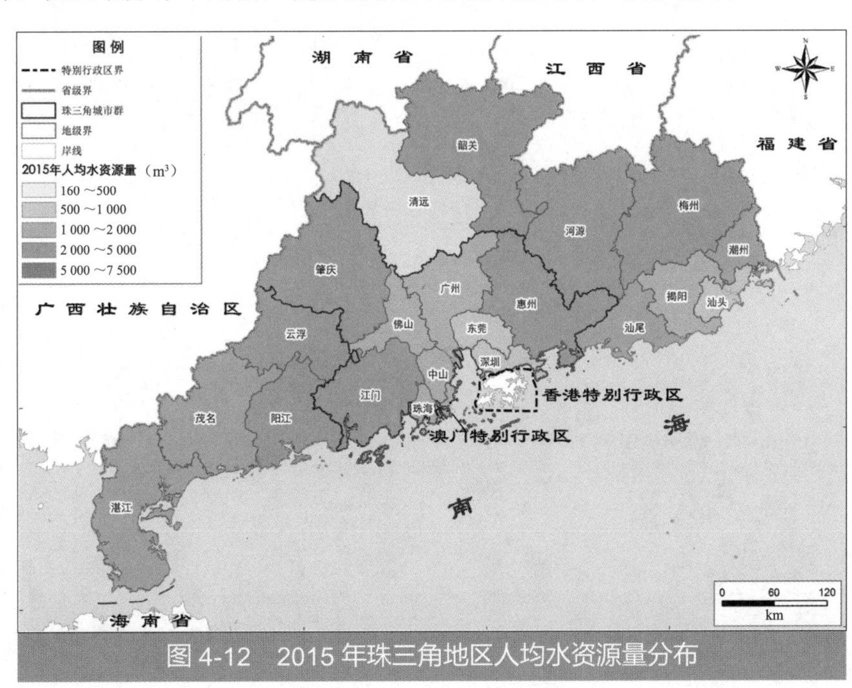

图 4-12　2015 年珠三角地区人均水资源量分布

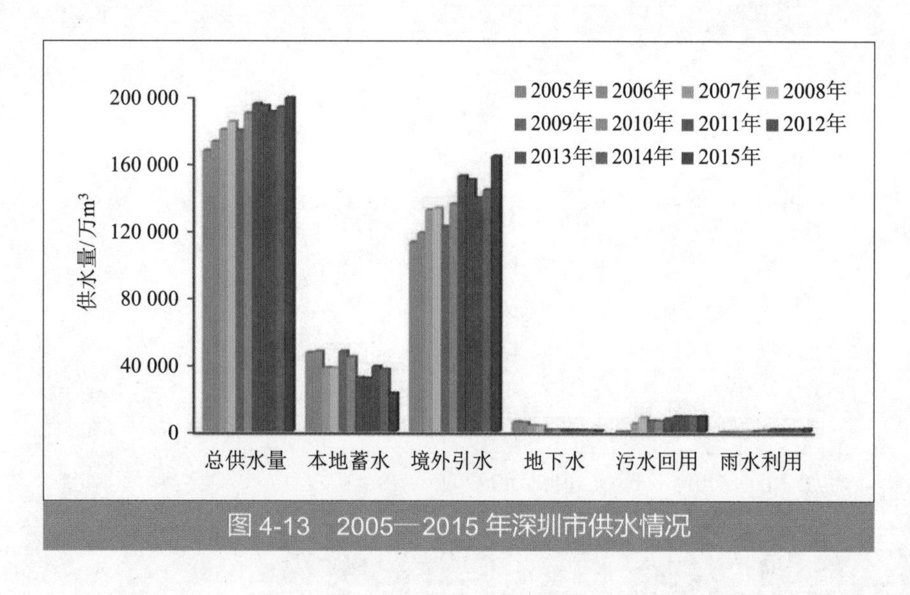

图 4-13　2005—2015 年深圳市供水情况

与经济社会在空间上存在“错位分布”，珠三角城市群核心区 6 个城市均属于重度缺水区域。2015 年，珠三角地区水资源开发利用率不到 10%，但东江流域的水资源开发利用率已接近国际公认的水资源开发利用上限（30%）。受水资源短缺和流域水污染双重胁迫，城市群核心区境外引水依赖程度日益增加。目前，广州已从西江佛山段取水，涉及广州番禺和南沙、深圳、东莞等地用水的珠江三角洲水资源配置工程也在论证之中。以深圳为例，其人均水资源量由 1979 年约 6 000 m^3 迅速下降至 2015 年的 162.54 m^3，不足全国平均水平的 1/10，属于严重缺水城市。随着 2000 年深圳市东部水源工程的兴建以及全市用水量的增长，境外引水量和引水比重逐年增大，境外引水量从 2005 年的 11.36 亿 m^3 上升到 2015 年的 16.44 亿 m^3，境外引水比重从 2005 年的 67.74% 上升到 2015 年的 82.61%（图 4-14），境外引水的依赖程度不断增加，一旦引水受限，就会严重影响深圳市的供水。

2. 重污染河流尚未消除

2015 年珠三角地区仍有 17.7% 的省控断面水质不达标，8.1% 省控断面水质为劣Ⅴ类。纳入珠三角地区水污染防治目标责任书的 60 个控制单元中，超过 1/5 考核断面所在控制单元的水质仍未达标（表 4-6），其中珠江三角洲网河区的深圳河、茅洲河、淡水河、石马河，粤东诸河流域的练江以及粤西诸河流域的小东江部分河段水质仍为劣Ⅴ类，水环境形势依然严峻（图 4-14）。

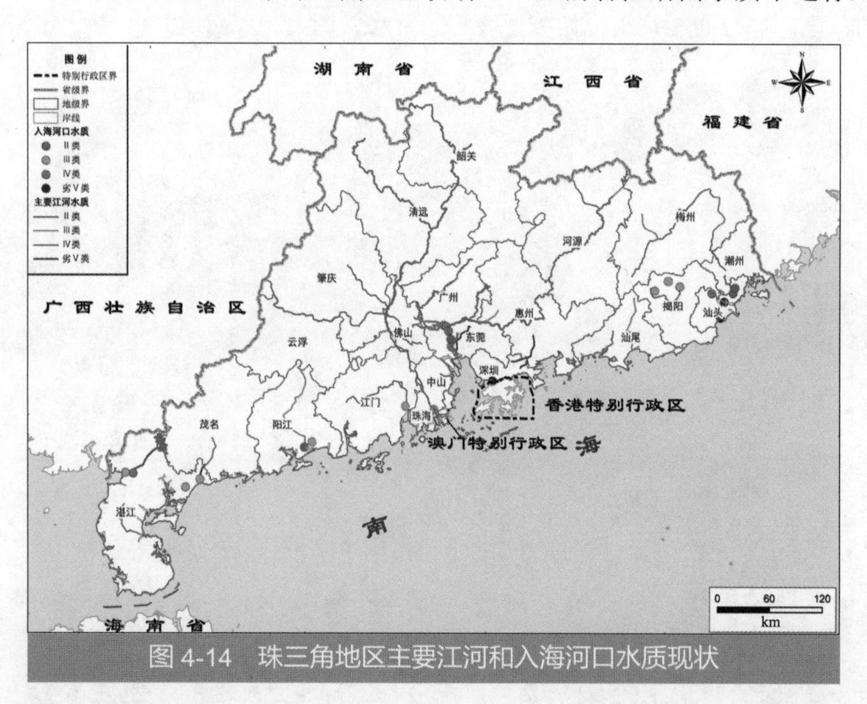

图 4-14　珠三角地区主要江河和入海河口水质现状

表 4-6 “十三五”期间珠三角地区水质需改善控制单元清单

流域分区	控制单元	水体	控制断面名称	2015 年水质现状	2020 年水质目标	控制范围	达标年限	超标因子及倍数
东江流域	东莞运河东莞市樟村（家乐福）控制单元	东莞运河	樟村（家乐福）	Ⅴ	Ⅳ	东莞市：东莞市	2019	氨氮（0.02）
	东江南支流东莞市沙田泗盛控制单元	东江南支流	沙田泗盛	Ⅳ	Ⅲ	东莞市：东莞市	2019	溶解氧（2.58）
珠江三角洲流域	茅洲河深圳市—东莞市共和村控制单元	茅洲河	共和村	劣Ⅴ	Ⅴ	东莞市：东莞市；深圳市：宝安区	2020	氨氮（11.14）
	深圳河深圳市河口控制单元	深圳河	深圳河口	劣Ⅴ	Ⅴ	深圳市：福田区，龙岗区，罗湖区，南山区，盐田区	2018	氨氮（2.15）
	石马河深圳—东莞市旗岭控制单元	石马河	旗岭	劣Ⅴ	Ⅴ	东莞市：东莞市；深圳市：宝安区，龙岗区	2019	氨氮（2.74）
	潭江江门市牛湾控制单元	潭江	牛湾	Ⅳ	Ⅱ	江门市：恩平市，鹤山市，开平市，台山市；云浮市：新兴县	2020	溶解氧（1.8）
	淡水河深圳—惠州市紫溪控制单元	淡水河	紫溪	劣Ⅴ	Ⅴ	惠州市：惠城区，惠阳区；深圳市：龙岗区	2019	氨氮（1.18）
	珠江干流佛山—广州市鸦岗控制单元	珠江广州河段	鸦岗	Ⅴ	Ⅳ	佛山市：南海区，三水区；广州市：白云区，从化区，花都区；清远市：清城区	2019	氨氮（0.64）
粤西沿海诸河流域	小东江茂名市石碧控制单元	小东江	石碧	劣Ⅴ	Ⅳ	茂名市：高州市，茂南区	2020	氨氮（0.74）
	鉴江茂名市江口门控制单元	鉴江	江口门	Ⅳ	Ⅲ	茂名市：高州市，化州市	2016	总磷（0.34）
	九洲江湛江市排里控制单元	鹤地水库	渠首	Ⅲ	Ⅱ	茂名市：化州市；湛江市：廉江市	2019	总磷（0.85）
		九洲江	排里	Ⅲ	Ⅲ		2016	
粤东沿海诸河流域	练江揭阳—汕头市海门湾桥闸控制单元	练江	海门湾桥闸	劣Ⅴ	Ⅴ	揭阳市：普宁市；汕头市：潮南区，潮阳区	2020	溶解氧（7.34）
韩江流域	韩江汕头市隆都控制单元	韩江东溪	隆都	Ⅱ	Ⅱ	潮州市：潮安区，饶平县，湘桥区；汕头市：澄海区，金平区，龙湖区，南澳县	2016	石油类（0.28）
		韩江西溪	大衙	Ⅱ	Ⅱ		2016	
		梅溪河	升平	Ⅳ	Ⅲ		2017	

资料来源：《“十三五”期间水质需改善控制单元信息清单》。

3. 城市水体黑臭现象突出

珠三角地区河涌数量多，城市建成区排水体制混乱，雨污分流不完善，污水管网建设滞后，污水直排入河现象普遍，部分城市建成区水体出现黑臭。珠江三角洲网河区因受潮汐顶托，加上闸坝调控突出，河涌水动力条件严重不足，水体黑臭现象尤为突出。根据《珠三角城市河涌治理与生态修复技术指引》，珠江三角洲网河区除主干河流之外的河涌约有 12 259 条，长度 29 820 km，河流平均长度 2.43 km/ 条，河道密度 0.294 条 /km^2（0.715 km/km^2），黑臭水体比例约为 1.2%，占珠三角地区黑臭水体总数的 63.2%。根据《广东省〈水污染防治行动计划〉实施情况自查报告》，截至 2016 年年底，珠三角地区有 90 个黑臭水体完成整治工程，达到不黑不臭，有 107 个黑臭水体已开工整治，40 个黑臭水体处于开展项目前期工作阶段，6 个黑臭水体处于优化整治方案阶段，全省平均消除比例达到 37%。广州市 35 个黑臭水体已全部开工，其中有 14 个完成整治工程，达到不黑不臭，消除比例为 40%；深圳市 45 个黑臭水体中有 43 个已开工，其中 18 个已完成整治工程，达到不黑不臭，消除比例为 40%。

4. 水系结构遭到破坏，湿地生态系统功能下降

珠三角城市群持续的城镇开发建设活动使河网区水域面积减少，湿地生态系统功能下降。1990—2000 年珠三角城市群水域保有率为 92.55%，2000—2010 年水域保有率下降至 72.71%。河道水系结构遭到破坏，一方面为了满足城镇发展需要任意改变原有水系结构；另一方面，部分河涌被填埋，原有水系连通通道被阻隔，造成涌内水体无法与外界交换，形成死水。珠三角地区湿地生态系统受人为干扰影响较大，一部分自然湿地经人工利用转化为人工湿地，湿地生态系统功能呈现下降趋势。2003 年、2013 年湿地总面积总体持平，分别为 78.39 万 hm^2 和 79.05 万 hm^2，但呈现出自然湿地面积不断减少，人工湿地面积逐渐增多的趋势，其中近海和海岸湿地减少了 13.03 万 hm^2，河流湿地减少了 2.83 万 hm^2，人工湿地则增加了 16.33 万 hm^2（表 4-7）。

表 4-7 珠三角地区湿地转换情况 单位：hm^2

年份	湿地总面积	近海与海岸湿地	河流湿地	湖泊湿地	沼泽湿地	人工湿地
2003	783 921.3	449 989.30	183 862.00	1 239.00	0	148 861.00
2013	790 498.55	319 604.24	155 521.44	1 282.73	1 906.7	312 183.44

数据来源：广东省林业厅。

二、重要河口污染严重，局部海域富营养化长期存在

1. 珠江口海域水质污染依然严重

根据《2015 年广东省海洋环境质量状况公报》，2015 年珠三角地区近岸海水质量状况总体良好，近岸海域水质达到一类、二类海水面积占比达 88.0%，属清洁、较清洁水域；达三类海水面积占比为 4.1%，属轻度污染海域；四类和劣四类海水面积合占比共 7.9%，属中度、严重污染海域。近岸海洋功能区春、夏、秋、冬季水质平均达标率为 60.2% ～ 68.5%（表 4-8）。海水水质达到二类以上的比例以春季最大，达 92.2%，劣四类海水水质比例以秋季最大，达

表 4-8　2015 年珠三角地区近岸海域海洋功能区水质达标情况

主要海洋功能区	水质目标	水质达标率 /%				主要超标因子
		春季	夏季	秋季	冬季	
工业与城镇用海区	第三类	70.6	66.7	55.6	70.6	无机氮、活性磷酸盐
旅游休闲娱乐区	第三类	76.9	62.0	71.4	84.6	无机氮、活性磷酸盐
农渔业区	第二类	87.5	82.4	76.5	87.5	无机氮、活性磷酸盐
海洋保护区	第一类	43.8	50.0	50.0	56.2	无机氮、活性磷酸盐
港口航运区	第四类	64.7	64.7	64.7	64.7	无机氮、活性磷酸盐
矿产与能源区	第三类	100.0	100.0	50.0	50.0	无机氮、活性磷酸盐
保留区	第三类	20.0	27.3	36.4	30.0	无机氮、活性磷酸盐
平均达标率		64.1	61.1	60.2	68.5	无机氮、活性磷酸盐

5.2%（图 4-15）。从水质现状的空间分布来看，珠江口近岸海域水质状况总体一般，东莞、广州、深圳西部珠江口近岸海域水质状况较差，惠州、中山、珠海、江门、深圳东部近岸海域水质状况总体较好。粤东近岸海域水质状况总体较好，潮州局部海域活性磷酸盐和无机氮含量劣于第四类海水水质标准；汕头港局部海域无机氮和活性磷酸盐含量劣于第四类海水水质标准。粤西地区近岸海域水质状况总体较好，仅湛江湾内夏季局部海域无机氮和活性磷酸盐含量劣于第四类海水水质标准。根据《广东省海洋环境状况公报》，2005—2015 年广东省近岸海域水质整体呈现改善趋势（图 4-16），清洁和较清洁海域（一类或二类海水水质海域）所占比例在 2011 年后有所增加，污染海域比例（三类、四类、劣四类海水水质海域）总体呈波浪型，营养盐含量是影响其水质类别构成的主要因素。

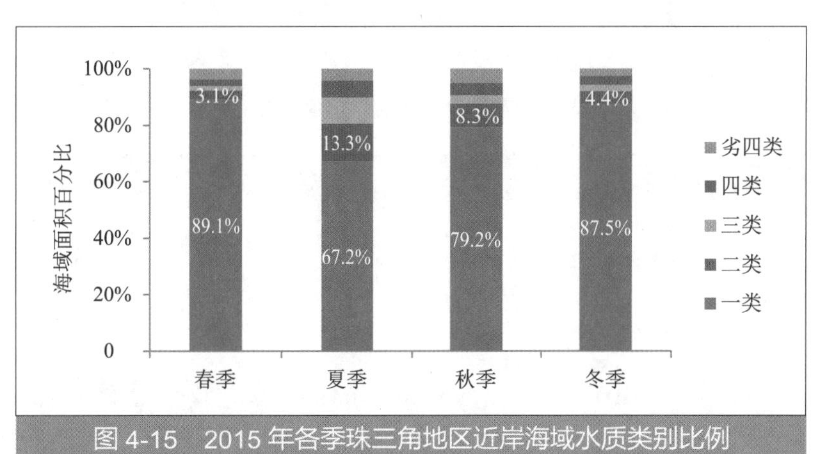

图 4-15　2015 年各季珠三角地区近岸海域水质类别比例

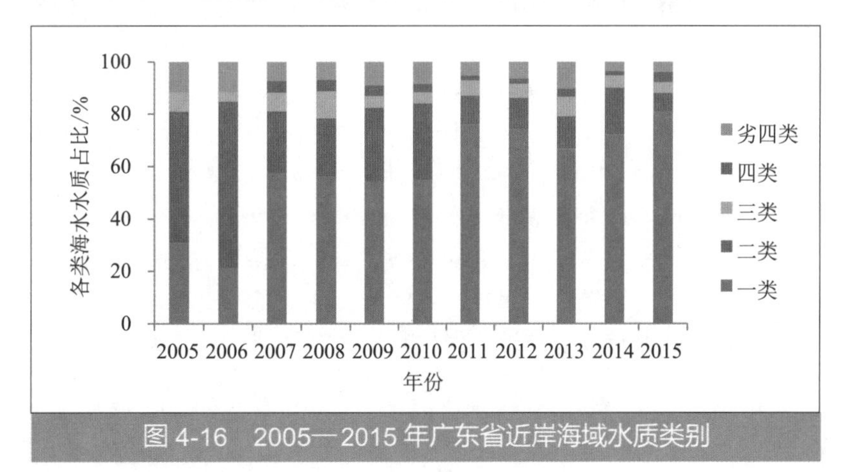

图 4-16　2005—2015 年广东省近岸海域水质类别

2. 局部入海河流水质较差

根据《2015 年广东省环境状况公报》，2015 年珠三角地区 19 条主要入海河流中，14 条（73.7%）的河口为Ⅱ～Ⅲ类水质，水质优良；2 条（10.5%）为Ⅳ类水质，属轻度污染；1 条（5.3%）为Ⅴ类水质，属中度污染；2 条（10.5%）为劣Ⅴ类水质，属重度污染。深圳河和练江河口水质最差，均为劣Ⅴ类，主要污染指标为 COD、氨氮和总磷。

3. 局部海域富营养化状况不容乐观

根据《2015 年广东省环境质量报告书》，2015 年珠三角地区近岸海域功能区营养程度总体较轻，55.2% 的功能区呈贫营养状况，14.9% 呈轻度富营养，23.9% 呈中度富营养，1.5% 呈重度富营养，4.5% 呈严重富营养状态。南海东部三大区域岸段中，粤西与粤东区域海水水质呈贫营养状况，珠江口区域海水水质呈重度富营养状态。珠江口、汕头港、深圳湾、水东湾、鉴江口、湛江湾等局部海域因受入海径流及沿岸城市污水排放等因素的影响，富营养化问题突出。目前，珠三角地区近岸海域富营养化最为严重的区域为珠江口及毗邻海域，根据《2015 年广东省海洋环境质量公报》，深圳西部、东莞、广州、中山等近岸大部分海域和珠海、江门等近岸局部海域无机氮含量劣于第四类海水水质标准，珠江口无机氮超标严重，导致氮磷比严重失衡，出现明显的高营养盐含量、低叶绿素 a 含量和低初级生产力区。根据 2010—2015 年广东省环境状况公报统计，中度富营养以上海域占比从 2010 年的 22.4% 上升至 2014 年的 29.9%，2015 年中度富营养以上海域占比保持在 29.9%（图 4-17）。珠江口、汕头港、深圳湾、水东湾、鉴江口、湛江湾等局部海域因受入海径流及沿岸城市污水排放等因素的影响，富营养化问题依然突出。

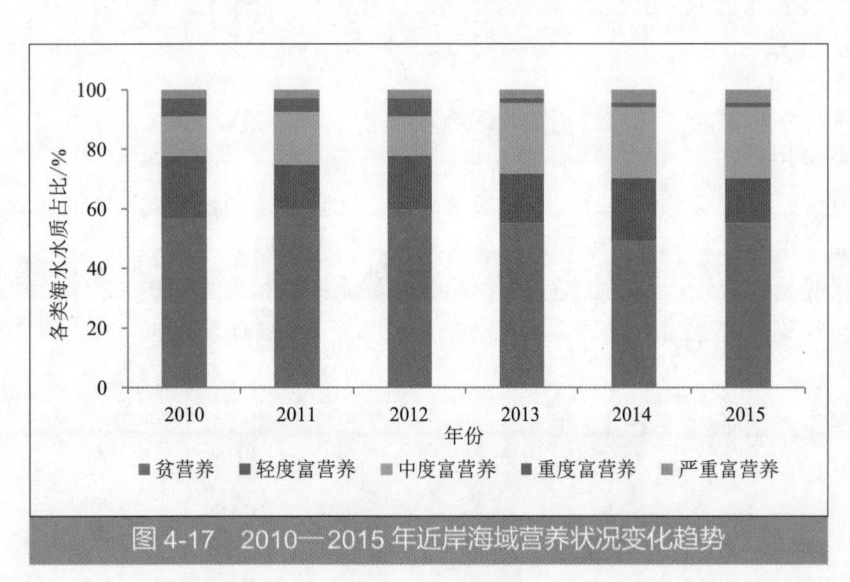

图 4-17　2010—2015 年近岸海域营养状况变化趋势

4. 赤潮灾害频发

珠江三角洲的经济和城市化迅速发展，大量磷、氮和有机污染物通过八大口门和污水直排口进入珠江口及毗邻海域；过量的营养盐破坏了海水中原有的生态平衡，并多次引发赤潮，严重威胁渔业资源。根据不完全统计和报道，广东省近海已发现赤潮生物 139 种，分别隶属甲藻纲、硅藻纲、蓝藻纲、金藻纲、定鞭藻纲、针胞藻纲、隐藻纲及原生动物等。甲藻和硅藻引发的赤潮较为多见。根据《2015 年广东省海洋环境状况公报》，2015 年珠三角海域发现赤潮次数为 7 次，累计面积约 39 km^2，为 1997 年以来赤潮累计面积最少的年份（图 4-18）。近 10 年来，珠三角沿海平均每年发生赤潮 10 次左右，但大规模、有危害的赤潮发生次数相对较少，每年累计面积在 88 ～ 1 800 km^2。珠江口、汕头、汕尾和湛江市近岸海域是主要的赤潮多发区，全年都可能发生赤潮，持续时间短则 2 ～ 3 天，长则达 100 多天。主要赤潮生物为棕囊藻、卡盾藻、锥状斯氏藻、多环旋沟藻、红色中缢虫、中肋骨条藻和海洋原甲藻等，尤其是棕囊藻赤潮，发生频率高、区域广、持续时间长。多为无毒赤潮，较少发生有毒赤潮。

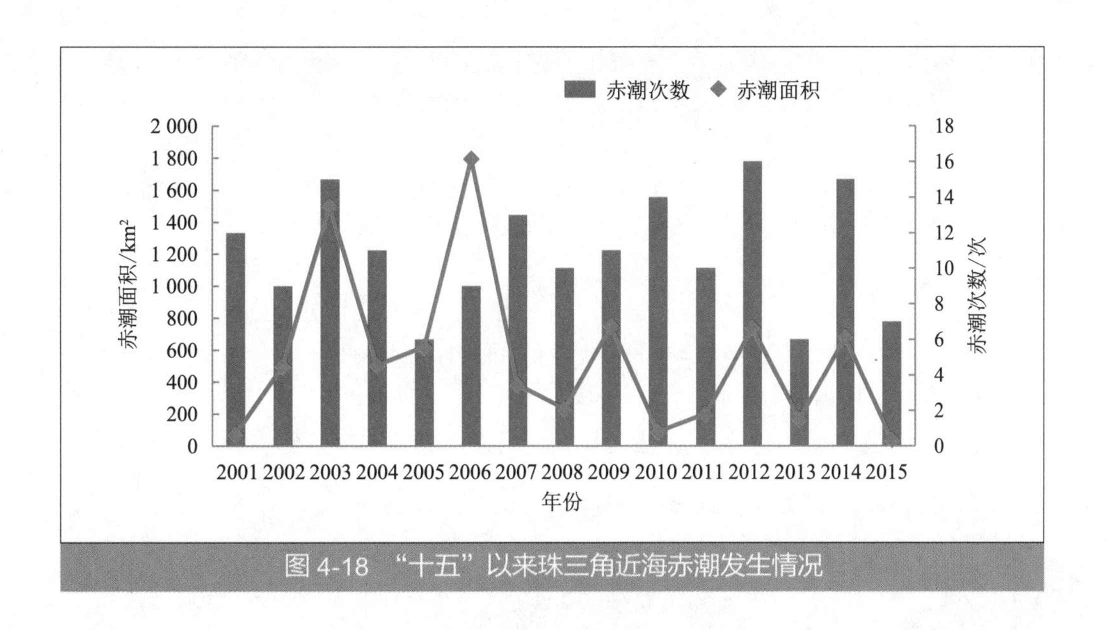

图 4-18　"十五"以来珠三角近海赤潮发生情况

第五节　区域累积性环境风险显现，威胁人居环境安全

一、突发性环境风险减少，仍以水污染事件为主

1. 珠三角地区突发环境风险事件近年来得到较好控制

根据中国统计年鉴，2005—2015 年，珠三角地区突发环境事件共 193 件，发生频率远远低于长三角地区（2 082 件），略低于京津冀地区（295 件）。从 2001 年开始，突发环境事件数量骤增，尤其是 2006—2010 年，这段时间一方面是由于工业发展中排污企业不断增加，一些早期工业设施逐渐老化，加大了风险发生的概率；另一方面，公众对环境风险的关注度提高；"十二五"期间（2010—2015 年）事件发生频率明显下降（图 4-19），主要得

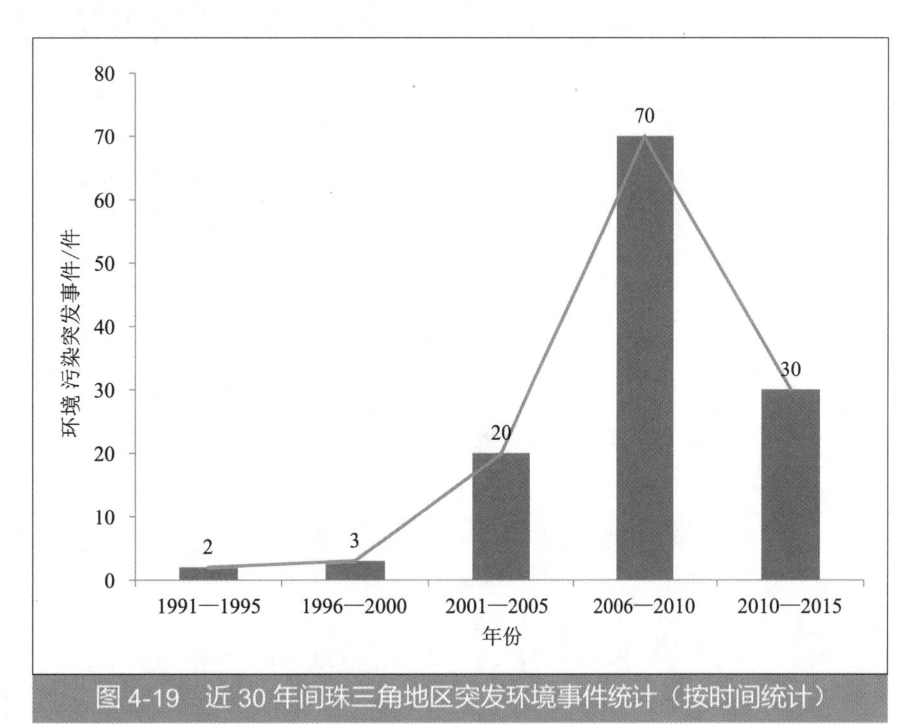

图 4-19　近 30 年间珠三角地区突发环境事件统计（按时间统计）

益于珠三角地区通过多种手段加强了对潜在环境风险源的监管：多项环境专项检查，对高风险类行业展开拉网式的排查；重金属行业整治，推行强制性的清洁生产审核；区域危险废弃物地方管理方案——《加强危险废物管理工作意见》颁布，提高地方环境保护标准和技术规范；采用金融手段增强高风险类行业的企业责任意识，如率先开展重点污染 / 风险企业的环保信用评级，开展环境违法企业的“黑名单”管理等。

2. 水污染事件依旧是区域突发环境事件的重点

珠三角地区近 10 年的突发环境事件中近 60% 为水污染事件，重大以上突发环境事件主要为水污染事件，如 2014 年茂名白沙河含油废水污染、2011 年武江河锑污染、2010 年陆丰自来水锰超标、2008 年佛山自来水厂油污染事件、2005 年北江镉污染等，事件发生的原因主要为安全生产和交通事故（图 4-20），其中安全生产的缘起主要包括设备故障、操作失误、非法存放危险废物等引发的泄漏、自燃及爆炸等，交通事故多为高速公路上运输车辆追尾、侧翻等引起的污染物泄漏。就引发突发环境事件的污染物而言，油类污染物、危险化学品和重金属污染物在所有污染物类型中发生频率最高。资料表明，1987—2015 年，广东省突发性水污染事件的 70.31% 集中在珠三角城市群，西部沿海区、北部山区、东部沿海区分别占 12.50%、11.72%、5.47%。珠三角城市群是广东经济最发达的区域，广东省能源、化工和重工业制造行业等第二产业主要集中地，致使珠三角非正常排污、生产储存和交通事故等突发性水污染事故风险源发生的概率也最高，势必成为广东省突发水污染事件防治的重点。2010—2015 年相比 1987—2009 年，粤东西北突发性水污染事件总数比例从 27.78% 上升到 34.21%。随着珠三角向粤东西北产业转移的进行，粤东西北地区将进入工业化，突发性水污染事件也会随之增加。

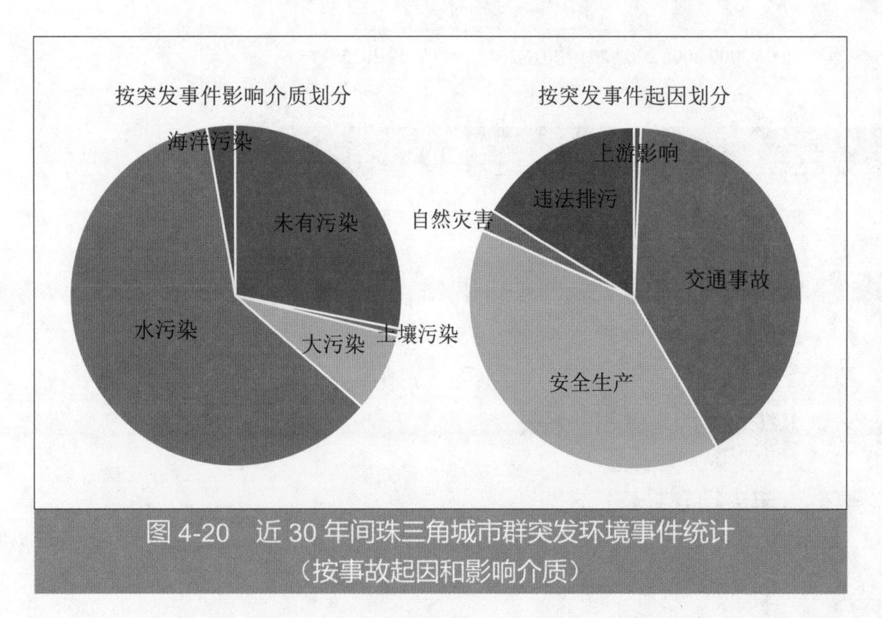

图 4-20 近 30 年间珠三角城市群突发环境事件统计（按事故起因和影响介质）

二、累积性环境风险增加，主要集中于水和土壤

1. 环境风险源密集分布于珠三角城市群，具累积效应的污染物排放以珠三角城市群和粤北为主

珠三角城市群面积约占全省面积的 30%，承载了超过全省 50% 的人口，集聚了逾 80% 的国控重点污染源，77% 的在省环保厅备案的环境风险应急预案企业和 60% 的危险废物贮存

和处理单位。珠三角城市群人口和产业高度集聚，人居安全风险隐患较大。

全省国控污染源总量从2013年的585家增加至2016年的1 158家（图4-21和图4-22），年均增长25%，以废水污染源（包括污水处理厂在内）和重金属污染源为代表，在珠三角城市群、粤东、粤西、粤北四大片区增加趋势明显，尤以珠三角城市群和粤北地区为甚。全省国控污染源主要分布在珠三角城市群，2013—2016年分别占整个珠三角地区的62.6%、77%、82%和81%，其中又以佛山、东莞、中山和江门分布密度最高。在粤东西北地区，国控污染源的主要类型均为污水处理厂，分别占比53%、57%、36%，与此同时，重金属污染源的比例也明显增加，尤其是粤北地区，由2013年的0家增加为2016年的34家，重金属污染源成为粤北地区的最主要常规性环境污染源。

截至2015年年底，广东省环保厅进行突发性环境风险应急预案备案企业中，较大及重大风险源共计63家，其中重大风险源14家，较大风险源39家，80%以上分布在珠三角城市群，约85.5%分布在珠江干流沿岸地区。珠三角地区的14家重大风险源企业中，电力、化工等高风险行业比重较大，且多数分布在珠三角城市群，是珠三角地区环境风险防控重点关注的行业类型。

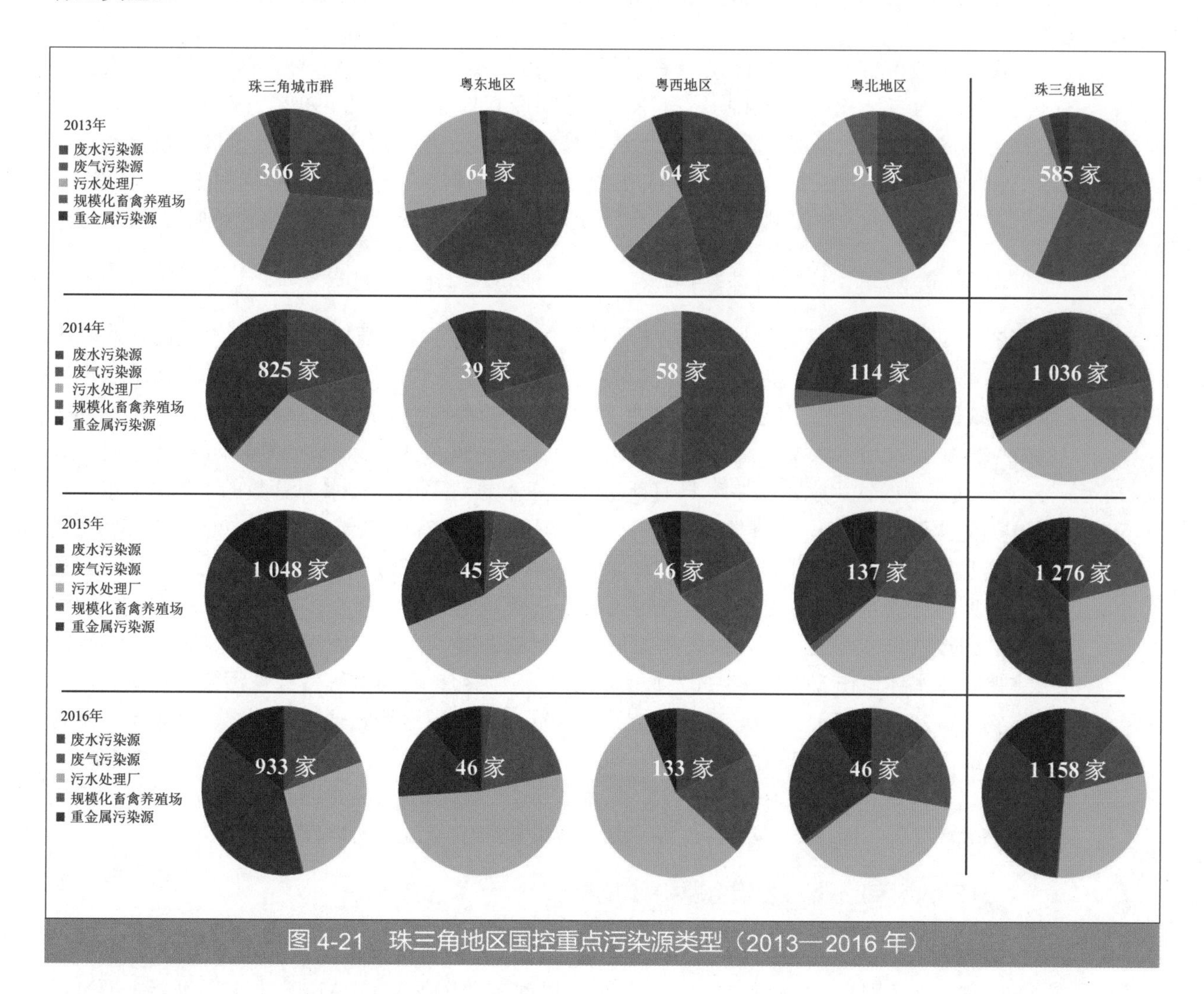

图4-21　珠三角地区国控重点污染源类型（2013—2016年）

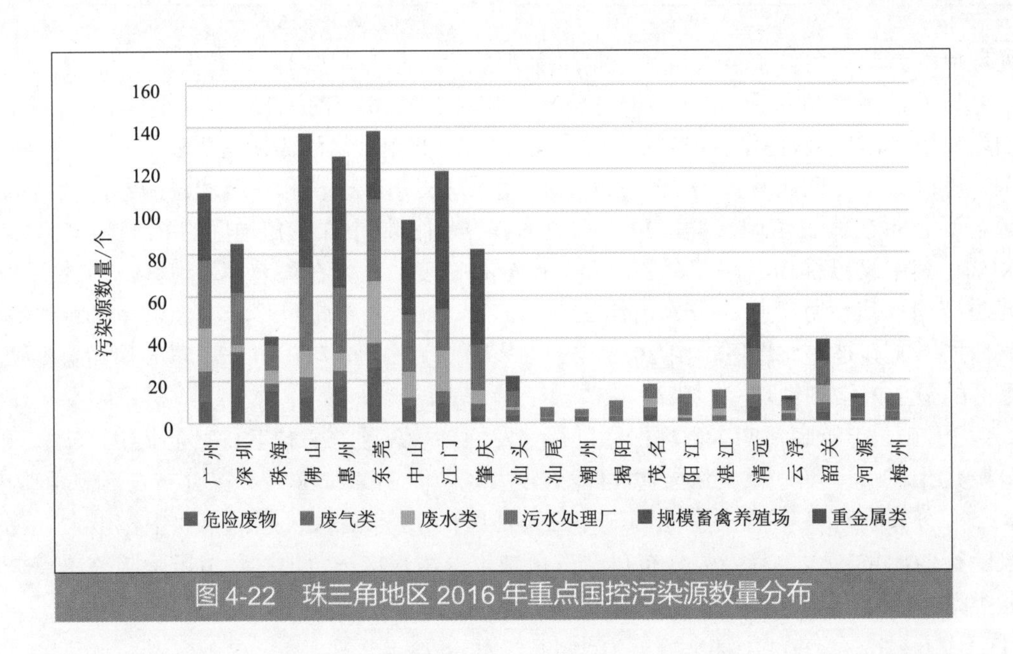

图 4-22　珠三角地区 2016 年重点国控污染源数量分布

珠三角城市群和粤北地区是具有累积效应污染物排放的主要区域，排放的废水重金属（砷、镉、汞、铅、铬）、氰化物、石油类和危险废弃物超过全省的 90%，其中粤北地区是废水重金属的主要排放地区，排放的废水重金属超过全省的 50%，珠三角城市群是氰化物、石油类和危险废弃物的主要排放地区，排放比例超过 75%。2013—2016 年，国控重点污染源中，废水和重金属污染源的比例不断增加，这一趋势在珠三角城市群和粤北地区更加明显。

2. 饮用水高标准稳定达标仍有难度，东江流域新兴污染物加剧饮用水累积性环境风险

2015 年珠三角地区开展监测的 75 个城市集中式饮用水水源地中，地表水饮用水水源水质达标率和水源达标率均为 100%，饮用水水质总体优良。但珠三角地区地表水饮用水水源水质监测断面均设于饮用水水源一级保护区内，按照《地表水环境质量标准》（GB 3838—2002）规定，饮用水水源一级保护区内水质应达到地表水Ⅱ类标准。2014 年监测结果显示，75 个开展监测的饮用水水源中，只有新丰江水库水质达Ⅰ类，占水源总数的 1.33%；水质达到Ⅱ类的水源有 34 个，占水源总数的 45.3%；Ⅲ类水源有 40 个，占水源总数的 53.3%。优于Ⅱ类水质的优质饮用水水源仅占地表水饮用水水源的 46.7%，所占比例偏低。另外，相关研究表明，随着东江流域社会经济快速发展，工业废水和生活污水排放量越来越大，农业污水和养殖废水排放污染加剧，新兴污染问题已日益凸显。东江、西江、北江、韩江、九洲江等主要供水水体检出 VOCs、半挥发性有机物（SVOCs）、农药类等持久性污染物和重金属等有害物质。2015 年各月份，珠三角城市集中式饮用水水源地特定项目监测中二硝基苯、阿特拉津、铍、锑和铊等检出率为 100%，三氯甲烷、四氯化碳、三氯乙烯、四氯乙烯、甲醛、苯、苯乙烯、异丙苯、邻苯二甲酸二丁酯、邻苯二甲酸二酯、滴滴涕、硼、镍、钡、钒等的检出率均在 80% 以上，广州、深圳、珠海、佛山等城市水源地检出的项目相对较多。

3. 农用地存在不同程度重金属和有机物污染

根据相关研究采样监测结果，珠三角地区部分农用地土壤重金属存在不同程度的污染，以 Ni、Hg、Cd 和 Cu 污染为主，有机污染物以邻苯二甲酸酯（PAEs）为主，可能主要来源

于大气污染物沉降、污水灌溉及化肥、农药的施用。珠三角城市群农用地重金属污染和有机污染高于其他区域，重金属污染以 Hg、Cd、As、Ni 为主，有机污染以 PAEs 和 PCB 为主。

4. 历史遗留的污染场地潜在风险较大

珠三角地区土壤污染典型区域涉及污染场地包括城市工业用地（包括遗留场地）、工业园区（包括化工、电镀、制革等行业）、矿山开采区（如有色金属、稀土等）等区域，存在较多曾受到电子拆解、机械制造、石化、矿山开采及金属冶炼、电镀、钢铁等重点行业污染的历史遗留场地（图 4-23）。这些污染场地有些面积大而连绵，有些小而分散，监管难度大，后续的开发利用不够规范，土壤污染有待修复，重金属污染潜在威胁大。如受到电子拆解业污染的清远龙塘镇和石角镇、汕头市贵屿镇等地，污染场地涉及农田；受到机械制造业污染的东莞、深圳、佛山和广州部分区域；受到矿山开采和金属冶炼业污染的韶关、河源、梅州一带，尤其是采矿区、尾矿库一带；受到电镀污染的广州、深圳、东莞、佛山部分点状分布区域，规模小、场地分散。这些场地呈现污染面广、污染因子多、环境风险高的特点。

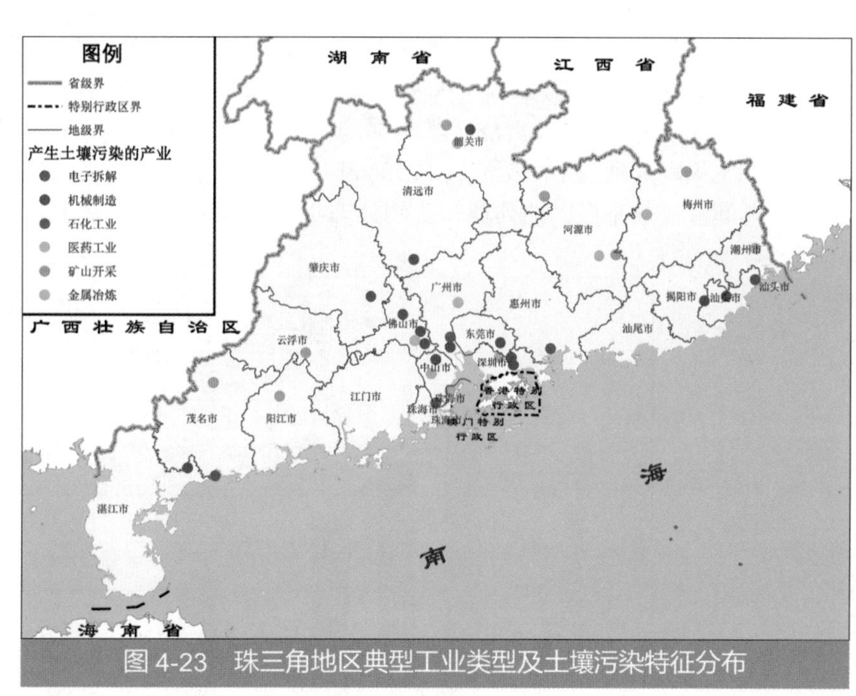

图 4-23　珠三角地区典型工业类型及土壤污染特征分布

第六节　重大环保基础设施能力显著提升，仍滞后于城镇化发展

一、重大环保基础设施服务能力显著提升

城镇生活垃圾无害化处理设施及污水处理设施是城镇发展不可或缺的基础设施，是经济发展、居民安全健康生活的重要保障。“十二五”以来，全国及地方先后发布了城镇生活垃圾无害化处理设施建设规划、城镇污水处理及再生利用设施建设规划，在省市各级政府及相关部门的大力推动下，珠三角地区城镇生活垃圾无害化处理工作取得了重大进展，垃圾收运体系日趋完善，处理设施数量和能力快速增长，生活垃圾无害化处理率显著提高；污水处理基础设施建设取得较大进展，污水处理水平明显提高。

1. 城镇生活垃圾无害化处理率显著提升，卫生填埋仍为主流，焚烧比例逐渐增加

2010—2015 年，珠三角地区垃圾无害化处理规模总量逐年增加，卫生填埋约占 65%，焚烧比例约占 35%。

2016 年，珠三角城市群生活垃圾总计 2 480.715 万 t，无害化处理率达 100%，其中卫生填埋占 60.7%，焚烧处理占 39.3%。据不完全统计，截至 2017 年 7 月，珠三角城市群共建成垃圾焚烧厂（含配套灰渣填埋场的环境园）19 座，总处理能力 29 575 t/d；卫生填埋场 36 座，总处理能力 26 415 t/d；异地水泥窑协同处置厂 1 座（珠海华新一期），处理能力 1 000 t/d。珠三角城市群中江门、肇庆未建成垃圾焚烧厂，全部填埋，其余 7 市均建有垃圾焚烧厂（图 4-24 和图 4-25）。垃圾焚烧厂基本都采用机械炉排炉技术。卫生填埋场基本都满足《生活垃圾卫生填埋处理技术规范》（GB 50869—2013），配套渗滤液收集处理、填埋气体收集利用等。渗滤液一般采用“预处理 + 生物处理 + 深度处理”的工艺组合，排放标准达到《生活垃圾填埋

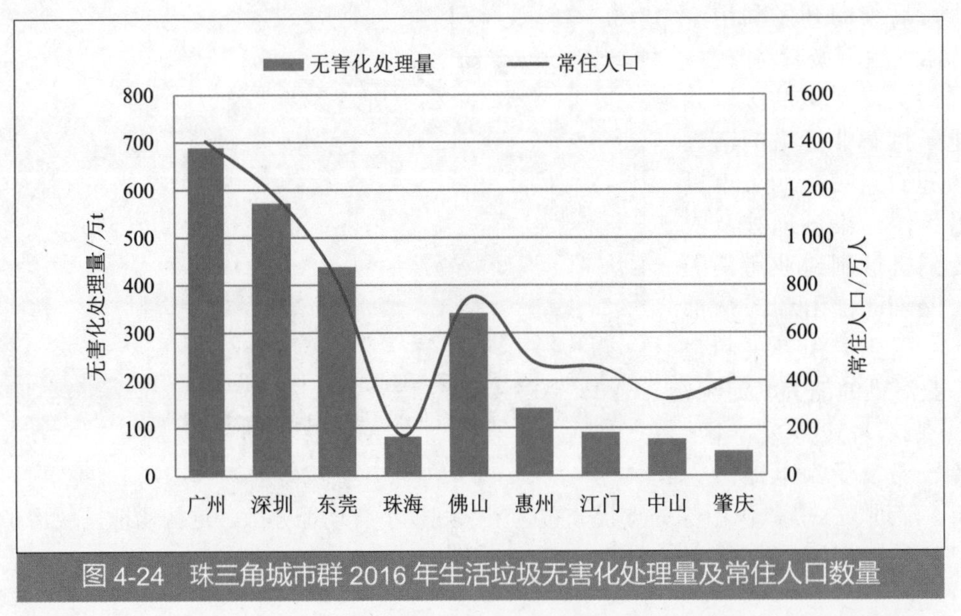

图 4-24　珠三角城市群 2016 年生活垃圾无害化处理量及常住人口数量

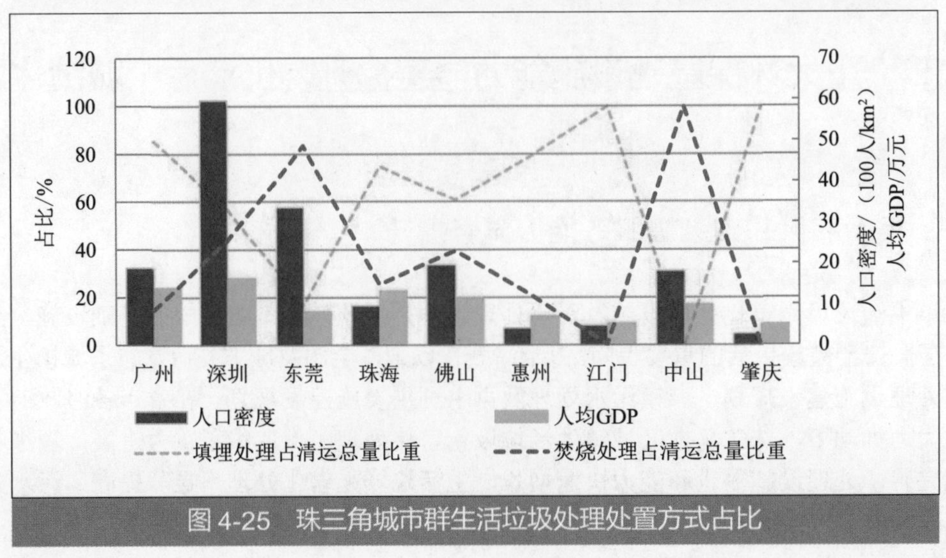

图 4-25　珠三角城市群生活垃圾处理处置方式占比

场污染控制标准》（GB 16889—2008）；填埋气根据填埋场规模直接排放或火炬燃烧。焚烧烟气治理主要采用“SNCR/SCR 脱硝＋半干式 / 干法 / 组合脱酸 + 活性炭吸附＋布袋除尘”，焚烧烟气执行《生活垃圾焚烧污染控制标准》（GB 18485—2014），氮氧化物、HCl、重金属等往往严于国家标准，达欧盟标准。

2. 城镇污水处理率平稳增长，处理水平显著提高

2000—2015 年，珠三角地区城镇污水集中处理率持续平稳增长，从 2000 年的 17.2% 增长到 2015 年的 85.5%（图 4-26）。特别是“十一五”和“十二五”期间，通过加大资金投入，污水处理基础设施建设取得突破性进展，污水处理能力得到快速提高（图 4-27 和图 4-28）。截至 2015 年年底，珠三角地区建成运行的城镇污水处理厂共 540 座，处理能力达 2 316 万 t/d，居全国首位。珠三角地区生活污水处理能力从高到低依次为设市城市＞建制镇＞县城。2016 年，珠三角城市群共建成城镇污水处理厂 391 座，总处理能力 2 059.8 万 t/d。平均城镇生活污水处理率达 94.8%，排放标准执行《城镇污水处理厂污染物排放标准》（GB 18918—2002）

图 4-26　珠三角地区 2000—2015 年城镇污水处理能力变化趋势

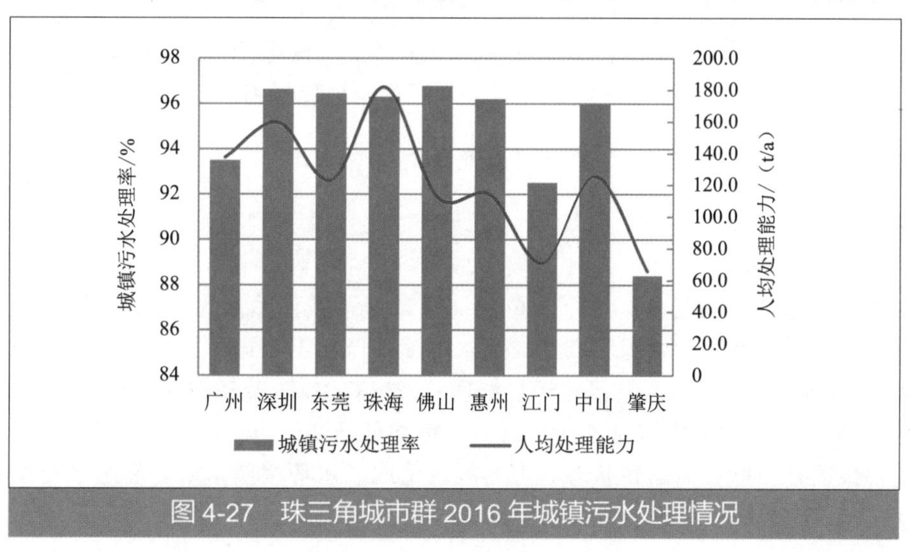

图 4-27　珠三角城市群 2016 年城镇污水处理情况

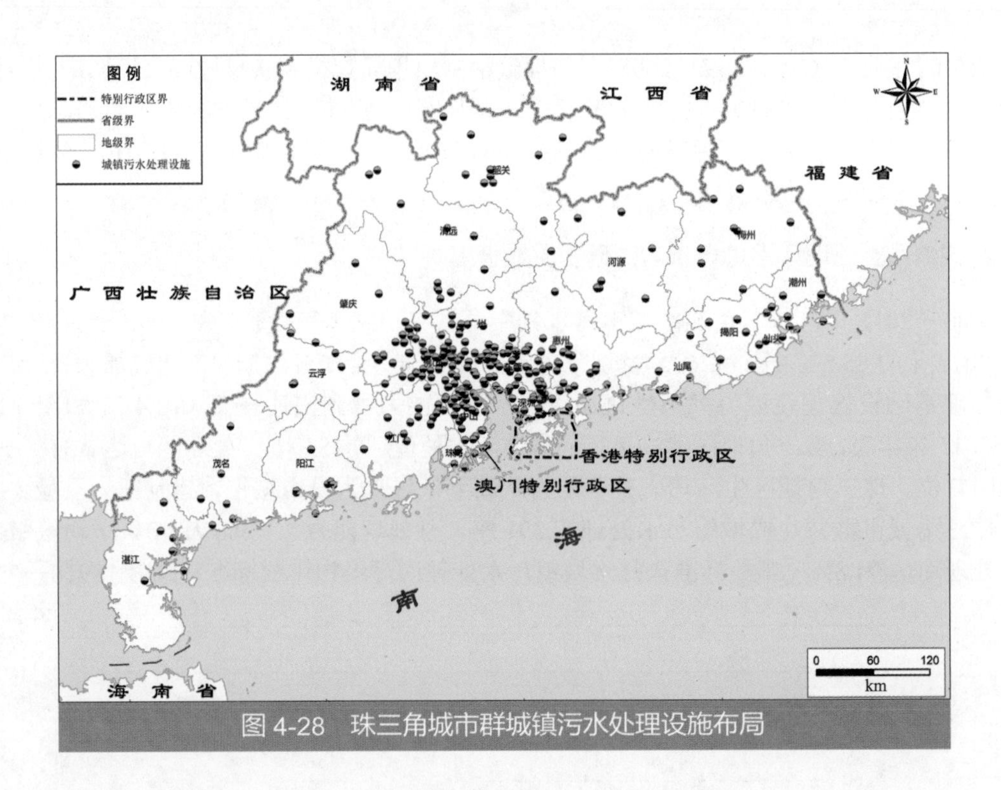

图 4-28 珠三角城市群城镇污水处理设施布局

一级 A 标准及广东省地方标准《水污染物排放限值》（DB 44/26—2001）的较严值。

二、处理能力和水平仍相对不足，结构性矛盾突出

虽然珠三角地区重大环保基础设施建设已基本完成“十二五”规划目标，但应该看到，随着城镇化的快速发展和人民生活水平的日益提高，城镇生活垃圾清运量以及生活污水产生量仍在快速增长，生活垃圾无害化处理能力和水平仍相对不足，城镇污水处理的成效也与群众对水环境改善的期待存在差距。

1. 填埋场超负荷运转，垃圾焚烧厂亟须扩容

截至 2017 年 7 月，珠三角城市群中广州、深圳、东莞、珠海、惠州的垃圾填埋场接近满容，均在超负荷运转。东莞、佛山的垃圾焚烧厂基本无剩余处理能力，亟须扩容（表 4-9）。

2. 污水管网建设严重滞后，污水处理设施低负荷运行

据统计，珠三角地区“十二五”规划要求建成污水收集管网 1.4 万 km，但实际只完成 9 000 余 km。珠三角城市群中，广州市仅完成目标值的 31%，深圳市污水收集率不足 50%，中山、东莞等都存在管网配套严重不到位的情况。受区域整体截污系统、雨污混流的影响，大量清洁雨水进入城市污水处理厂，造成进水浓度偏低，影响设备正常运转，难以有效发挥其减排效果。以肇庆为例，各区县已建污水处理厂入口 COD 浓度基本维持在 100 ～ 160 mg/L，远低于 250 mg/L 的设计进水浓度，入口氨氮浓度均低于 20 mg/L，也达不到 25 mg/L 的设计浓度，设备长期处于低负荷运转状态。上述因素造成了水环境质量未随着污水处理率的提高以及污水处理设施提标升级改造得到相应改善。

表 4-9　珠三角城市群生活垃圾处理能力与处理量对比　单位：万 t/a

序号	城市	填埋（珠海含水泥窑异地协同处置）			焚烧		
		设计处理能力	实际处理量	剩余能力	设计处理能力	现有实际处理量	剩余能力
1	广州	419.75	587.16	超负荷	156.585	101.19	55.4
2	深圳	186.15	323.82	超负荷	260.062 5	248.46	11.6
3	东莞	73	73	满容	306.6	365	超负荷
4	珠海	60.225	61	超负荷	21.9	20.5	1.4
5	佛山	237.25	206.92	30.33	131.4	133.98	基本无剩余
6	惠州	69.167 5	111.76	超负荷	91.25	29.46	61.8
7	江门	123.005	90.2	32.8	0	0	—
8	中山	0	0	—	111.69	76.515	35.2
9	肇庆	69.35	51.4	18.0	0	0	—

3. 空间布局统筹协调性严重不足，跨界污染严重

珠三角地区生活垃圾无害化处理设施选址与水源地（保护水体）、人口聚集区、生态敏感区等无足够防护距离；城镇污水处理设施布局在供水通道上等问题十分突出。

珠三角城市群中两座生活垃圾处理设施之间的距离一般为 20 ～ 30 km，而东莞分布过于密集，为 5 ～ 10 km，尤其是东部的谢岗、常平、樟木头、清溪、塘厦一带，分布有多个垃圾填埋场；其次为深圳，为 15 ～ 25 km。设施周边 1 km 范围内一般都布局有人口聚集区，最近约 300 m，其中广深莞生活垃圾填埋场被居住区包围的情况比较普遍，臭气扰民问题较为突出。广深莞惠有部分垃圾填埋场布局于Ⅱ类水体附近，对水环境保护及管理造成潜在风险。广州、深圳、江门有垃圾填埋场布局于森林公园、生态公园或旅游区内，与生态敏感区的主体功能定位不符。按照区域目前的技术管理水平，生活垃圾处理处置设施的影响范围甚至会扩大到 3 ～ 5 km，因此，总体来看，现有的布局过于分散，不利于污染集中治理和风险控制。城镇污水处理设施未严格按照划定的供排水通道进行布局，且过于分散，尤其是西北江干流供水通道周边，城镇污水处理设施的布局较为密集，如肇庆，有 13 座污水处理设施布局于西江干流，对区域饮用水安全构成威胁。区域供排水格局混乱。

空间布局统筹协调性严重不足，导致广佛肇、珠中江、深莞惠都曾发生过跨界污染事件，在新项目选址立项时，也往往会遭遇“邻避困境”，甚至引发群体事件。如广州花都的第五资源热力电厂选址阶段就遭到相邻清远市市民的强烈反对，最终被迫重新选址；广州花都炭步镇的简易垃圾处理也曾对相邻的佛山南海造成一定的影响；深惠交界处的深圳坪山环境园臭气扰民事件一度引起惠州居民的群体性上访。同样，水体跨界污染事件也时有发生。空间布局统筹协调性严重不足导致环保设施选址用地落实困难、土地资源集约化利用程度不高、污染集中控制和监管水平低下、跨界污染矛盾突出、环境管理风险进一步加剧。

4. 运行管理方式粗放，精细化程度低

垃圾焚烧处理设备达到国际先进水平，废气污染控制措施理论上成熟可靠，但由于运行管理方式粗放，精细化程度低，超标排放、扰民事件时有发生。污水处理设施方面，排水体制、处理方式、处理工艺上未充分考虑因地制宜，集中处理与分散处理相结合；排放标准“一

刀切”，未结合区域水体环境容量、出水功能进行细化，造成了同样的问题。

5. 运作模式单一，政府监管不到位

我国目前的城镇生活垃圾无害化处理设施及污水处理设施基本都采用政府和社会资本合作（PPP）运作模式。从目前情况来看，政府监管明显落后于 PPP 项目的发展，主要表现：①重前期轻后期。地方政府普遍比较重视项目的识别、准备、采购阶段，而对项目建设、运营以及移交的监管没有周全的考虑，忽视了对项目运营的监管。②监管部门分散，职责不清。在现有的政府监管体系中，PPP 项目监管分散在财政、发改、规划、国土、环保、住建、审计、监察等多个行政部门。这种多重监管模式在对某一事项监管适用不同的监管依据时，就可能导致多头管理，造成政府部门间相互推诿责任。③监管能力不足。生活垃圾及污水处理处置行业均是专业化程度较高的领域，政府作为监管者目前相关专业人才十分缺乏，对企业运营监管的力量不足，没有充足的人员对项目进行“全过程、全方位”监管，只能做到对产出指标与监管指标的对照监管，容易导致监管“盲区”的产生。运作模式的单一和政府监管不到位，导致公众对公共服务不满意、政府公信力缺失。

第五章

区域资源环境压力与耦合关系分析

第一节　国土粗放式无序性开发，“三生空间”布局性矛盾显著

一、建设空间粗放式无序扩张，空间冲突问题突出

1. 建设用地无序快速蔓延，部分地区开发强度过高

根据不同时期的建设用地遥感识别结果，2016 年珠三角地区建设用地约 16 839 km²，开发强度约 9.51%。1980—2016 年，建设用地面积增长超过 10 倍。特别是珠三角城市群地区，土地开发强度由 1980 年的 0.68% 增加至 2016 年的 17.22%；其次是粤东，2016 年土地开发强度达 13.14%；粤北土地开发强度相对较小，2016 年仅为 3.78%。1980 年，珠三角地区仅有 5 个地市土地开发强度超过 1%，2016 年已有 12 个地市土地开发强度超过 10%，其中深圳市和东莞市的土地开发强度最大，增速也最快，2016 年均已超过 55%，年均增速均超过 1.5%。中山市和佛山市 2016 年的土地开发强度超过了 30%，广州市、珠海市、汕头市均超过了 20%（图 5-1 和图 5-2）。

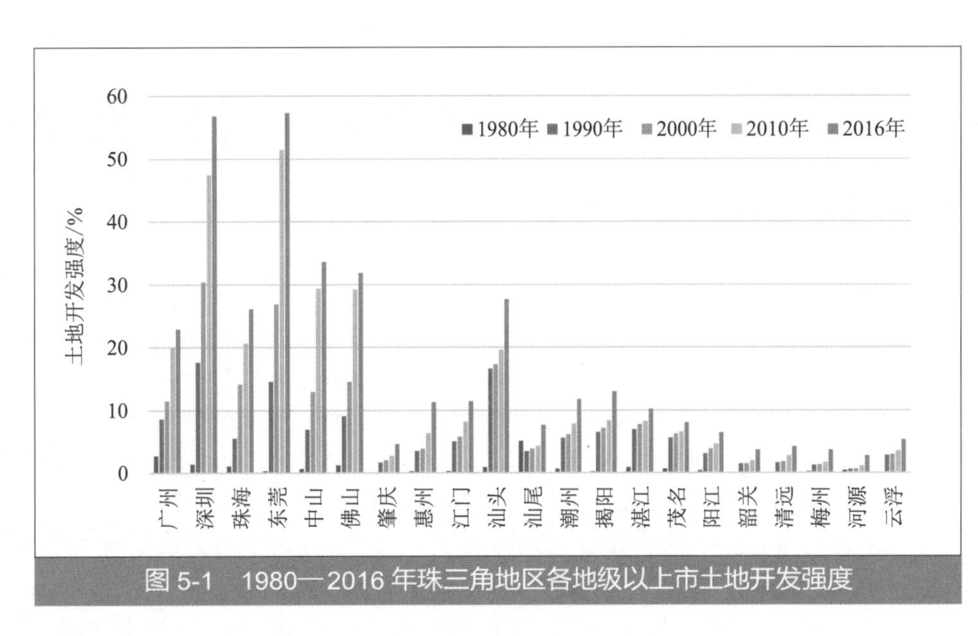

图 5-1　1980—2016 年珠三角地区各地级以上市土地开发强度

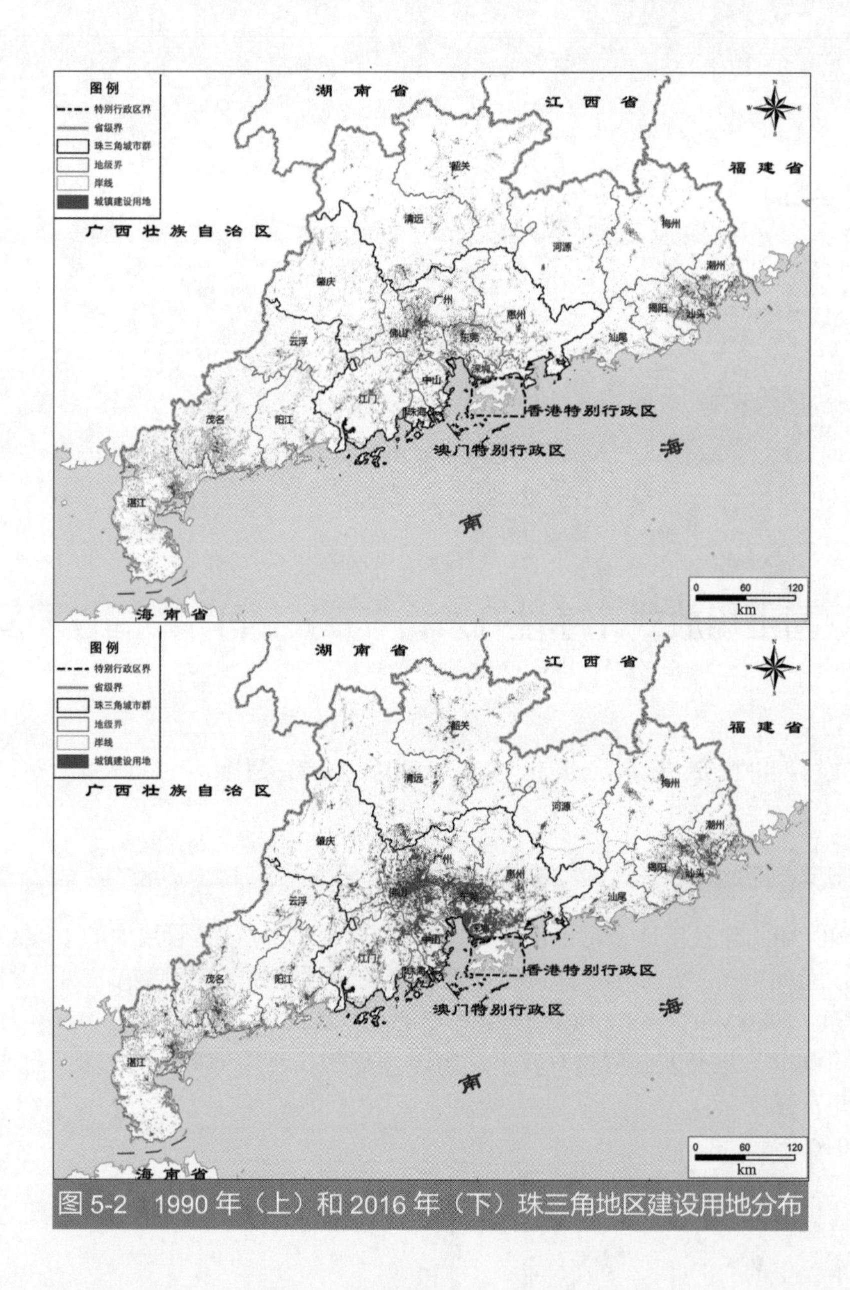

图 5-2 1990 年（上）和 2016 年（下）珠三角地区建设用地分布

2. 生产、生活空间与生态保护空间冲突加剧

饮用水水源保护区作为区域饮用水安全的重要保障措施，应当严格控制开发建设活动。但位于河谷、平原的饮用水水源保护区由于地势平坦、交通便利，在监管不严的情况下很容易受到开发建设活动的侵占。2016 年珠三角地区水源保护区范围内建设用地面积达 1 312 km²，各市均存在建设用地对水源保护区的侵占现象（图 5-3 和图 5-4）。珠三角城市群最为突出，广州、深圳分别达到 497 km² 和 211 km²。广州流溪河水源保护区下游、新塘水源保护区下游几乎完全被建设用地占据，威胁区域饮用水安全。

生态严控区自 2006 年划定以来，为广东省控制开发建设规模、保障区域生态安全起到了巨大作用，但由于划定精度低、衔接协调不足、监管不严等原因，也出现了被建设用地侵占的情况。2016 年生态严控区内建设用地面积 203 km²，其中江门、惠州、湛江和清远达到

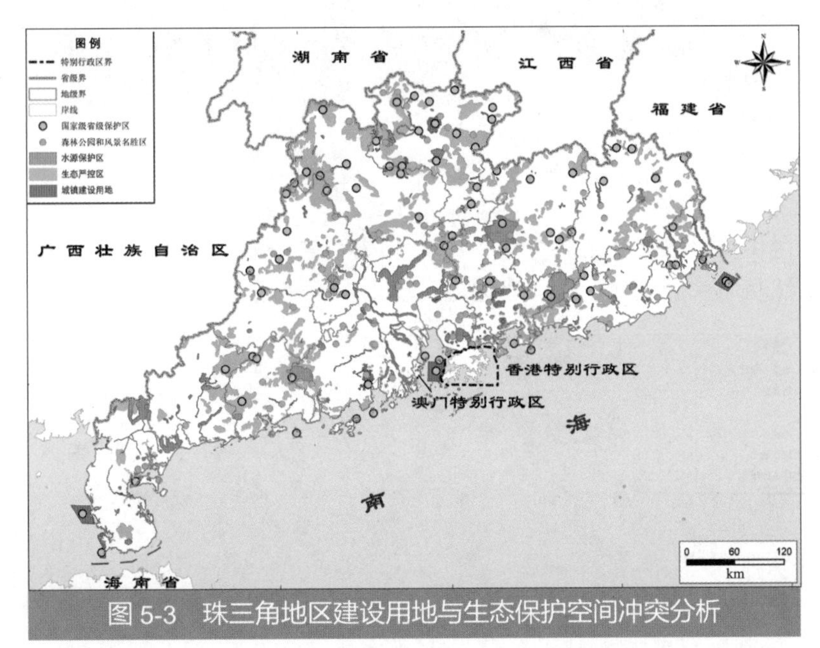

图 5-3　珠三角地区建设用地与生态保护空间冲突分析

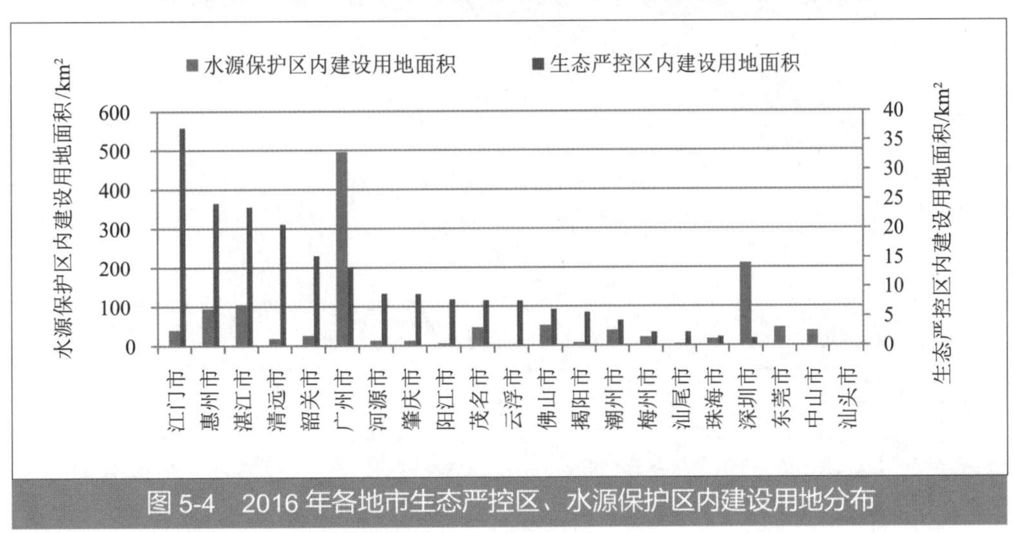

图 5-4　2016 年各地市生态严控区、水源保护区内建设用地分布

20 km² 以上。这其中存在生态严控区划定时空间分辨率精度低以及与其他规划衔接不足的历史原因，如江门市下辖县级市恩平市市区的一部分以及大槐镇镇区被划入了生态严控区。但同样也有监管不严导致的生态严控区被建设用地占用的情况。据统计，生态严控区内 2005 年（划定之前）已有建设用地 128.63 km²，至 2016 年 10 年间增长了 74 km²，变化超过 10 km² 的有江门（16 km²）、惠州（10 km²）、清远（13 km²）。

3. 水生态空间破碎化严重，布局性和结构性污染叠加，威胁流域水环境安全

珠三角地区城镇用地持续扩张，历史上毁林开荒、填湖造地现象十分普遍，湿地不断转化为城镇建设用地，河道行洪面积不断缩小，城市水生态空间破碎化严重，水文、自然等因素导致流域水承载能力总体下降。珠江三角洲河网水系呈缩减趋势，自然的网状形态结构发育特征弱化，河网结构简单化，城市化区域河网缩减趋势尤为显著。此外，工业用地对水面

的占用、道路用地水对河流的切割，人为闸坝调控效应突出，降低了河流的环境承载力，导致黑臭水体现象普遍。

二、供排水格局尚未分离，威胁饮用水水源地安全

珠三角地区供排水格局尚未完全分离，水环境污染累积效应显著放大，威胁饮用水安全。珠三角地区虽然从省层面划定了供排水通道，但供排水格局尚未完全分离（图 5-5 和图 5-6）。

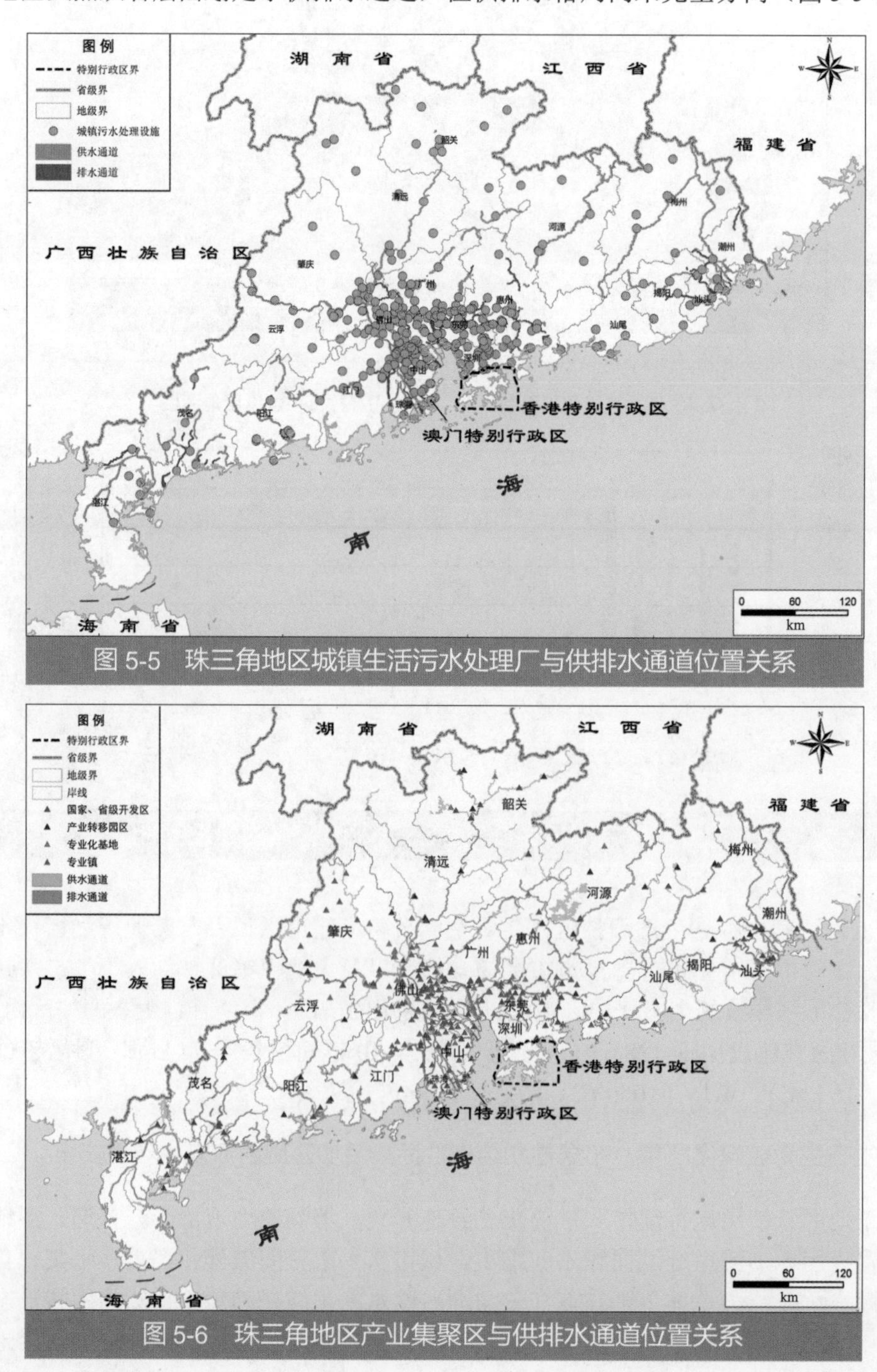

图 5-5 珠三角地区城镇生活污水处理厂与供排水通道位置关系

图 5-6 珠三角地区产业集聚区与供排水通道位置关系

珠三角地区共有92个开发区、50个产业转移园、53个专业化生产基地、326个省级专业镇。其中，近半数（44%）产业集聚区分布在珠江三角洲网河区。区内河网纵横交错，部分工业集聚区毗邻供水通道，易加剧流域水污染和威胁饮用水安全，格局性污染依然严重。珠三角地区部分河港布局在供水通道上，甚至毗邻饮用水水源地。以佛山市为例，取水口众多、水源地分散，全市乡镇以上水厂共40间，饮用水水源保护区23个，且供水水源单一，绝大多数主要为河流型水源地，《佛山港总体规划》规划多个港口布局在西江干流、北江干流等供水通道上，且部分规划岸线和港区毗邻或位于饮用水水源保护区内。此外，珠三角地区水网密集，养殖业发达，广大农村居民主要以塘坝地表水或者浅层地下水等自然水体作为饮用水水源，养殖污水的任意排放造成了严重的农村水环境和水源地污染，使农村饮用水安全问题日益凸显。

三、产城布局混杂问题突出，人居环境安全存在潜在威胁

珠三角地区是全国人口密度最大的区域之一，也是全国重污染行业最集中的区域，城市群地区的人口和产业更是高度集聚。由于长期以来粗放型、无序型的建设空间扩张模式和局部区域布局规划不合理或规划执行不到位等，生产空间与生活空间混杂问题比较突出，人居环境安全面临潜在威胁。如早期工业化城市广州和茂名，石化产业群、化工、印染园区、村镇企业集聚区等靠近城镇居住区或水源地，一些低端产业，如交通、仓储、工业料堆场、危险废弃物仓库等，混杂在居民区，且布局分散；粤东西北地区部分产业集聚区和工业园选址不合理，近一半园区分布在饮用水水源保护区上游或Ⅰ、Ⅱ类水体功能区周边，一些对大气环境质量产生危害的企业布局在城市群上风向，以河源为例，在已建成和规划建设的8个产业转移园中，有至少3个产业转移园靠近甚至位于新丰江水库的集水区域（图5-7）。

另外，珠三角地区工业化带动城镇化的发展路径导致大量“小散乱污”企业与村镇共存发展，影响环境人居品质。“村村点火，家家冒烟”曾是改革开放初期珠三角地区村镇经济遍地开花、蓬勃发展的经典画面，“小、快、灵”的家庭作坊式企业虽然在市场经济体制下充满活力，但这些陶瓷、纺织、制鞋、制衣、电镀等行业同时也对消防安全、环境保护、危险化学品管理、人居安全等多方面带来极大的负面影响，

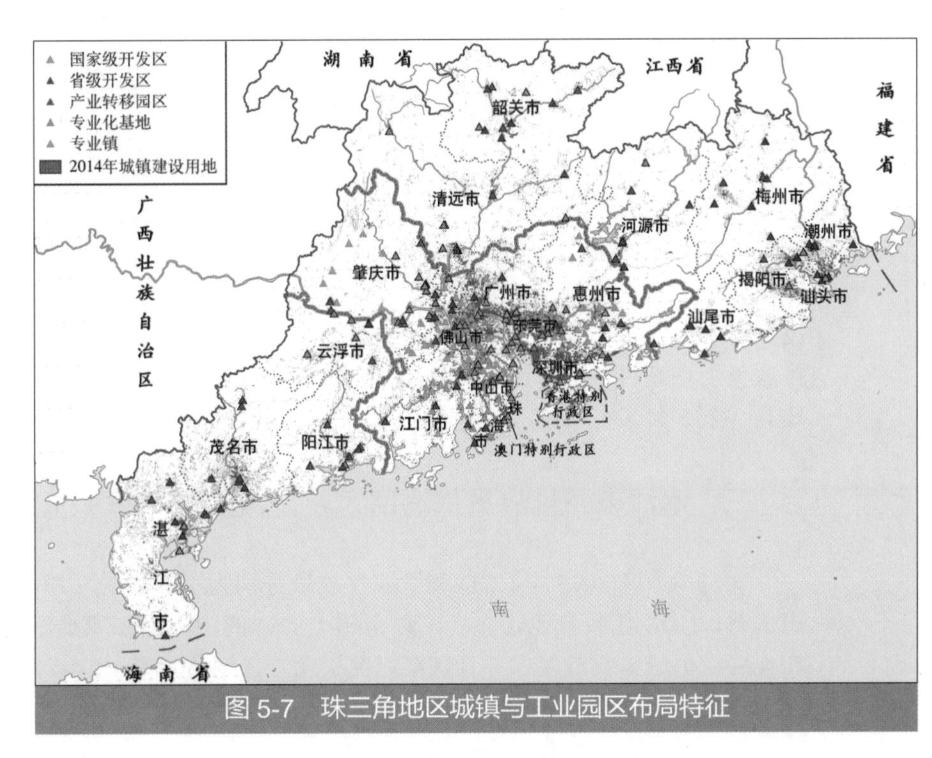

图5-7　珠三角地区城镇与工业园区布局特征

深藏于大街小巷之中的作坊很多连基本的工商手续都不具备，环境治理和监管更是无从谈起。民营经济的快速发展带动了城镇化进程，然而围厂建城碎片化的发展模式也导致了基础设施建设配套严重滞后于人口城镇化的发展速度，产城空间上难分离，城镇化发展质量低下且积弊沉疴难以根治。

第二节　资源能源消耗高位徘徊，污染物排放负荷仍然巨大

一、能源消耗总量缓慢增长，煤炭消耗总量仍处高位

2000年以来，珠三角地区能耗总量持续增长，在2011年之后增速明显放缓，2015年能耗总量达到3.01亿t标准煤，增长超过3倍，年均增速接近GDP增速一半。从各地级市能耗总量来看，最高为广州市，2015年能耗总量达到8 000万t标准煤，位居第二的深圳市能耗总量为6 932万t标准煤，两大城市能耗总量接近地区消耗总量一半。消耗量超过2 000万t标准煤的地级市还有佛山(3 825万t标准煤)、东莞(3 106万t标准煤)。从区域分布的特征看，能耗消费总量集中在环珠江口区域，其次是茂名、汕头、湛江等沿海地区，粤北的清远、韶关能耗总量也较大（图5-8）。

2015年珠三角地区原煤消费总量为15 473.23万t标准煤，工业领域占比超过99%，电力行业原煤消耗总量为10 075.54万t标准煤，此外，使用原煤较多的行业还包括建材（2 516万t标准煤）、造纸（1 076万t标准煤）、纺织（500万t标准煤）等。对比京津冀、长三角和珠三角地区包含的3个直辖市和4个省份，珠三角地区2015年煤炭消费总量少于河北和江苏（图5-9）。

二、大气污染物排放量仍处高位，局部地区排放负荷居高难下

2015年，珠三角地区SO_2、NO_x和烟粉尘排放量分别为67.8万t、99.7万t和34.8万t（图5-10），氮氧化物排放量仍接近百万吨，污染负荷仍处于高位。分城市来看，大气污染物排放主要集中在珠三角城市群的广州、佛山、东莞等城市。从单位土地面积的大气污染物排放强度来看，珠三角地区也呈现出内高外低的态势，珠三角城市群的东莞市的单位土地面积大气排放量上均高居首位，深圳、佛山、汕头、广州、中山等市的单位土地面积污染物负荷相对较高（图5-11）。

三、水污染物排放量依然巨大，重污染流域污染负荷高

珠三角地区2015年COD和氨氮排放量分别为160.69万t和19.97万t，氨氮排放总量全国居首，COD则仅次于山东省，以全国1.87%的国土面积承纳了全国7.23%的COD排放量和8.69%的氨氮排放量，并且氨氮已突破允许入河排放量。

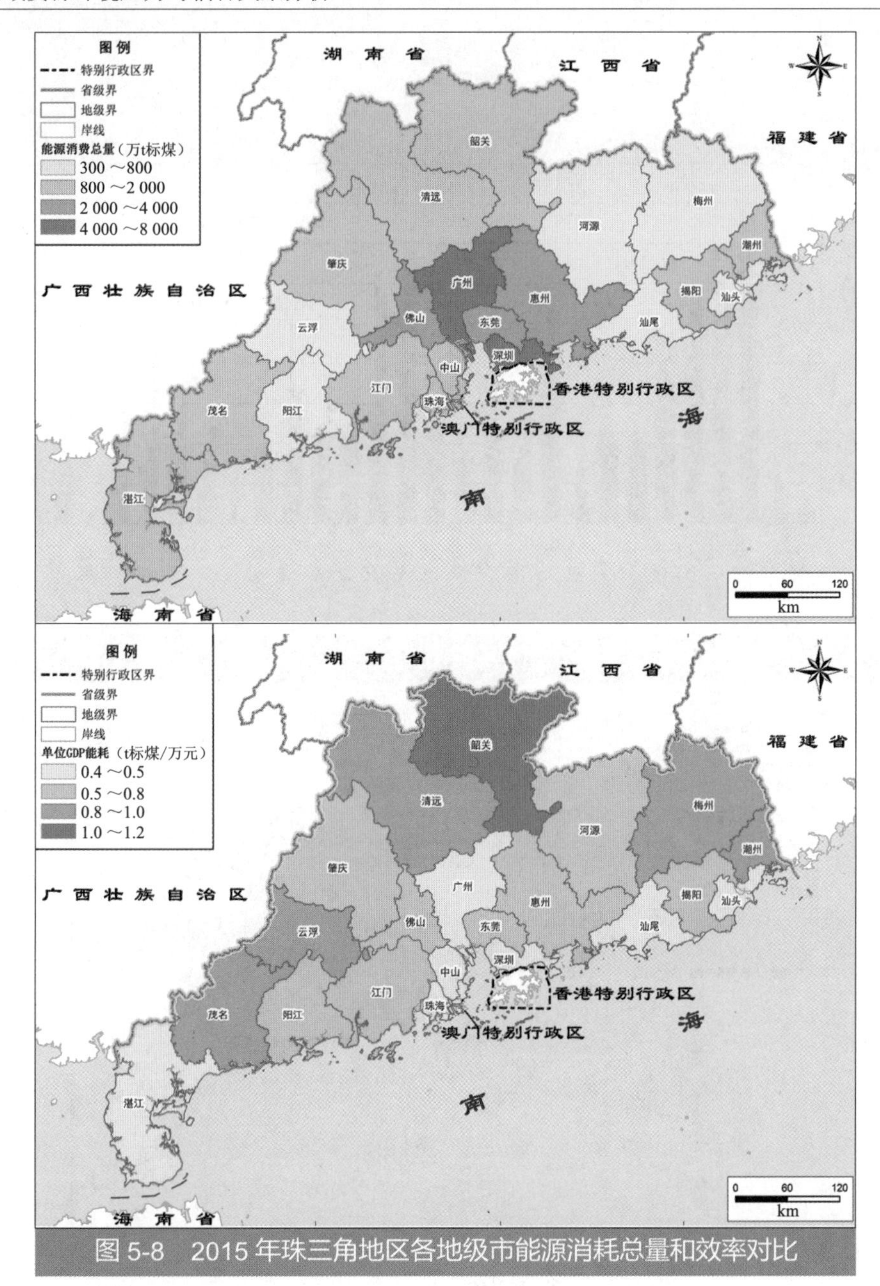

图 5-8　2015 年珠三角地区各地级市能源消耗总量和效率对比

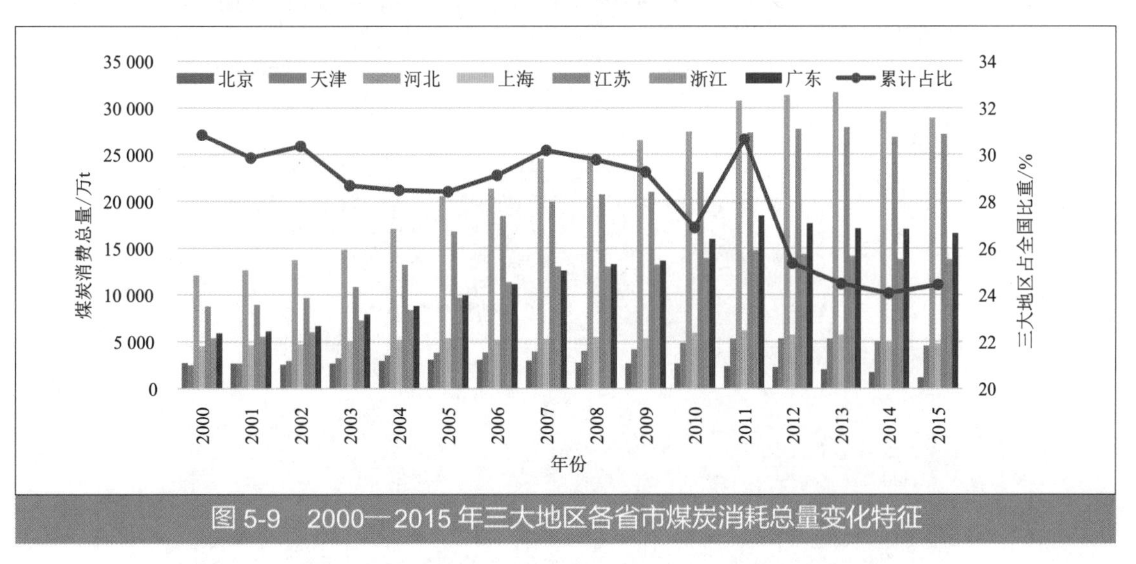

图 5-9　2000—2015 年三大地区各省市煤炭消耗总量变化特征

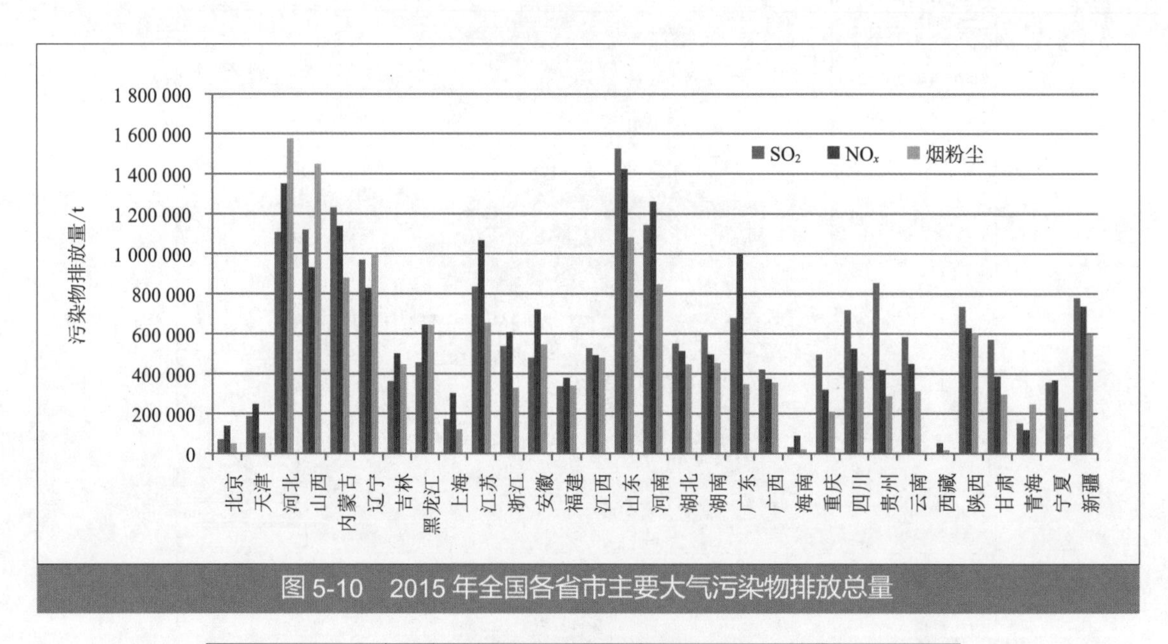

图 5-10 2015 年全国各省市主要大气污染物排放总量

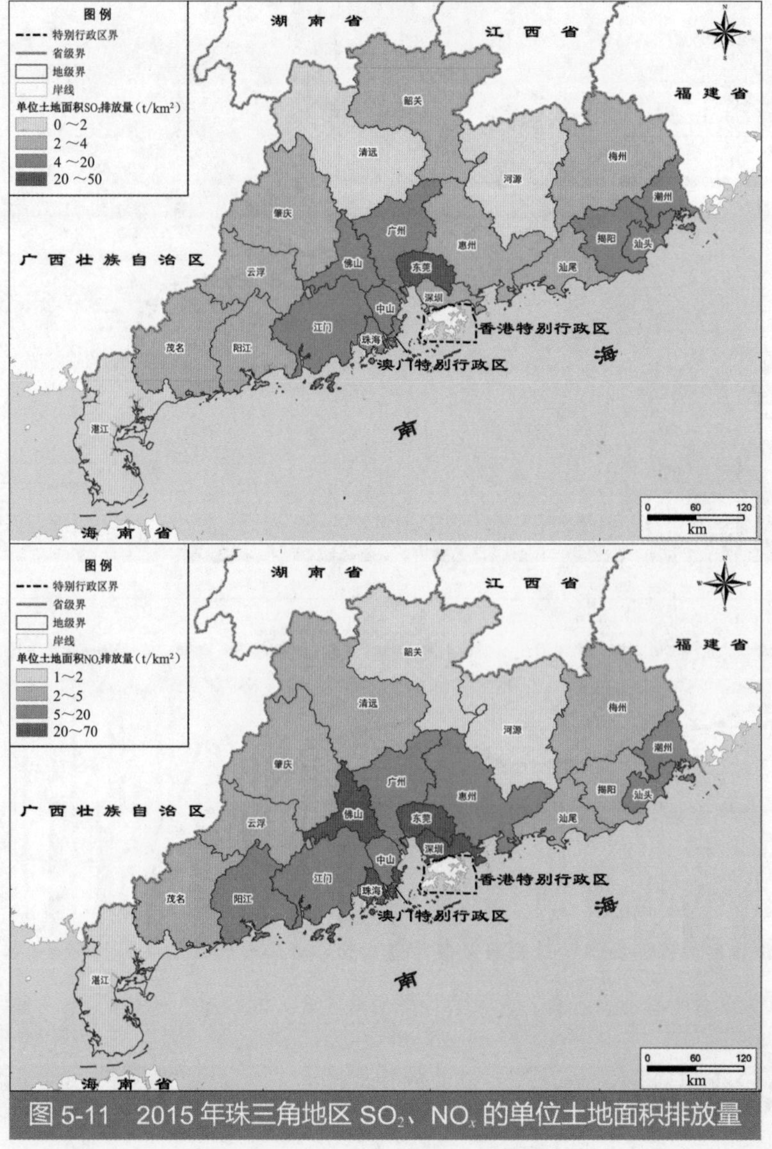

图 5-11 2015 年珠三角地区 SO_2、NO_x 的单位土地面积排放量

1. 重污染流域污染负荷高

深圳河、石马河、淡水河、茅洲河、小东江、练江等流域重污染产业集中，入河污染负荷远超河流自净能力，“微容量、重负荷”问题十分突出，流域水质长期劣于V类。其中，练江流域人均地表水资源量仅为珠三角地区平均水平的1/5，但人口密度却为珠三角地区的6倍，河流污径比接近5，河流中基本是生活污水、工业废水和经农业灌溉使用后的尾水。小东江干流枯水期天然径流量不足3 m^3/s，每日接纳的各类已经处理和未经处理的工业废水、养殖业污水和生活污水高达79.5万t，污径比达到3.17。茅洲河流域人口密度高达0.87万/km^2，分别是全国平均的60.7倍、珠三角地区的14.4倍和珠三角城市群的8倍。

2. 单位面积水污染物排放强度过高

2015年珠三角地区单位面积COD、氨氮排放量分别为全国平均水平的3.9倍和4.6倍，除河源外其余城市单位面积排放强度均高于全国平均水平（图5-12和图5-13）。其中，深圳的排放强度最高，单位面积COD排放量和单位面积氨氮排放量分别为41.66 t/km^2和6.67 t/km^2，分别是珠三角地区平均水平的4.7倍和6.0倍，是全国平均水平的18.0倍和27.8倍。因人口集聚致使生活源水污染物排放量增大，2005年以来，珠三角地区各地市单位面积水污染物排放强度逐年上升，且由于人口大量向珠三角城市区集聚，单位面积水污染物排放强度表现为珠三角城市群＞粤东地区＞粤西地区＞粤北地区。

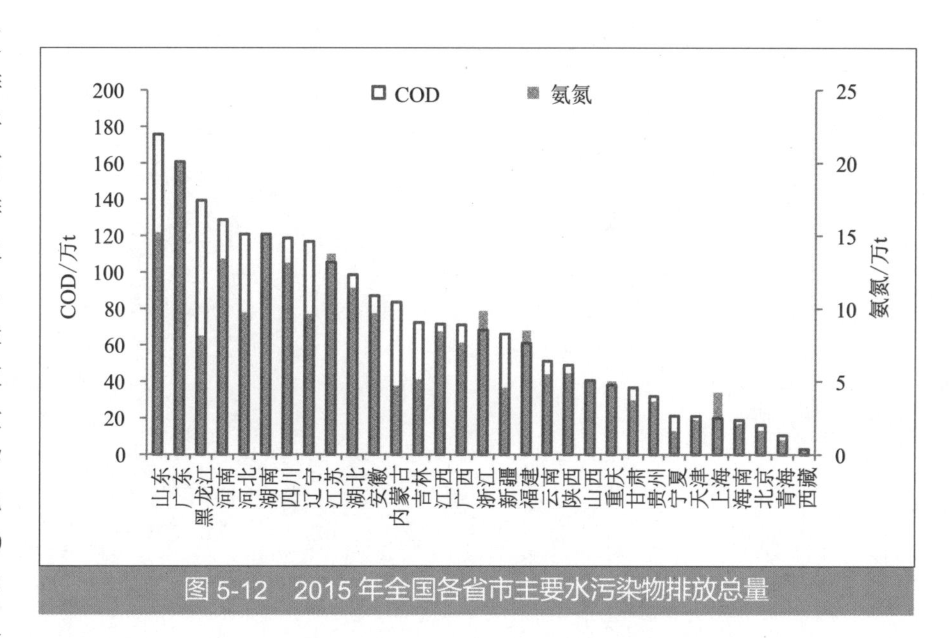

图5-12　2015年全国各省市主要水污染物排放总量

3. 入海污染负荷居高不下，陆源污染仍是近岸海域污染的主要原因

2015年珠三角地区主要河流径流携带入海的COD_{Cr}、石油类、营养盐、重金属和砷等污染物达271.39万t，其中由珠江八大口门径流携带入海的COD_{Cr}、石油类、营养盐、重金属和砷等主要污染物量高达243.67万t，占监测河流入海总量的89.8%。2007年以来，珠江携带入海的污染物总体呈先下降后增长的趋势，珠江口仍是珠三角地区最主要的纳污海域（图5-14），与珠江口海域水质污染最为严重的事实吻合。此外，临港/临海直排污染源监管力度不足，入海排污口达标排放率一直在70%左右，沿海高度集中、废水直接排放的养殖方式和养殖区仍普遍存在，农业非点源负荷比重加大，使近岸海域污染状况未得到根本扭转。

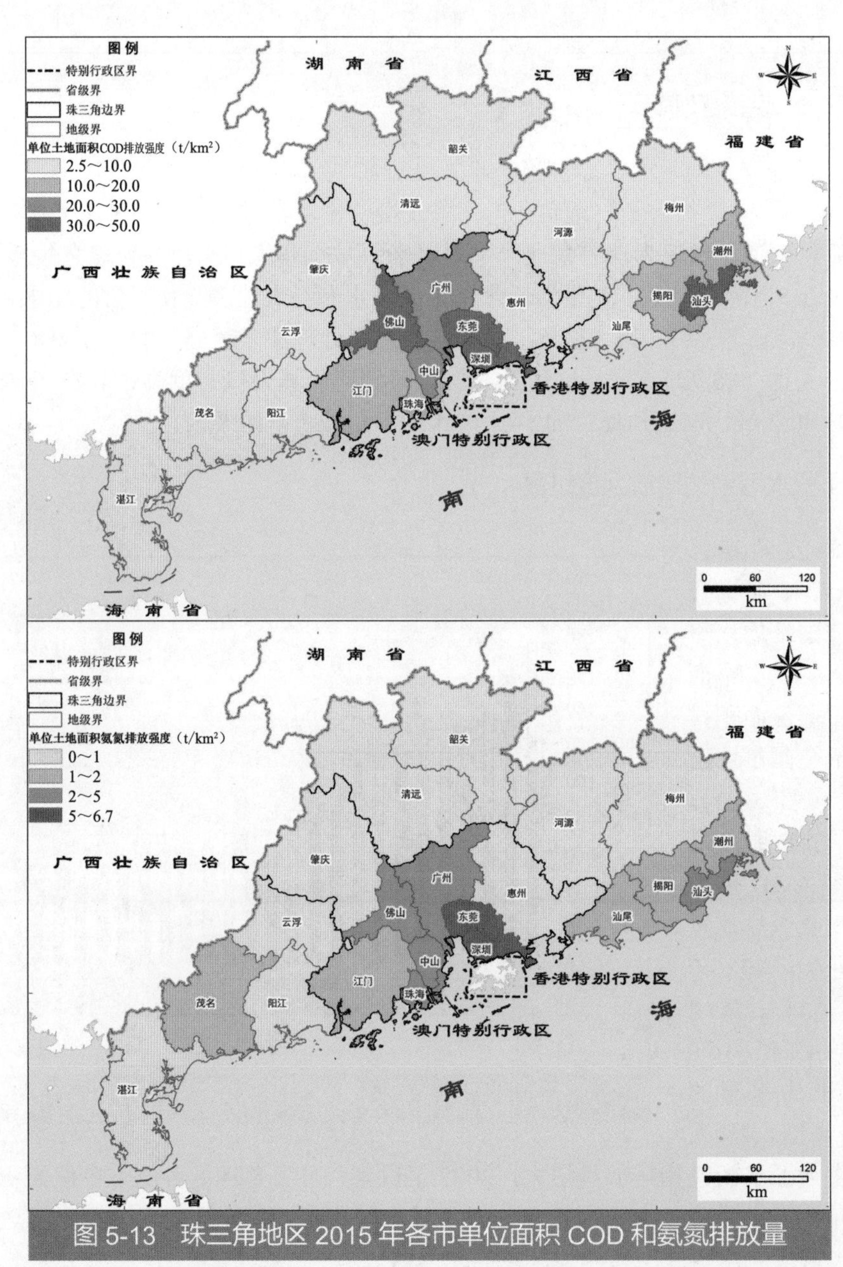

图 5-13　珠三角地区 2015 年各市单位面积 COD 和氨氮排放量

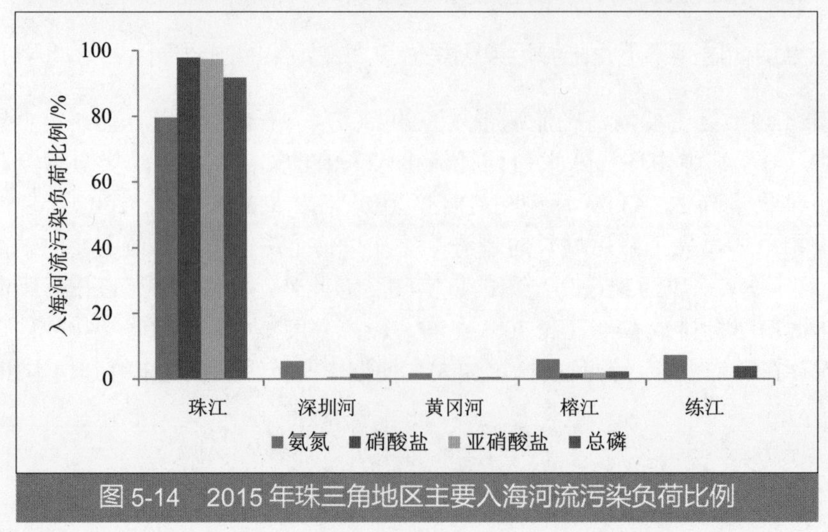

图 5-14　2015 年珠三角地区主要入海河流污染负荷比例

第三节　结构性污染仍然突出，污染减排面临困境

一、化石能源仍占主导，工业用煤行业特征明显

2000—2015年，珠三角地区一次能源消费中，原煤和原油消费合计占比在79.6%～87.2%，虽然整体呈现下降态势，但化石能源仍占据主导地位。工业是煤炭消费的主要部门，2015年工业煤炭消费量高达15 312.52万t，占煤炭消费总量的98.9%。从煤炭消费的工业行业类型看，原煤消耗主要集中在电力、建材和造纸工业，三大工业煤炭消费占比从2000年的74.6%逐渐上升到2015年的88.3%（图5-15和图5-16）。

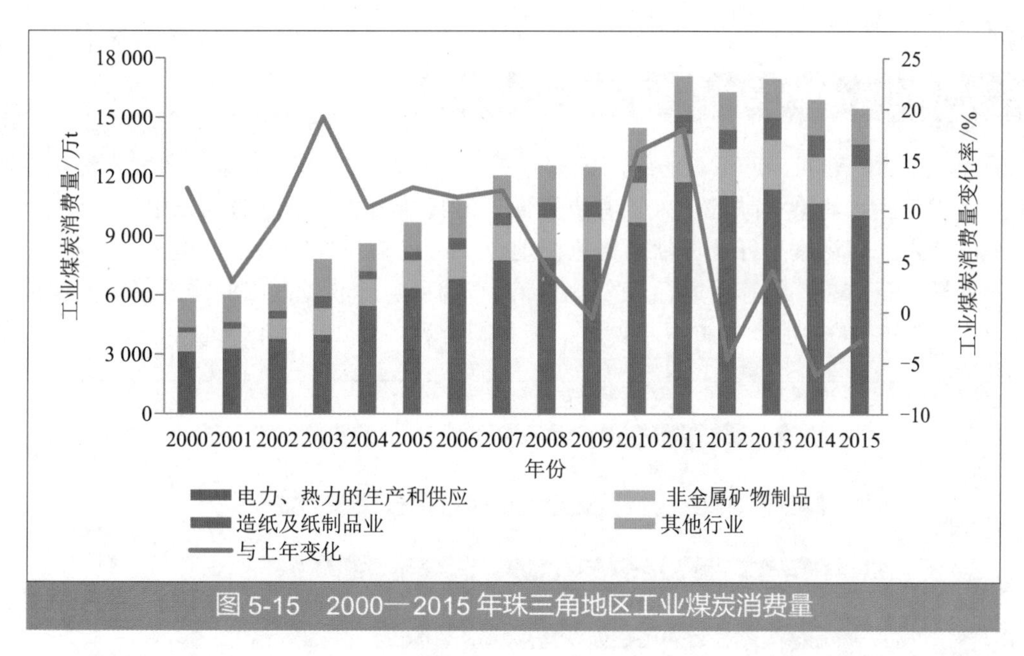

图5-15　2000—2015年珠三角地区工业煤炭消费量

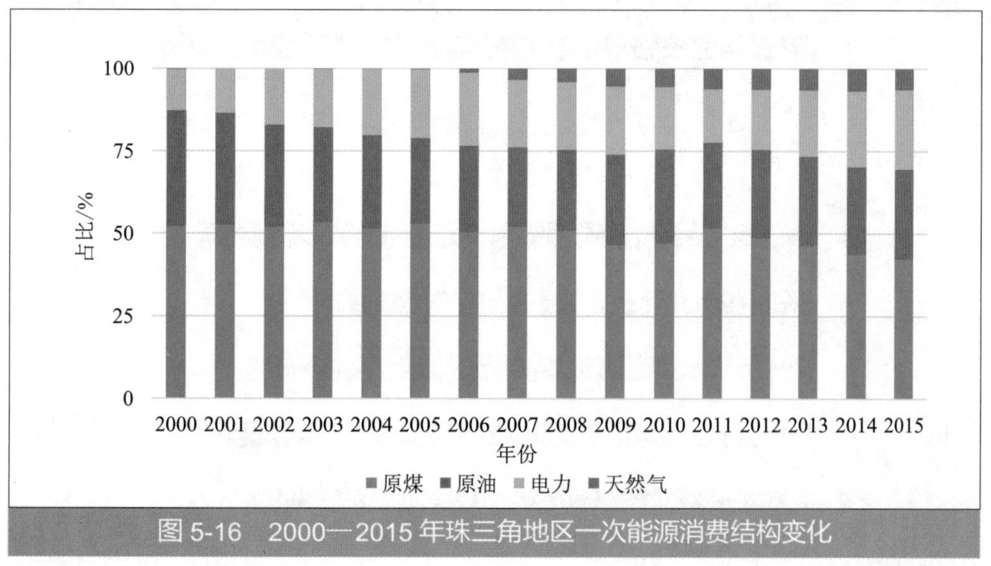

图5-16　2000—2015年珠三角地区一次能源消费结构变化

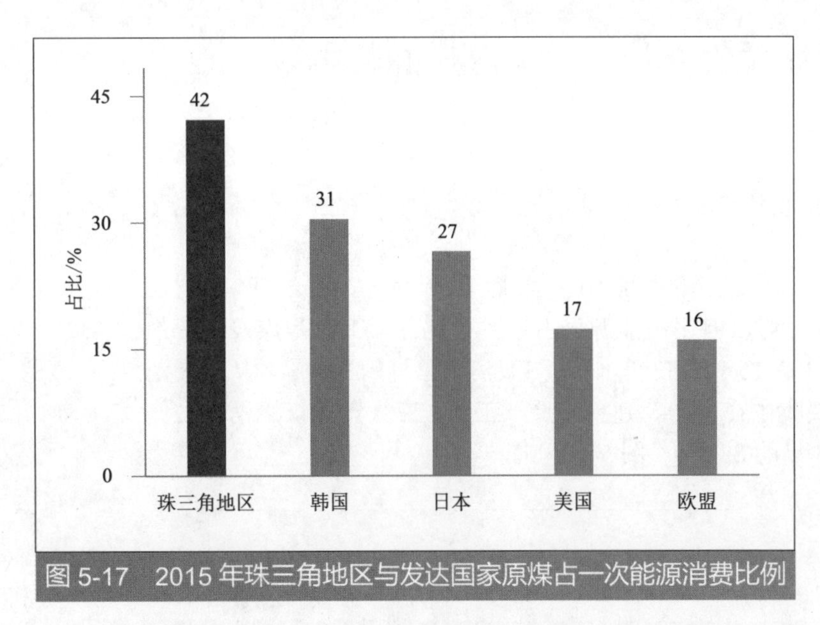

图 5-17　2015 年珠三角地区与发达国家原煤占一次能源消费比例

另外，与发达国家相比，珠三角地区能源结构清洁化程度也有待提升。原煤在日韩能源消费结构中占比 30% 左右，在欧美发达国家能源消费结构中的占比在 4% ～ 12%，珠三角地区煤炭消费比重仍然明显高于发达国家，这也给珠三角地区空气质量实现与发达国家接轨带来了较大难度（图 5-17）。

二、工业重型化趋势明显，结构性污染特征突出

珠三角地区近年来工业重型化态势明显，电力、建材、造纸、纺织、钢铁、石油、有色等七大行业是工业大气污染排放的主要来源；工业水污染贡献近年来虽有所降低，但其结构性污染态势尚未根本扭转，造纸、纺织等高耗水、高污染型行业贡献仍居重要地位。2015 年，珠三角地区电力、建材、造纸、纺织、钢铁、石油、有色等七大行业 SO_2、NO_x 和烟粉尘排放量占工业排放总量的比例均在 80% 以上（图 5-18）；造纸、纺织、食品、装备制造等行业 2015 年 COD 和氨氮的排放量分

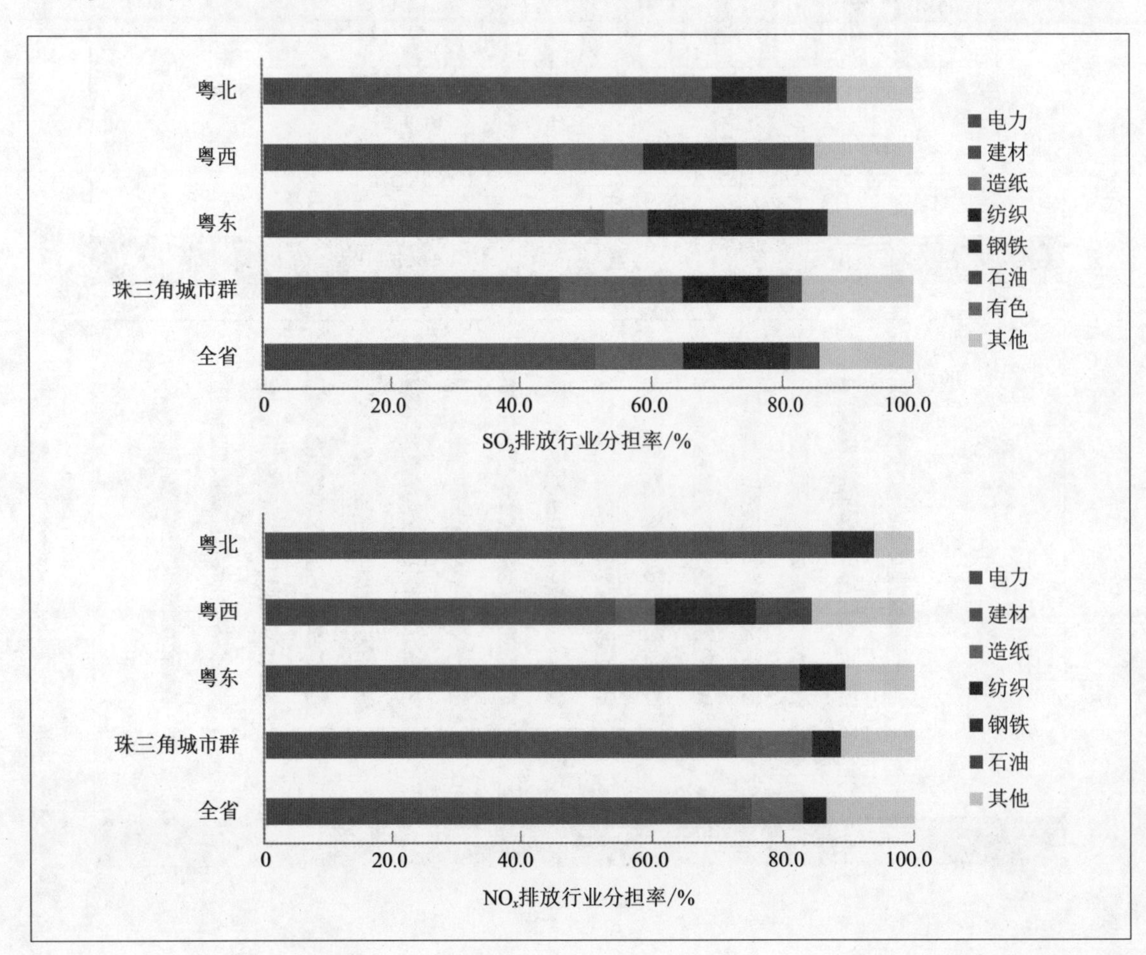

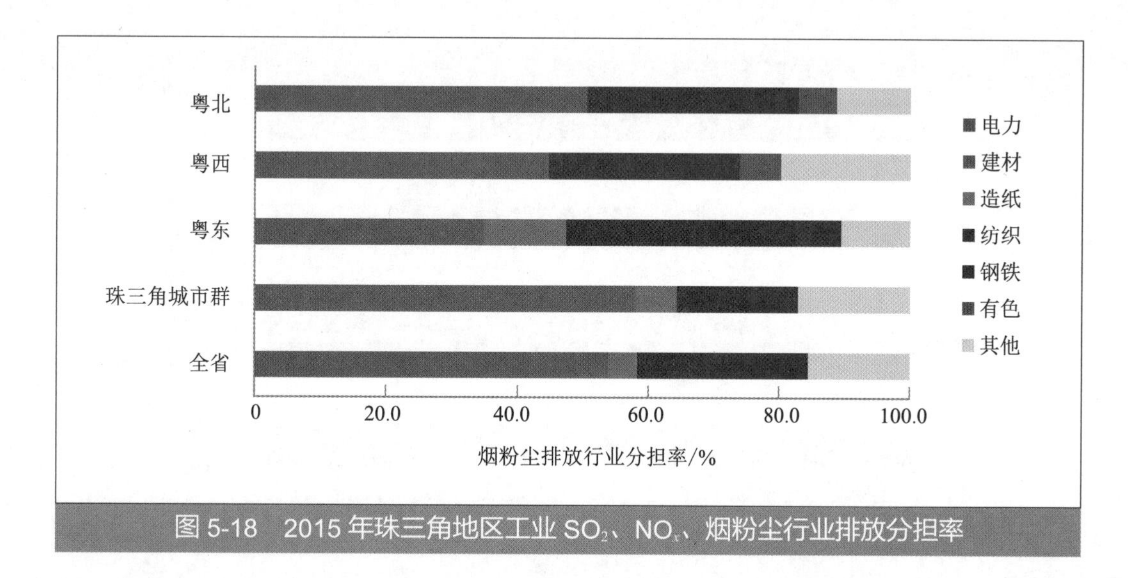

图 5-18　2015 年珠三角地区工业 SO_2、NO_x、烟粉尘行业排放分担率

别达 15.8 万 t 和 0.95 万 t，分别占区域工业排放总量的 84.9% 和 79.5%（图 5-19）。其中，造纸、纺织等 2 个重点行业的污染贡献最为突出，2 个行业的 COD 和氨氮排放总量占区域工业排放总量的比重分别达 53.4% 和 44.4%，但工业产值仅占珠三角地区的 8.54%。

1. 珠三角地区广佛肇莞等重点大气超标城市主要受石油、电力、建材、纺织和造纸行业不同程度影响

广州主要受石油、电力和纺织等行业影响，仅中国石油化工股份有限公司广州分公司的 SO_2 和 NO_x 排放量就已分别约占全市工业排放总量的 26% 和 13%；佛山受电力和建材行业影响显著，两个行业的 SO_2 和 NO_x 排放总量分别占全市工业排放总量的 69% 和 83%；肇庆受建材行业影响十分突出，该行业 SO_2 和 NO_x 排放量分别占全市工业排放总量的 76% 和 84%；东莞大气污染排放受造纸行业影响显著，造纸行业 SO_2 和 NO_x 排放总量分别占全市工业排放总量的 48% 和 35%（图 5-20）。

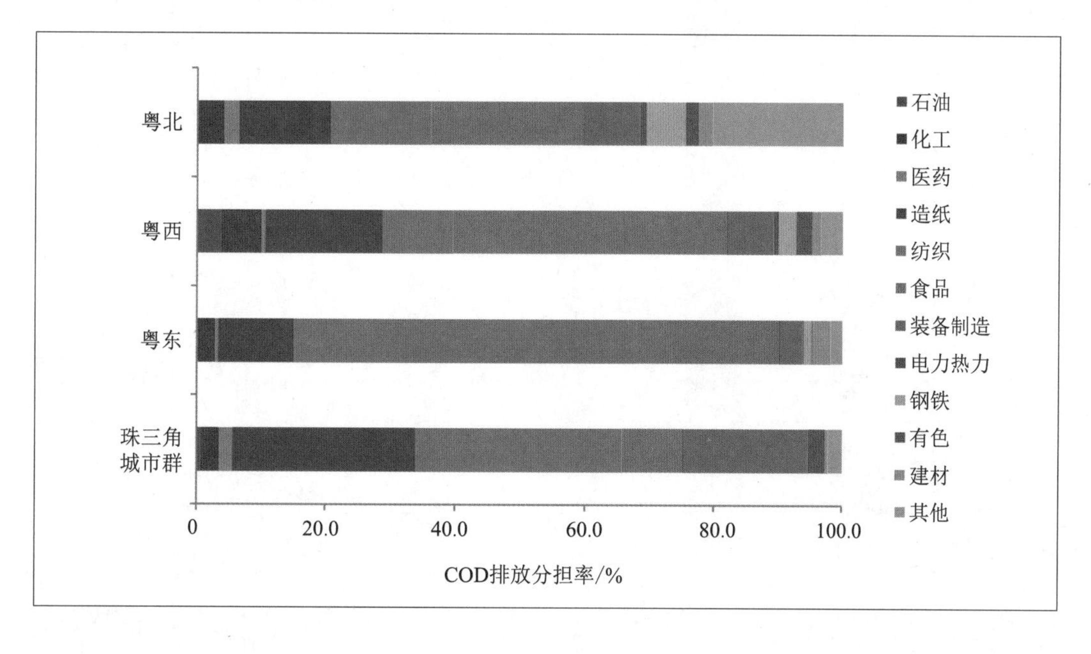

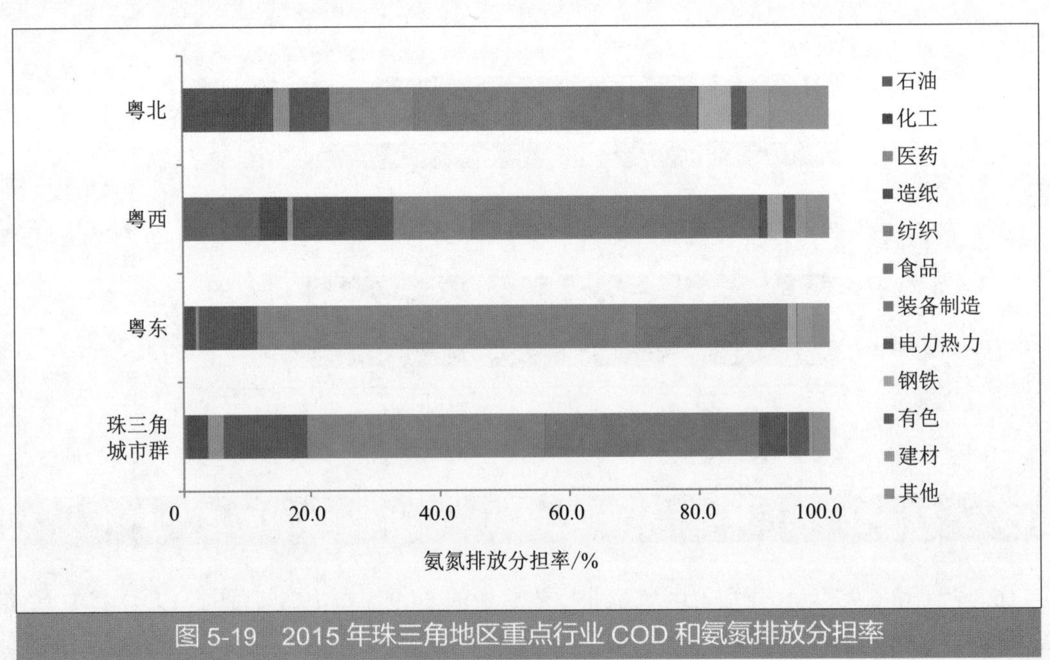

图 5-19　2015 年珠三角地区重点行业 COD 和氨氮排放分担率

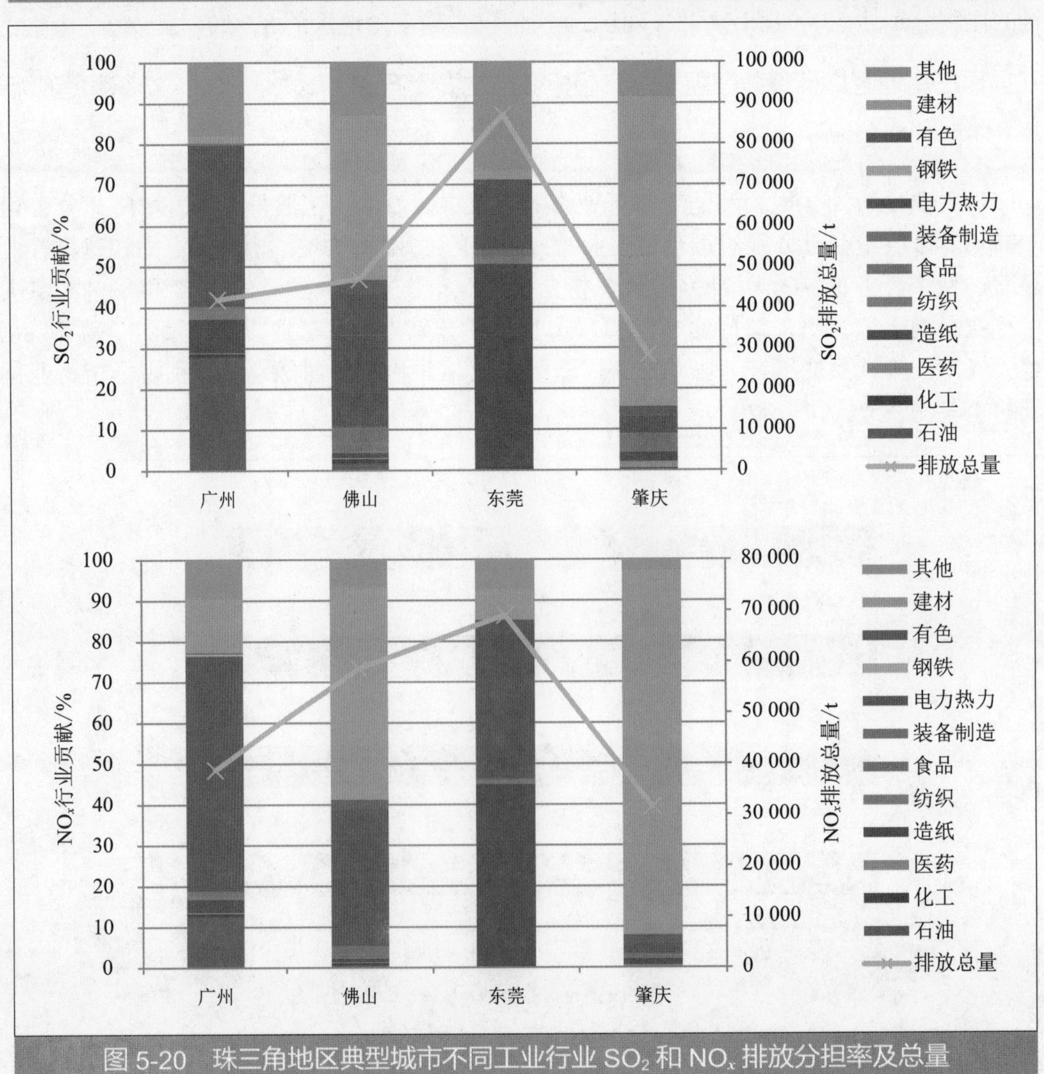

图 5-20　珠三角地区典型城市不同工业行业 SO_2 和 NO_x 排放分担率及总量

2. 珠三角地区重污染流域工业结构性水污染问题突出

由重点产业废水、COD和氨氮等水污染物排放量与2015年流域水质现状分布的叠图来看（图5-21和图5-22），重污染产业密集的区域，水污染物排放量大，水环境质量相对较差。受上游及本地区水污染排放影响，珠三角核心区水环境污染最为严重，大多数河流呈轻度污染状态，深圳入海河口水质甚至呈重度污染。根据《关于印发〈茅洲河污染整治工作调研报

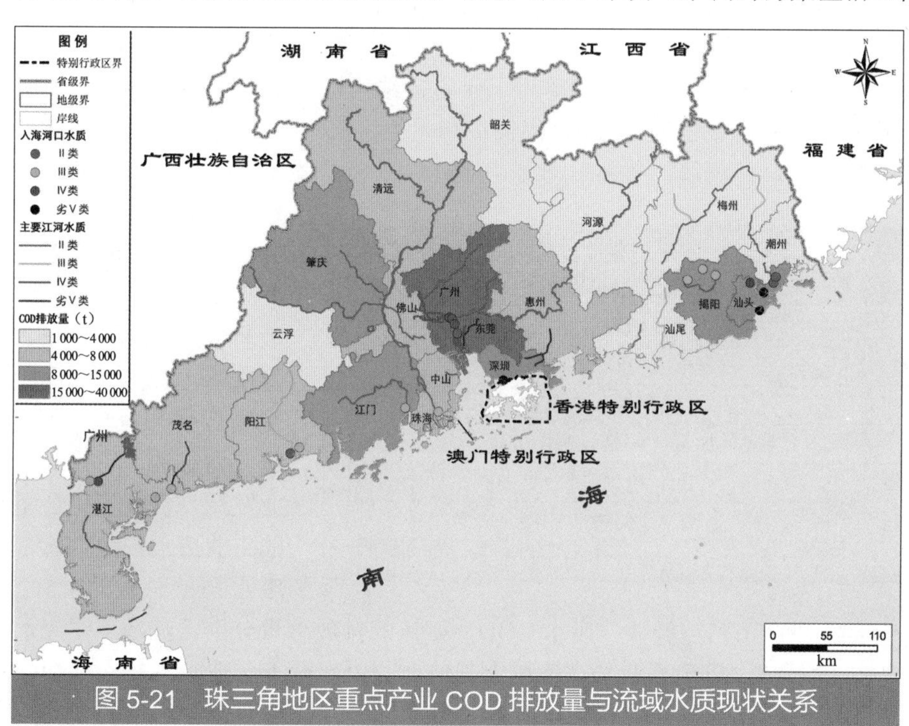

图5-21　珠三角地区重点产业COD排放量与流域水质现状关系

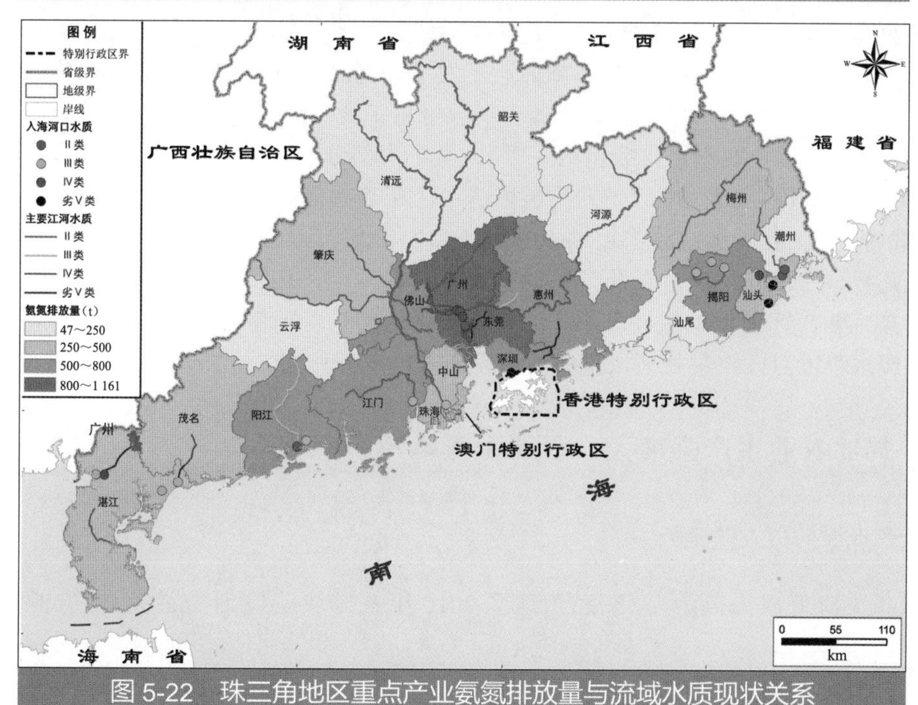

图5-22　珠三角地区重点产业氨氮排放量与流域水质现状关系

告〉和〈广佛跨界水污染整治调研报告〉的通知》(粤环办函〔2013〕117号)、《关于印发石马河污染整治工作方案的通知》(粤环发〔2010〕86号)、《广东省环境保护厅关于印发练江流域水环境综合整治方案(2014—2020年)的通知》(粤环〔2015〕59号)、《广东省环境保护厅关于印发小东江流域水环境综合整治方案(2015—2020年)的通知》(粤环〔2015〕60号),练江、小东江、深圳河、石马河、淡水河、茅洲河等劣Ⅴ类流域产业结构比较单一,高耗水、高污染型产业密集分布,流域缺乏统一规划和合理分区,发展方式粗放,空间布局杂乱,产业低端落后、工艺简单、劳动密集的小作坊式小工厂遍地开花,还有数不清的无证无照无治污措施企业混杂在居民楼中,污水直排下水道,结构性和格局性污染叠加,致使水污染问题突出。其中,练江流域是珠三角地区污染最严重的河流,服装行业在流域经济中占比很大,且主要集中在印染、纺织等污染重、效益差的低端产业,其COD排放量占流域工业源的比重高达90%,相关企业工艺粗放、劳动密集、设备落后且管理水平不高,占用了大量的水资源和环境容量(表5-1)。小东江流域内皮革、石化企业占比大,其中受茂石化产业集群效应的影响,流域内炼油、石化配套化工等产业发达,仅茂石化公司一家企业的工业废水排放量就占流域工业废水排放总量的1/5,而皮革企业分布较分散、生产工艺较低端,废水COD、氨氮的排放总量分别占流域工业废水排放量的41%和47%。除石化、皮革行业外,流域内其他产业以高岭土、造纸等耗水型和水污染型居多。从分布格局来看,流域内的水污染企业主要密集分布在小东江干流中游和支流白沙河沿岸,致使小东江及其支流部分河段水质长期不达标,其中氨氮超标尤为严重。茅洲河流域内劳动密集型企业、重污染企业众多,特别是作为深圳重污染企业的主要聚集区,电镀、线路板、表面处理、印染等重污染企业过于集中,流域内工业企业超过2.2万家(深圳10 611家、东莞11 863家),工业废水日排放量约8万t,其中大部分低端落后且环境管理水平不高的企业,污染负荷远超环境承载力。广佛跨界区域内经工商审批的企业超过1.1万家(广州7 357家、佛山3 880家),工业废水排放量超过60万t/d(广州28万t/d、佛山33万t/d),区内以金属冶炼、线路板、服装、纺织、食品等劳动密集型产业为主,还存在皮革加工、印染、表面处理等重污染行业,产业发展粗放,小作坊企业(估计超过1万家)仍遍地开花,老工业区点多面广,废水难以有效收集处理,集中治污设施难以发挥作用。

表5-1 珠三角地区重污染流域现状主导产业

重污染流域	现状主导产业
练江	印染、纺织
小东江	石化、皮革、高岭土、造纸
茅洲河	电镀、线路板、表面处理、印染
广佛跨界河	皮革加工、印染、表面处理、食品
石马河	电镀、洗水
淡水河	电镀、线路板、印染、制革
深圳河	电镀、印染、制革

三、局部农业生产强度大,农业源影响不容忽视

1. 大气氨排放以农业源为主

根据相关研究成果显示①,珠三角地区2010年氨排放总量为56.3万t,农业源和非农

① Zheng J, Zhang L, Che W, et al. A highly resolved temporal and spatial air pollutant emission inventory for the Pearl River Delta re-gion,China and its uncertainty assessment[J]. Atmospheric Environment, 2009, 43(32): 5112-5122。

业源排放量分别占 84.6% 和 15.4%。畜禽养殖与氮肥施用的排放贡献分别占到总排放量的 44.2% 和 40.4%（图 5-23）。在畜禽源中，肉猪排放量最大，占畜禽源排放总量的 44.4%，其次是肉鸡、母猪和黄牛，分别占 16.0%、15.2% 和 6.5%（图 5-24）。在非农业源中，人体、生物质燃烧和道路移动源是重要的氨排放源，氨排放量分别为 3.5 万 t、3.1 万 t 和 1.2 万 t。茂名、湛江和肇庆是农业氨排放的主要区域，3 个城市的氨排放量占区域氨排放总量的 36.0%；肉猪、母猪、肉鸡和氮肥施用是应重点加强控制的排放源。

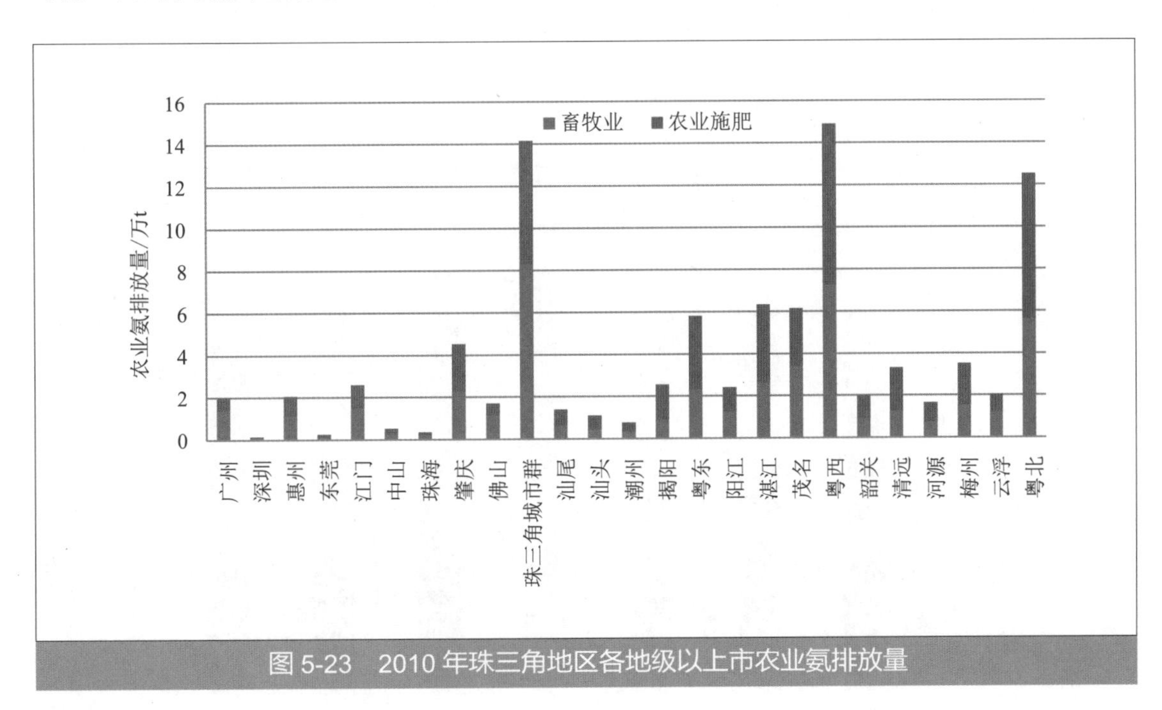

图 5-23　2010 年珠三角地区各地级以上市农业氨排放量

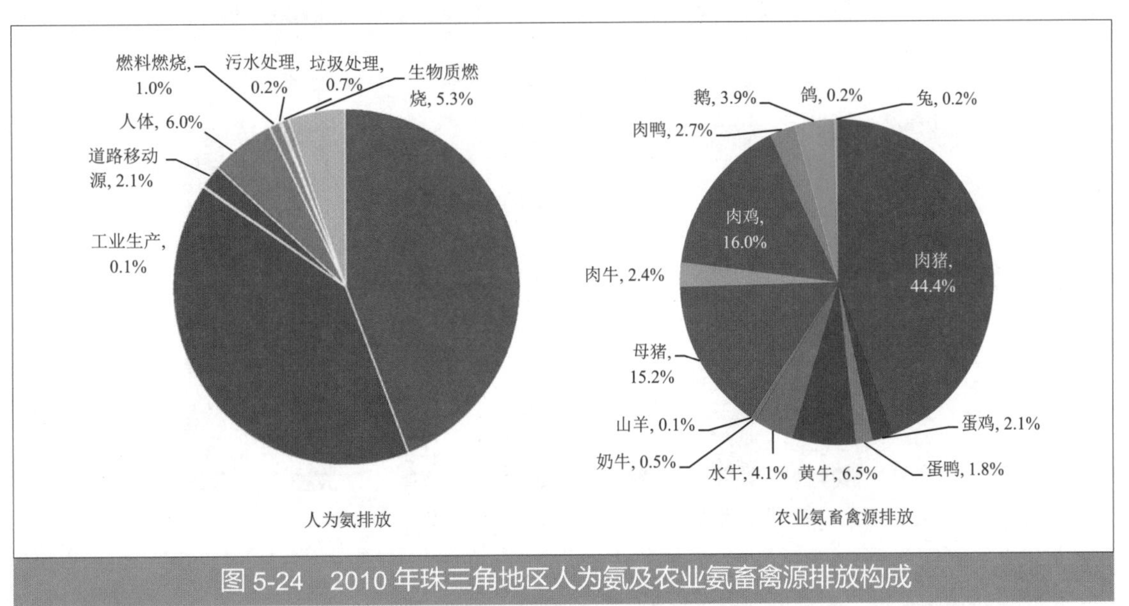

图 5-24　2010 年珠三角地区人为氨及农业氨畜禽源排放构成

2. 西江、北江和粤西诸河流域农业源的水污染贡献占据主导

2015 年珠三角地区农业源 COD、氨氮排放量分别占区域排放总量的 33.7% 和 24.2%。除珠江三角洲外，其余流域以农业源污染为主（图 5-25）。尤其是自 2010 年以来，畜禽禁养区政策颁布实施之后，珠三角城市群肉猪等畜禽养殖量迅速下降，同时为了保证核心区的肉产品供给，外围地区畜禽养殖规模明显增长（图 5-26）。珠三角城市群生猪年出栏量下降 10%，粤东西北地区生猪年出栏量增加 7% ～ 11%。由于缺乏足够的规模化养殖的准入门槛限制，外围地区畜禽养殖业对面源污染的贡献明显增强。2011—2015 年，珠三角地区农业污染源排放虽逐年下降，但珠三角城市群农业污染源排放年均降幅高于粤东等地市，尤其是珠三角城市群核心区 6 市，远高于粤东西北地市。其中，核心区农业源氨氮排放量削减 22.3%，高于珠三角地区平均降幅（18%），粤东地区农业源排放量仅削减 12%。

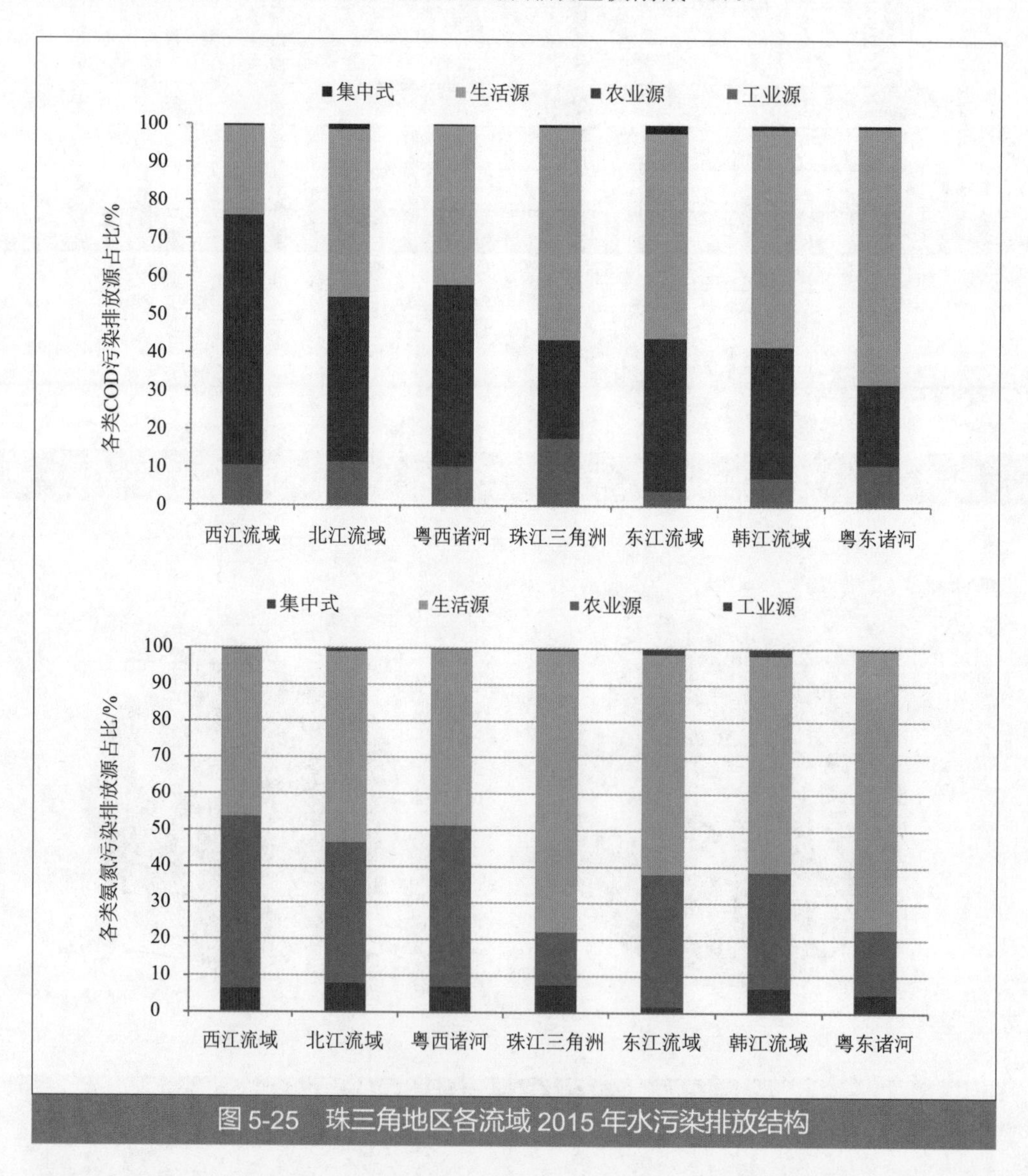

图 5-25 珠三角地区各流域 2015 年水污染排放结构

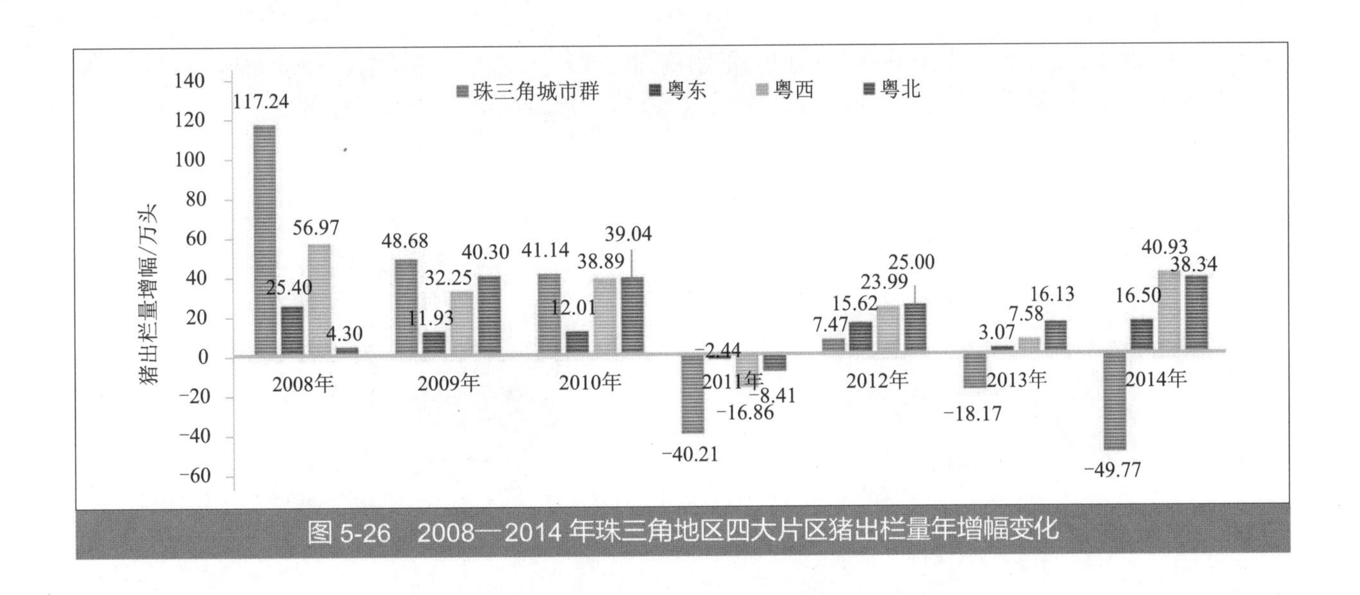

图 5-26　2008—2014 年珠三角地区四大片区猪出栏量年增幅变化

第四节　城市规模扩张使污染日益凸显，治理尚需深化

一、机动车保有量快速增长，移动源污染贡献凸显

珠三角地区汽车保有量近年来保持持续快速增长趋势，特别是客车的保有量增长迅速。2010 年全省汽车保有量约为 841.8 万辆，其中客车 680.6 万辆，货车 161.1 万辆；2015 年汽车已经增长到 1 461.2 万辆，其中客车 1 297.2 万辆，货车 164.2 万辆，汽车保有量年均增长率接近 15%，全省每年新增注册汽车数量超过 100 万辆。主要集中在珠三角城市群，2015 年珠三角城市群汽车保有量超千万辆，占全省汽车保有量的 75%，其中深圳、广州、佛山、东莞等市汽车保有量均已超过 100 万辆，深圳、广州、东莞甚至超过了 150 万辆。与此同时，我国机动车排放标准相对发达国家仍有较大差距，北京、上海和广州等城市机动车排放标准的实施相对提前，但仍存在一定的差距。另外，广州、深圳等超大城市道路拥堵普遍，加重了机动车的大气污染，根据《2016 年度中国主要城市交通分析报告》，2016 年广州、深圳名列全国“堵城”第 6、第 10 位。

据估算，2015 年珠三角地区汽车排放一氧化碳 124.6 万 t、碳氢化合物 13.4 万 t、氮氧化物 26.6 万 t、颗粒物 2.1 万 t。其中，柴油车排放的氮氧化物超过汽车排放总量的七成，颗粒物超过九成；汽油车的一氧化碳、碳氢化合物分别占汽车排放总量的 84.0%、70.0%。根据总量减排核算结果，2015 年珠三角地区 NO_x 排放总量为 99.7 万 t，其中汽车排放量 26.6 万 t，其分担率达到 27%，超过电力，成为排放量最大的大气源类别（图 5-27）。珠三角地区细颗粒物来源解析

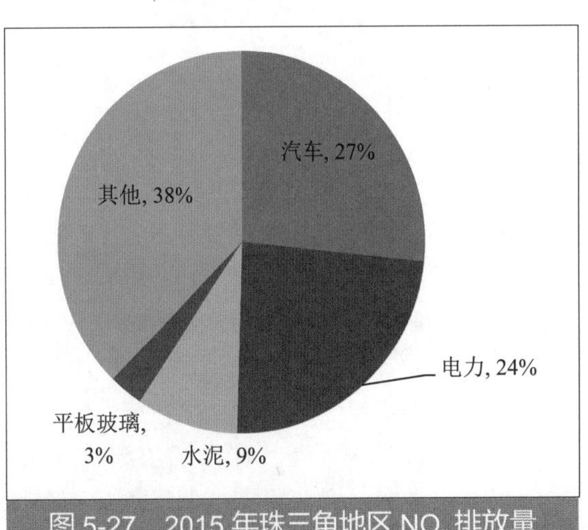

图 5-27　2015 年珠三角地区 NO_x 排放量行业分担率

的研究成果显示，机动车尾气已成为细颗粒物主要来源之一，各城市占比在 22% ～ 41%（图 5-28）。尤为突出的是深圳，其细颗粒物首要来源为机动车尾气，贡献率超过 40%。

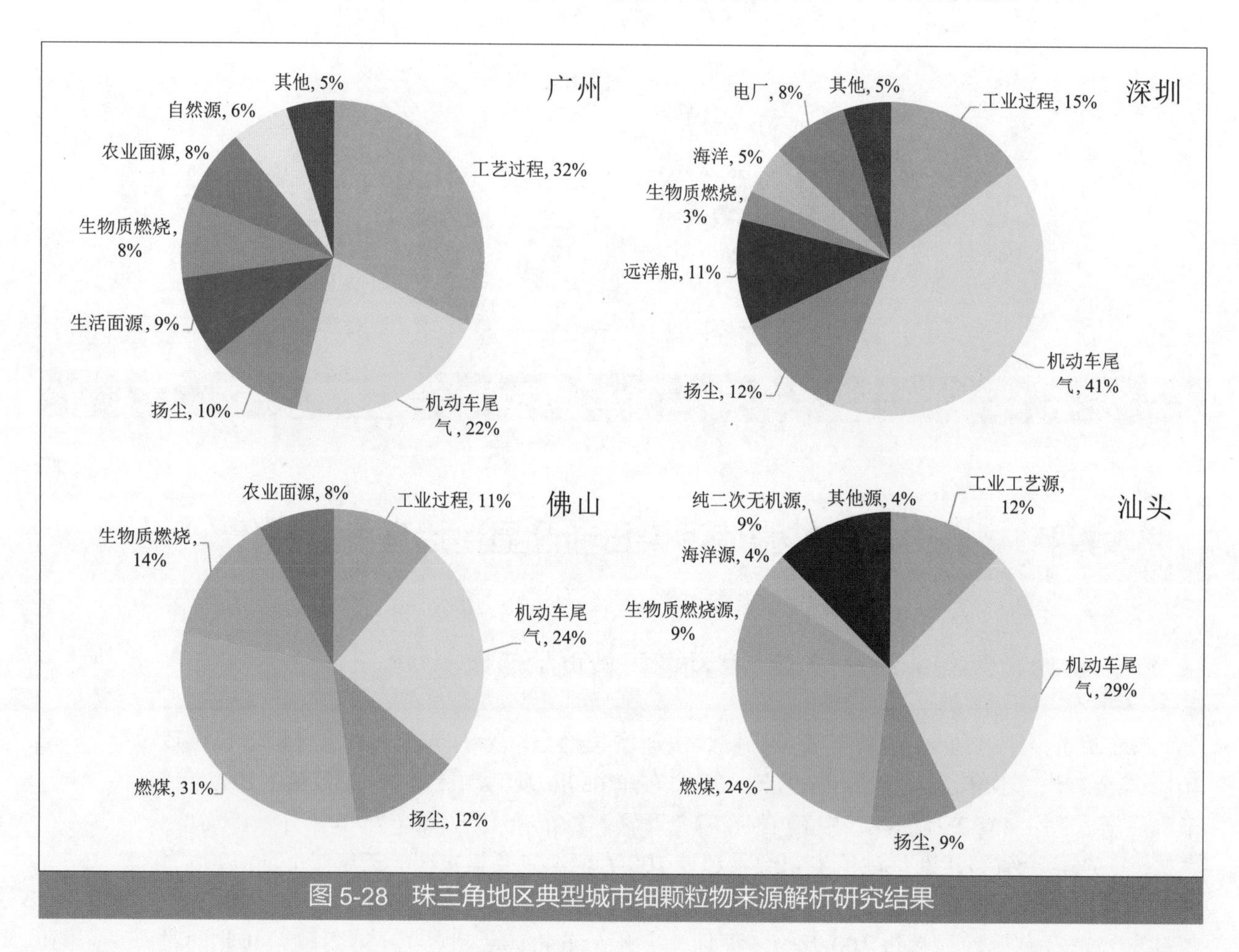

图 5-28 珠三角地区典型城市细颗粒物来源解析研究结果

二、区域人口高度集聚，生活源治理压力加重

1. 生活源水污染压力加重

近年来，随着工业治理力度不断加大，生活源已成为珠三角地区的首要水污染源。根据广东省环境统计资料，2015 年珠三角地区 COD、氨氮排放以生活源贡献为主（图 5-29），生活源 COD 和氨氮排放量占排放总量的 51.9% 和 68.3%，高于全国生活源污染负荷占比，与长三角的水污染负荷构成相似。从各地级市的污染负荷构成来看，除江门、肇庆外的珠三角城市群各城市、粤东地区各城市、粤西地区的阳江、粤北地区除云浮外的各城市均以生活源为 COD 的首要污染源，除肇庆、茂名和云浮等城市外，其余城市均以生活源为氨氮的首要污染源。从流域角度看，珠江三角洲、东江流域、韩江流域和粤东诸河 COD 和氨氮的首要污染源为生活源，西江流域、北江流域和粤西诸河三大流域农业源污染贡献较大，尤其是西江流域。

2. 点源污染削减仍待深化

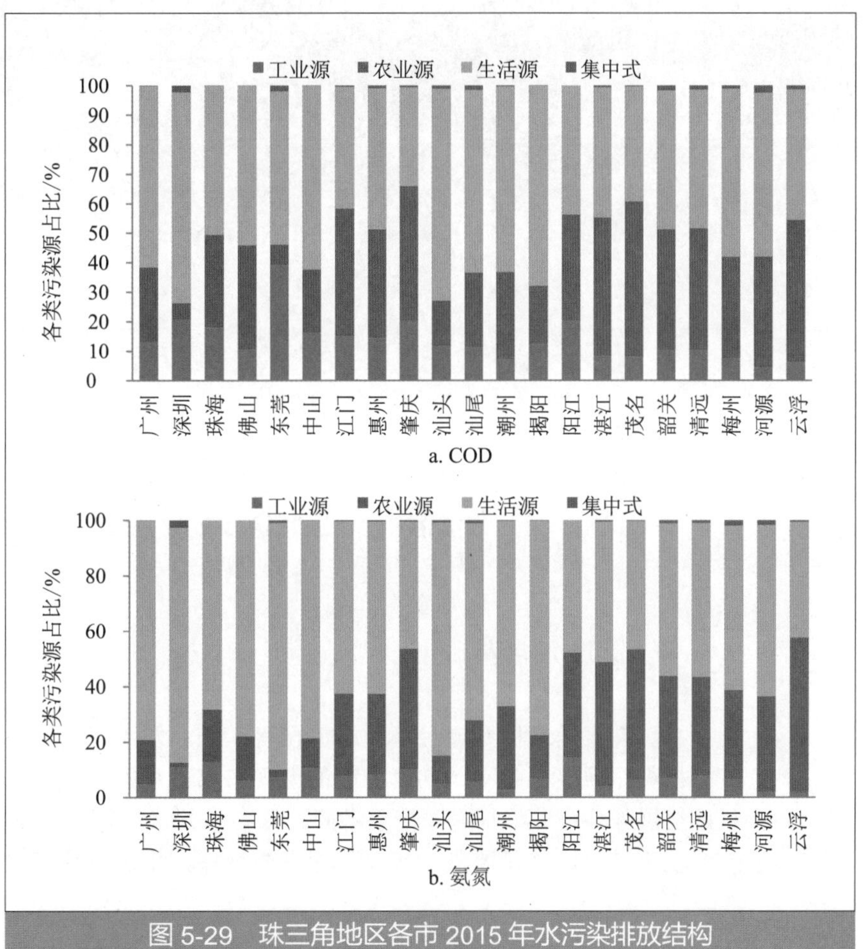

图 5-29　珠三角地区各市 2015 年水污染排放结构

污水配套管网建设滞后，粤东西北污水处理设施配套不足。中央第四环境保护督察组向广东省反馈督察情况的资料显示，珠三角地区“十二五”规划要求建成污水收集管网 1.4 万 km，但实际只完成 9 000 余 km，建成率不足 65%。广州市“十二五”计划建设 1 884 km 污水管网，实际建成 590 km，只完成目标任务的 31%。截至 2016 年年底，深圳市污水管网缺口达 4 600 多 km，全市污水收集率不足 50%。排放标准未实现精细化管理。水质超标流域的污水处理厂，出水水质即使按要求达到一级 A 标准及广东省地方标准《水污染物排放限值》（DB 44/26—2001）的较严值，但其出水仍然不能等同于地表水。目前珠三角地区城镇污水处理厂普遍采用活性污泥法等工艺，在进水浓度偏低的情况下，生化系统的活性污泥往往无法生长，污泥絮体细小难以沉淀，活性污泥量不断减少，从而导致整个污水处理系统难以正常运转。现在珠三角地区污水处理厂出水提标要求已非常严格，单一的核心技术很难解决问题，需要不同技术系统的集成。

3. 重大环保基础设施需进一步优化布局

珠三角地区生活垃圾清运量与常住人口数呈完全正相关关系，国土空间的开发强度也决定了焚烧占清运量比例与常住人口数呈完全正相关关系，但是对其空间布局的关注严重不足，未从区域环境安全、土地利用性质等方面做出保障，造成生活垃圾及污水处理处置设施空间布局统筹协调性严重不足，跨界污染严重。生活垃圾无害化处理设施选址与水源地（保护水体）、人口聚集区、生态敏感区等无足够防护距离；城镇污水处理设施布局在供水通道上等问题十分突出，需进一步优化布局。

第六章

区域发展战略与情景设计

第一节　区域发展战略概述

一、区域发展战略框架

总览珠三角地区社会经济发展的已有基础、发展状态和呈现趋势，当前区域总体的发展战略框架呈现核心带动、梯度推进的宏观布局。从区域发展的空间格局来看，珠三角地区中长期发展战略可以概括为“携手港澳、核心引领、辐射带动、共建丝路”（图 6-1）。

携手港澳，就是要进一步深化粤港澳合作，推进粤港澳大湾区建设，共建国际一流湾区和世界级城市群。强化珠三角地区作为全国改革开放先行区、经济发展重要引擎的作用，构建科技、产业创新中心和先进制造业、现代服务业基地；巩固和提升香港国际金融、航运、贸易三大中心地位，强化全球离岸人民币业务枢纽地位和国际资产管理中心功能，推动专业服务和创新及科技事业发展，建设亚太区国际法律及解决争议服务中心；推进澳门建设世界旅游休闲中心，打造中国与葡语国家商贸合作服务平台，建设以中华文化为主流、多元文化共存的交流合作基地，促进澳门经济适度多元可持续发展。努力将粤港澳大湾区建设成为更具活力的经济区、宜居宜业宜游的优质生

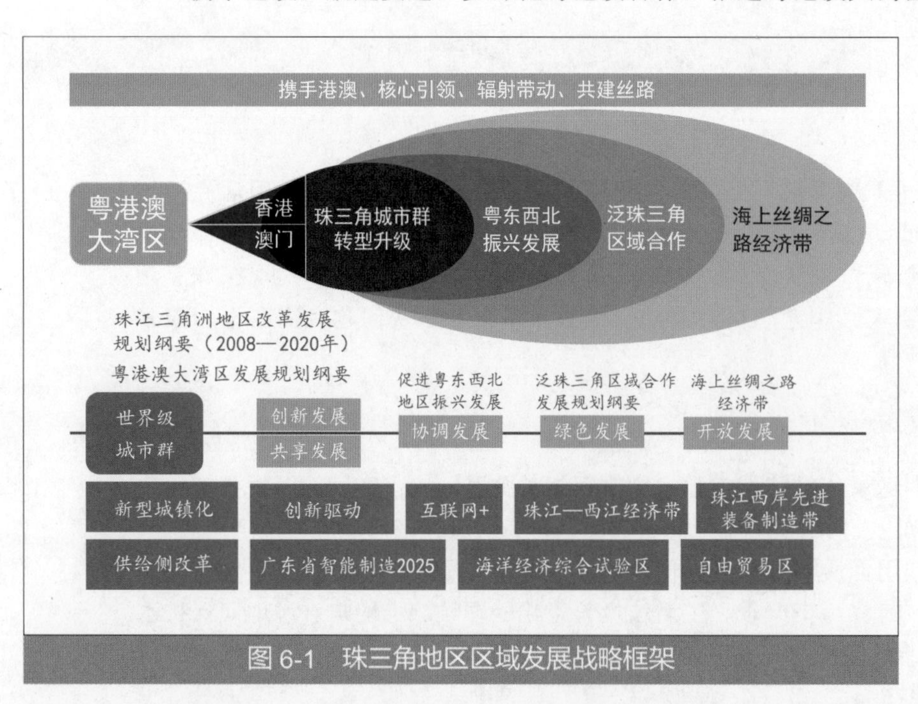

图 6-1　珠三角地区区域发展战略框架

活圈和内地与港澳深度合作的示范区，携手打造国际一流湾区和世界级城市群。

核心引领，是珠三角城市群核心区实现创新发展，推动共享发展的关键支撑。作为珠三角地区主体功能区中的优化发展区，后工业化时代的珠三角城市群需要尽快完成从先进制造业和现代服务业的双轮驱动发展模式到创新驱动、科技引领发展模式转变和角色转换。在国家城镇化体系的总体布局中，粤东海峡西岸经济区和粤西北部湾经济区等跨省级城市群，将进一步实现因势利导、优势互补的区域融合发展，打造华南地区的次中心经济带。

辐射带动，是珠三角地区中长期发展重心不断调整的实现过程，是珠三角城市群充分发挥先发优势，推动人口、资源、资本、技术等生产要素向粤东西北及周边欠发达地区梯度转移，振兴粤东西北，实现珠三角地区整体协调发展，共同实现小康社会建设目标的必然趋势。通过交通基础设施建设、产业园区建设和中心城区扩容提质三大会战，将粤东西北地区培育成区域经济发展新增长极。加强泛珠三角区域“9+2”合作，强化珠三角城市群核心引领功能，对于泛珠三角地区，尤其是珠江—西江上游的云贵地区加快实现共同富裕的重要战略。在区域合作进程中，流域开发过程中的生态环境保护是泛珠区域合作的重要内涵，也是区域绿色发展的核心保障和战略基点。

共建丝路，是指代珠三角地区作为我国深度参与和推动亚非广泛第三世界国家经济发展、积极引领和加速全球化进程、打造全球命运共同体的宏图伟略。珠三角地区作为我国改革开放的门户区和先发地区，携手港澳、加快建设广东自由贸易区、带动泛珠三角区域共同推进海上丝绸之路经济带的建设是新时期、新常态下的时代使命。

二、区域发展战略体系

根据珠三角地区区域发展的战略目标和总体布局，通过对不同层级、区域和领域的核心发展战略和规划的梳理、解读与重构，构建了珠三角地区的区域发展战略体系（图 6-2）。

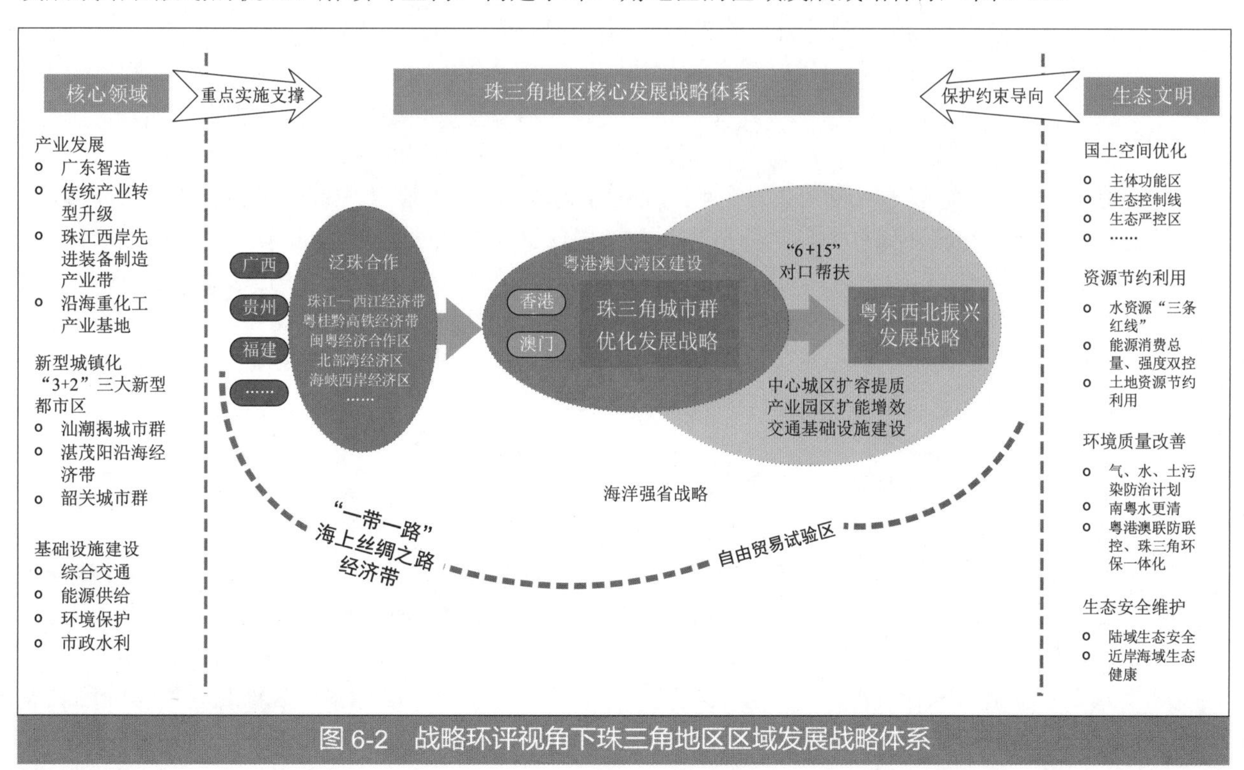

图 6-2　战略环评视角下珠三角地区区域发展战略体系

珠三角城市群作为珠三角地区的核心区，通过创新驱动推动区域社会经济发展模式转变，携手港澳推动粤港澳大湾区建设成为国际一流湾区和世界级城市群，不断实现优化发展提升区域核心竞争力是中长期发展的总体目标和战略布局的主线。珠三角城市群核心区的发展重心将从以深圳—广州为主轴的东岸逐步转向珠海—江门—佛山—肇庆为轴带的珠江西岸地区移动，随着珠江西岸先进装备制造产业带战略的不断实施和港珠澳大桥、深中通道等区域重要基础设施的建成通车，珠江西岸的发展步伐将进一步加快。

中心城区扩容提质、产业园区扩能增效、基础设施建设三大会战是推动粤东西北振兴发展的主要推手，也是珠三角地区通过内外联动发展、实现区域同步小康的主要策略。随着珠三角城市群和粤东西北产业协作的不断加强，珠三角地区产业分工合作体系将趋于明确与合理，生产要素将不断向区域主要产业发展平台转移，继而促进本地人口的城镇化进程、推动公共服务均等化水平的不断提升。以“3+2”三大新兴都市圈协同发展战略和“6+15”帮扶机制不断落实推动为契机，汕潮揭城市群、湛茂沿海经济带、韶关城市群将成长为粤东西北地区的重要增长极和核心发展组团。

除粤港澳大湾区建设的紧密合作外，粤桂、粤闽、粤黔是推进泛珠三角流域务实合作发展的主要合作伙伴关系。随着《珠江—西江经济带发展规划》的批复实施，珠三角地区和西江中上游地区的经济合作有了较为全面的实施指导依据。在区域重大基础设施体系建设不断完善的情况下，以高铁、航道为核心的粤桂黔高铁经济带、西江经济带对于带动我国西南地区快速发展也将发挥重大作用。

在我国开放发展、推动建设全球命运共同体的大局中，珠三角地区同样承担着龙头引领的核心作用。随着我国海上丝绸之路经济带建设的不断推进，珠三角地区将以广东自贸试验区为重要依托，发挥内地企业“走出去”重要窗口和综合服务平台作用，不断完善双边和多边合作机制，推进与东盟、南亚、非洲等海上丝绸之路沿线国家的务实经贸合作，把珠三角地区建设成为与沿线国家交流合作的战略枢纽、经贸合作中心和重要引擎。

生态文明建设是绿色发展理念的行动体现，是建成小康社会的必备组成和重要任务，是实现优化发展、和谐发展、永续发展的核心保障。对于珠三角地区，坚持走生态文明发展道路，就是把绿色发展理念融入政治、经济、社会、文化建设领域的各个方面和全过程，以建设美丽广东为引领、以建立健全生态文明制度体系为着力点、以国土空间开发格局优化为主战场、以提升全民低碳环保行为自觉为持续动力，强化资源节约集约与循环利用，加强生态环境保护和修复治理，积极主动应对气候变化，推动形成绿色发展方式和生活方式，建设天蓝、地绿、水净的美好家园。到“十三五”末期，珠三角地区应基本形成绿色低碳发展新格局，社会主义现代化可持续发展能力显著提升；到2035年，珠三角地区的生态环境质量进一步提升，生态文明建设水平与国际一流湾区的发展定位总体相符。

三、战略环评聚焦区域

通过对珠三角地区区域发展战略框架的建立和战略体系的梳理与解读，未来珠三角地区生态环境保护与社会经济发展的矛盾集中区域，即焦点地区应当聚集于“一湾、两带、一屏”的发展战略轴带（图6-3）。“一湾”是粤港澳大湾区，未来将以优化发展、减量提质为核心理念，致力于打造国际一流湾区和世界级城市群，在深化环境治理、加强生态修复、推动绿色发展方面引领全国；“两带”是未来工业化和城镇化进程速度最快的重点开发区域，以发展中保护、

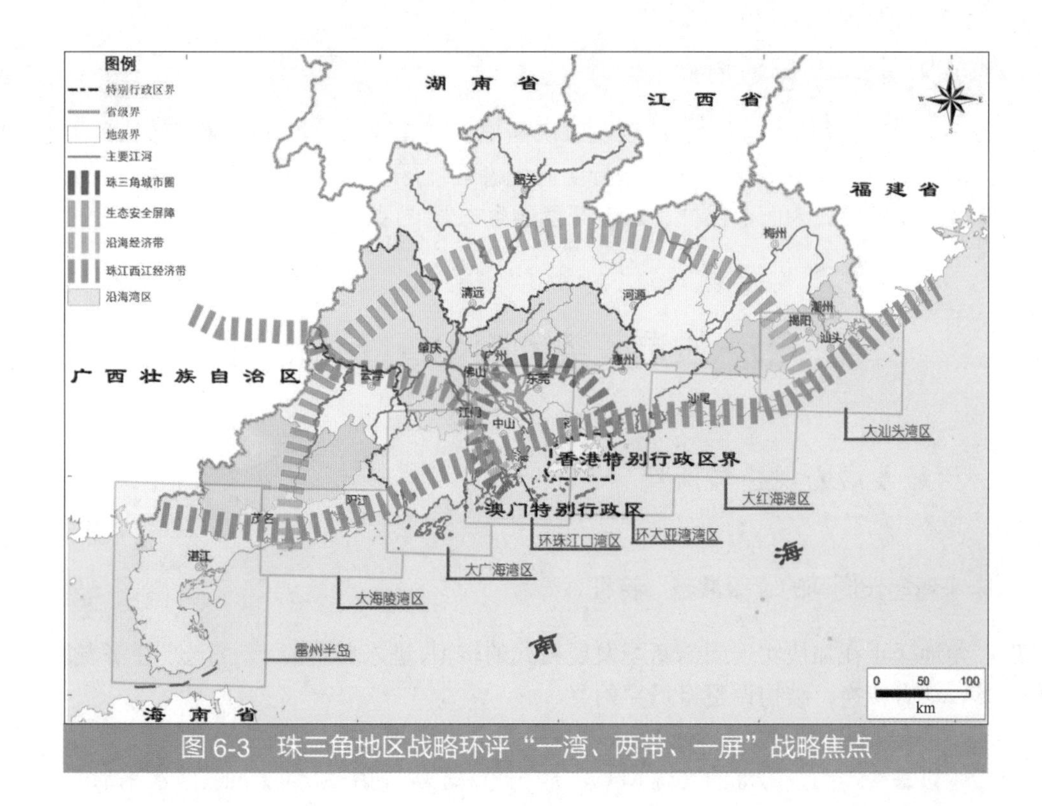

图 6-3　珠三角地区战略环评“一湾、两带、一屏”战略焦点

有序扩张为核心理念；“一屏”是该地区重要的生态屏障，也是生态发展的重点区域，以生态优先、保护中发展为核心理念。

1. 粤港澳大湾区

充分发挥粤港澳大湾区的区位、经济、政策、人才等综合优势，深化粤港澳合作，高水平参与国际合作，提升在国家经济发展和全方位开放格局中的引领作用，努力将粤港澳大湾区建设成为更具活力的世界一流经济区、宜居宜业宜游的优质生活圈和内地与港澳深度合作的核心区，携手打造国际一流湾区和世界级城市群。

2. 重点发展经济带

①沿江地区：珠江—西江经济带从珠江—广西段的百色、柳州、南宁、贵港等地市延续到珠江—广东段云浮、肇庆、佛山和广州；珠江西岸先进装备制造产业带从北江的韶关、清远延伸到珠江中游的广州、佛山再到下游的珠海、中山、江门，是珠三角地区乃至泛珠三角地区的重点开发流域，沿江地区将在生态优先、绿色发展的总体原则下加快实现流域上下游的协调发展，形成更加合理的产业分工协作体系，带动周边地区社会经济发展再上新台阶。

②沿海地区：东部沿海地区包括潮州、汕头、揭阳的粤东沿海经济带，以揭阳石化等重化工产业项目为引领，粤西沿海地区包括湛江、茂名和阳江地区，以湛江千万吨钢铁基地、东海岛中科炼化项目和茂名石化炼油改扩建工程项目为引领，依托区域优越的便利交通条件和相对低廉的产业发展成本，加快补齐珠三角地区重工业相对薄弱、工业经济发展后劲不足的比较“短板”，有序、合理承接珠三角城市群的产业转移，加快构建既有区域特色，又能对珠三角地区形成整体合力和重要贡献的产业经济体系。

3. 粤北及江河上游生态屏障区

韶关、清远、梅州、河源、云浮以及肇庆西部、阳江北部、惠州北部等珠三角生态屏障区和各江河中上游水源涵养区、水土保持区等生态功能区，发展战略指向为珠三角绿色生态屏障功能区，发展模式为面上保护、点上开发的生态发展区。

第二节　发展趋势预判和情景设计思路

一、区域发展宏观趋势预判

1. 未来新增长周期的“新常态”特征

珠三角地区正在加快实现向创新型发展模式的转型，进入典型的“新常态”经济发展阶段，制度改革、动力转换、结构调整将贯穿始终。

（1）经济增长减速换挡，但增速总体略高于全国平均水平

经历了过去35年近10%的高速增长，珠三角总体达到中高等收入地区水平后，不仅面临的国际环境发生了明显变化，而且原有的以投资和资本扩张为主导、低成本要素成本驱动的粗放型增长模式已难以为继。劳动年龄人口数量和资本积累率的下降使经济潜在增长率降低将成为必然趋势和“新常态”，而长期积累的低端产能过剩、财政金融风险加大和资源环境超载等若干因素叠加，都迫使经济难以再维持此前的高速增长。减速换挡将是珠三角地区经济发展内外因素综合作用下的必然结果。

（2）发展的增长动力将由要素驱动逐步向创新驱动转换

过去30多年，珠三角地区走的是高投入、高消耗、高污染、低产出的经济发展路径，今后继续依靠低端生产要素驱动的经济高速增长模式已难以为继。面对世界科技创新和产业革命的新一轮浪潮，企业主动转型和创新发展的意愿明显加强。珠三角地区将逐渐转入创新驱动型的“新常态”经济，真正实现增长速度的降档和发展质量的升级。

（3）以建设现代产业体系为目标将持续推动产业结构转型升级

如何加快转变发展方式、持续推动产业转型升级是“新常态”中一以贯之的重大命题。改造升级传统产业、抢占智能制造业及战略性新兴产业制高点、加快发展现代服务业等将是未来相当长一段时间内珠三角地区产业结构调整和经济增长方式转变的主要方向和重要内容。预计到2020年，先进制造业和现代服务业“两轮驱动”的现代产业体系将基本建成。

（4）珠三角城市群对粤东西北地区的辐射带动作用加强，加快构建和稳固区域协调发展的总体格局

由珠三角城市群带动粤东西北共同发展、缩小区域发展差距、实现区域总体协调发展是珠三角地区“新常态”的趋势。“十三五”时期乃至更长一段时间，粤东西北社会经济发展将进一步提速，增速要略高于珠三角城市群并逐步赶超全国平均水平，推动珠三角地区的社会经济格局由一极独大向多极良性互动发展，形成以珠三角城市群为中心、粤东西北协调发展的新格局。

（5）生态与环境成本成为经济发展的硬约束

在珠三角地区的“新常态”发展阶段中，生态环境将被纳入经济发展成本，成为社会经济发展的硬性约束条件，大气、水、土壤环境的治理与生态系统的功能恢复速度将明显加快，区域环境治理力度将明显加大，珠三角地区将形成社会经济发展与生态环境保护良性互动的绿色发展模式。

（6）社会经济福祉由非均衡型向包容共享型转换

随着乡村振兴战略和脱贫攻坚战的不断推进和深入，粤东西北地区新型城镇化和新农村建设的步伐将进一步加快，由城乡二元结构向一元结构转型，以工促农、以城带乡、工农互惠、城乡一体的新型工农城乡关系正在孕育形成，区域更加协调的社会发展和经济增长格局正发生重大而可喜的变化，社会经济福祉逐步走向包容共享型将是长期趋势。

2. 产业经济发展的新环境与新形势

未来特别是“十三五”时期，国内外经济社会发展的环境将发生根本性变化，产业发展也呈现出明显有别于之前的趋势特征，表现为我国发展进入新常态，更强调中国特色与自主发展，新的消费需求和消费趋势不断发生变化，新技术、新产业与新业态不断涌现，“一带一路”倡议的实施更极大拓展了产业国际空间，这些发展趋势均有利于推动珠三角地区产业发展的动力从主要依靠低端要素驱动向全面的创新驱动转变。

（1）正在爆发的新一轮互联网革命催生出“互联网＋”新业态，成为撬动广东产业转型升级的新引擎

当前，全球新一轮互联网革命进入爆发期，互联网已远远超出单一的技术工具范畴，演进到重构产业生态和价值创造阶段，“互联网＋”成为创新驱动及产业转型的新兴力量。珠三角地区是互联网应用及信息产业大省，新一轮互联网革命为珠三角地区抢占全球科技与产业战略制高点、实现产业转型升级带来难得的历史性机遇，以“互联网＋”推动珠三角地区产业转型升级正当其时。

（2）消费结构随收入的增长递进式升级，产生新的消费需求和消费趋势，高收入弹性产业将成为新的经济增长点

新的消费观念与消费升级趋势“倒逼”珠三角地区产业转型升级，2013 年珠三角地区人均 GDP 按平均汇率折算为 9 453 美元，进入中上等收入向高收入阶段转换的关键时期，加快产业转型升级的需求更为迫切。珠三角地区应把握高收入阶段消费需求结构变化的新特征，结合高收入阶段的产业发展趋势，率先制订支持发展以“高收入弹性”为特征的新兴产业的政策措施，带动全省产业水平的整体提升，争创产业发展的新优势。

（3）“一带一路”丝路沿线国家战略的推进，为珠三角地区拓展产业空间、建设开放型经济体系提供更大平台

“一带一路”倡议将是我国未来 10 年的重大政策红利，初期大规模基础设施建设，紧接着资源能源开发利用，随后全方位贸易服务往来，为珠三角地区制造业带来多产业链、多行业的海外投资机会。珠三角地区作为海上丝绸之路的起点区和外向型经济大省，要主动放弃粗放式、外延式、数量型发展模式，致力于精准式、内涵式、质量型发展模式，把握我国发展大势，通过积极对接“一带一路”倡议，力争成为 21 世纪海上丝绸之路建设的领头羊，加快产业资本输出，攀登世界技术新高地，占据全球产业链上游，从而把珠三角地区的开放型经济体系建设提升到一个新台阶。

3. 绿色发展成为区域发展的新特征

（1）绿色发展列入五大发展理念，生态文明建设地位得到大幅加强

党的十八大把生态文明建设纳入“五位一体”总体布局，融入经济建设、政治建设、文化建设、社会建设各个方面和全过程，确立了建设美丽中国的宏伟目标。党的十八届五中全会又将绿色发展作为五大发展理念之一，以GDP论英雄的发展模式正在改变，资源消耗、环境质量、生态效益等指标被列为绩效考核重要内容，“绿水青山就是金山银山”的绿色发展理念正在全社会牢固树立。

（2）生态文明体制改革创新加快推进，制度红利全面释放

随着生态文明体制改革“1+6”方案的顶层设计落地，生态文明建设领域改革创新全面提速，为生态环境保护工作释放重大制度红利。新修订的《中华人民共和国环境保护法》全面实施，赋予生态环境主管部门按日计罚、查封扣押、停产整治等强有力的处罚手段，为环境执法提供了有力武器，有望从根本上解决“环境违法成本低、守法成本高”等突出问题。

（3）经济发展进入新常态，环境压力有望高位舒缓

随着创新驱动带动经济高质量增长，全要素生产率贡献大幅提高，将推动污染物排放总量和强度持续下降，环境压力有望高位舒缓。“十三五”期间珠三角地区能源消费总量增加0.3亿～0.4亿t标准煤，比“十一五”期间0.94亿t标准煤的增量和“十二五”期间的0.58亿t标准煤有所收窄，其中煤炭消耗总量进入负增长阶段，化学需氧量、氨氮、二氧化硫、氮氧化物等主要污染物新增排放量预计将明显回落。

（4）生态文明建设成为全社会高度共识，环境综合治理合力显著增强

当前，社会各界“推进生态文明建设、加快改善环境质量”的思想认识高度统一，政府环保投入力度、企业环境守法意识、公众和社会组织参与和监督环境保护的积极性迅速提高，全社会正在形成拧成“一股绳”的生态环境保护合力，这种“社会共治”模式为加快解决综合型、复杂型环境问题创造了有利条件。

二、战略情景的总体设计思路

1. 总体原则

（1）尊重历史、研判趋势

现状是预测未来的基点，区域的历史发展轨迹是研判未来发展趋势的重要基础和出发点。基于对区域社会经济发展和生态环境保护历程的梳理，综合市场经济规律和宏观环境管理政策需求，才能合理研判区域工业化、城镇化、绿色化发展的总体趋势。

（2）战略导向、展望未来

政府在区域发展战略中展示在社会经济发展和生态文明建设导向上的战略布局，是判断区域未来发展的重要依据。因此，对于区域战略体系的解读和重构，能够明确政府主导下的区域生态文明建设体系未来重点建设方向和内容，尤其是在行政能力干预较强的公共管理领域。

（3）主线明确、目标收敛

实际区域可能的发展情景肯定千差万别、包罗万象，但就战略环境评价工作而言，需要结合产业经济发展总体趋势和供给侧改革政策引导方向、环境管理刚性目标和具体举措需求

梳理区域社会经济发展生态文明建设的战略主线，分清直接相关、间接相关和弱相关的不同领域，明确相关需求，制订有限目标。

（4）底线思维、约束导向

情景设计通常会考虑基本、乐观、悲观等多种情况，但就战略环评的工作目标而言，区域生态环境质量是不可动摇的底线，情景设计必须在不打破底线约束的基础之上，倒推区域社会经济发展对应的最可能情景和生态环境治理策略。

2. 技术路线

基于珠三角地区 2000—2015 年可持续发展的历史轨迹，以社会经济系统发展基本规律为指引，以中长期发展目标预期和世界级城市群发展规律为参考，综合考虑资源环境实际条件约束和顶层规划发展愿景，预测区域未来 20 年的发展路径和情景（图 6-4）。

设置单情景方案：以地区“十三五”和中长期发展愿景为重点依据，以经济社会发展趋势外推和地方发展目标为导向，综合考虑区域节能减排和大气、水、土壤“三大污染防治攻

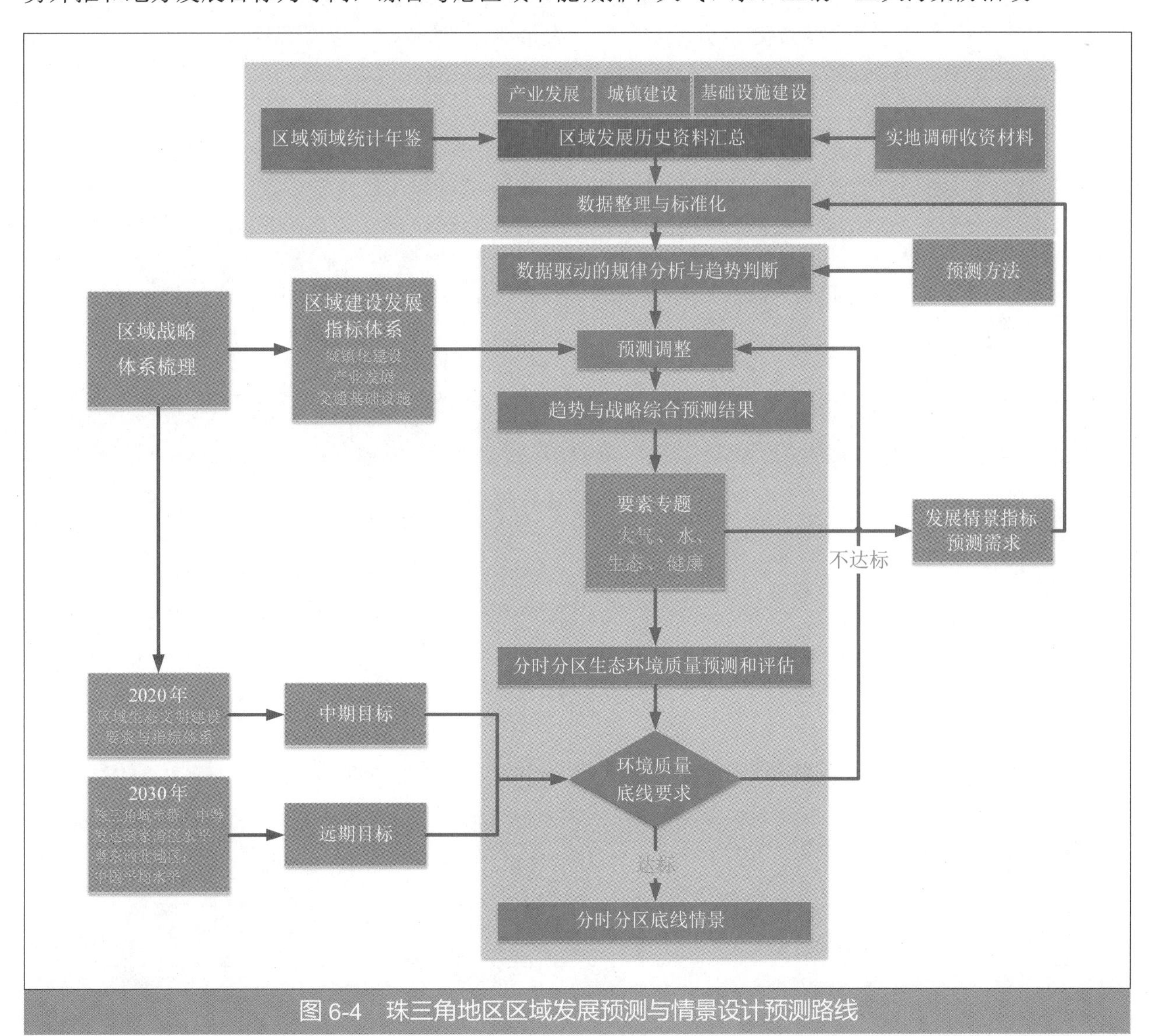

图 6-4　珠三角地区区域发展预测与情景设计预测路线

坚战役”、生态建设与环境风险防范等既有措施；强化管控情景则是基于区域环境保护战略目标，以生态保护红线、自然资源利用上限、环境质量底线与产业准入负面清单为约束，加强区域人口、城镇化、经济与重点产业管控，推动全方位、全地域、全过程的生态文明建设。

第三节　人口与城镇化发展情景设计

一、人口持续向特大城市集聚，东西两翼吸纳能力增强

2016 年 1 月 30 日，广东省第十二届人民代表大会第四次会议审议批准了《广东省国民经济和社会发展第十三个五年规划纲要》(以下简称《广东省“十三五”规划纲要》) 明确提出，以资源环境承载力为基础，结合城市规模，优化人口布局。《广东省“十三五”规划纲要》专章论述“推进新型城镇化 提升城乡一体化发展水平”，要求“以资源环境承载力为基础，结合城市规模，优化人口布局，总体上控制和疏解珠三角地区人口压力，引导人口向重点开发区域有序转移”。

预计“十三五”期间，人口向珠三角城市群集聚的趋势将依然存在，广州、深圳两个核心城市的人口仍将呈现一定程度的增长；随着珠江—西江经济带发展、粤东西北振兴发展等区域重大战略深入实施，粤东西北地区发展面临新机遇，人口集聚和回流趋势，特别是向粤西城市群、汕潮揭城市群和韶关都市圈等区域社会经济中心聚集将有所增强。预测到 2020 年、2030 年、2035 年，珠三角地区总人口预计将达到 11 280 万人、12 214 万人、12 500 万人（表 6-1）。

表 6-1　珠三角地区常住人口规模预测　　单位：万人

地区	2015 年	2020 年	2030 年	2035 年
广州	1 350.11	1 434	1 618	1 750
深圳	1 137.87	1 248	1 502	1 650
珠海	163.41	171	187	200
佛山	743.06	767	817	825
东莞	825.41	828	834	840
中山	320.96	330	349	360
惠州	475.55	492	525	550
江门	451.95	459	473	500
肇庆	405.96	420	450	460
汕头	555.21	571	605	620
潮州	264.05	261	255	260
揭阳	605.89	624	662	680
汕尾	302.16	311	328	335
湛江	724.14	749	800	850
茂名	608.08	635	691	720
阳江	251.12	260	279	290

地区	2015 年	2020 年	2030 年	2035 年
韶关	293.15	304	326	330
清远	383.45	397	425	430
云浮	246.05	256	278	280
梅州	434.08	444	464	470
河源	307.35	319	345	355
珠三角城市群	5 874.28	6 149	6 755	6 900
粤东地区	1 727.31	1 767	1 850	1 900
粤西地区	1 583.34	1 644	1 770	1 800
粤北地区	1 664.08	1 720	1 838	1 900
全省	10 849.01	11 280	12 214	12 500

二、人口城镇化进程总体趋缓，沿海地区城镇化加速发展

目前，珠三角地区城镇化总体进入中后期发展阶段，而珠三角城市群的城镇化率高达84%，率先进入城镇化发展的后期成熟阶段，粤东西北地区目前尚处于城镇化发展的中前期阶段（表 6-2）。

表 6-2　珠三角地区常住人口城镇化率预测　单位：%

地区	2015 年	2020 年	2030 年	2035 年
广州	85.53	87.3	91.0	92.0
深圳	100.00	100.0	100.0	100.0
珠海	88.07	88.5	88.9	90.0
佛山	94.94	95.8	96.7	98.0
东莞	88.82	89.2	89.5	91.0
中山	88.12	88.4	88.7	91.0
惠州	68.15	75.1	82.8	85.0
江门	64.84	67.5	70.2	73.0
肇庆	45.16	48.1	51.3	53.0
汕头	70.22	72.0	73.9	75.0
潮州	63.80	64.9	66.0	68.0
揭阳	50.89	54.7	58.9	63.0
汕尾	55.03	55.9	56.8	58.0
湛江	40.74	45.2	53.3	58.0
茂名	40.02	45.7	52.1	57.0
阳江	49.91	53.2	56.7	59.0
韶关	54.29	56.1	58.0	62.0
清远	49.07	50.6	52.3	55.0
云浮	40.23	43.8	47.7	50.0
梅州	47.79	53.1	59.0	62.0
河源	42.15	44.4	46.7	49.0

地区	2015年	2020年	2030年	2035年
珠三角城市群	84.41	86.1	89.7	91.0
粤东地区	59.80	62.0	66.6	68.0
粤西地区	41.92	46.6	57.7	58.5
粤北地区	47.07	50.0	56.5	58.0
珠三角地区	68.71	71.1	73.9	75.0

《广东省“十三五”规划纲要》提出，构建以珠三角城市群为引领，以汕潮揭城市群、粤西城镇群和粤北城镇集中区为重点，以广州、深圳、珠海、汕头、湛江等国家级和区域性中心城市为区域和亚区域核心，以沿海发展带和深（珠）穗—穗清韶城市功能拓展带为主轴的多中心网络化城镇空间格局。

随着珠三角城市群特别是环珠江口城市圈的6个城市步入城镇化后期成熟阶段，其人口城镇化速度预计将进一步放缓，而珠三角外围的惠州、肇庆、江门以及粤东、粤西沿海地区随着工业化和城镇化的进一步推进，产业发展对城镇化的带动能力将进一步增强。

第四节　经济与重点产业发展情景设计

一、经济总量持续增长增速逐渐放缓，服务业渐成经济增长主力

1. 城市群GDP增长放缓，远期预计突破20万亿元

2015年珠三角地区GDP总量达到7.28万亿元，《广东省“十三五”规划纲要》中提出，2020年要达到11万亿元的规模，名义增长率为8.5%，实际增长率为7%左右。结合各地市“十三五”规划纲要中提出的发展预期，以及各个地市的发展潜能，以每五年为一个增长速率相对固定周期判断未来经济增长趋势。

珠三角城市群和粤东西北在2020年地区生产总值将分别达到9.0万亿元、0.8万亿元、1.0万亿元和0.8万亿元的规模，珠三角地区有望达到11万亿元的经济总量。到2035年，珠三角城市群和粤东、粤西、粤北地区的经济总量将分别有望达到18万亿元、1.8万亿元、2.4万亿元和1.8万亿元，珠三角地区的GDP将达到24万亿元；其中，粤西地区的经济增长相对较快，粤东次之。

从四大区域的GDP占比贡献来看，珠三角城市群在未来20年贡献比重仍然维持在3/4强的绝对高水平，但比例略有下降；粤西地区贡献次之，2035年的贡献比重接近10%，相比于2020年的8.5%贡献比重预计略有提高；粤东和粤北地区的发展水平与全国平均水平的差距有望逐步较小。

2. 服务业渐成增长主力，工业增长幅度相对放缓

《广东省“十三五”规划纲要》中提出，珠三角地区2020年的三次产业结构的发展目标为4 ∶ 40 ∶ 56，2035年的远期目标则参考日本名义GDP的三次产业结构比例变化规律

和 1990 年的水平（2.4 ∶ 37.2 ∶ 60.4），拟定珠三角地区三次产业结构比值的远景发展目标为 2 ∶ 30 ∶ 68，工业经济占比将明显下降，服务业占据区域经济结构的绝对地位。

2014 年，珠三角地区第三产业对于 GDP 的贡献比例就已超越第二产业，并且服务业比重在今后也将会持续增加，2020 年和 2035 年产值规模预计将分别达到 6 万亿元和 15 万亿元。第二产业对于 GDP 的贡献比重在 2008 年之后就出现持续小幅下滑，2020 年和 2035 年的增加值预计分别达到 4.4 万亿元和 8.0 万亿元的规模。受到土地资源规模约束，第一产业增加值的增长幅度除海洋渔业外其余产业门类增长空间较为有限，预计在 2025 年左右达到峰值 0.5 万亿元，随后基本保持稳定的小幅增长。

3. 广深双城引领珠三角，惠江二市成增长新热点

珠三角地区各地市发展阶段差异较大，服务业的增量主要来自城市群核心六市，其中佛山和东莞的发展定位是制造业强市，广州、深圳则是拉动珠三角地区服务业增长的绝对主力。深圳的 GDP 总量有望在“十三五”超过广州。惠州受深圳创新发展的强势带动，预判将从珠三角城市群的第三梯队中脱颖而出，逐步追赶第二梯队的东莞和佛山。同时，随着轨道交通装备、航空设备、海洋装备、新能源装备等高端装备制造产业平台的建成投产，预计珠江西岸的珠海和江门市在未来会呈现出较为持续的中高速增长。中山市受传统产业转型缓慢和土地资源紧张等因素的综合影响，经济增长预期在核心区六市中相对缓慢。肇庆的大部分地区属于西江上游和生态发展区，重点开发区域主要集中在靠近佛山和广州的县区，受发展空间和产业结构类型的限制，经济增长预期相对惠州和江门略微缓慢。

4. 重工业助力湛茂腾飞，揭阳渐成粤东工业中心

长期来看，工业经济仍然将会是粤东西北广大重点开发区经济发展的主要动力，但受限于发展基础较为薄弱，工业经济增长对于整个珠三角地区的 GDP 增长贡献比重略有下降。其中，粤东和粤西地区的经济增长极主要在湛江、茂名、揭阳等地区。大钢铁、大石化基地将对湛江和揭阳地区的经济发展产生长期持续的影响，相关下游产业有望快速壮大，对珠三角城市群核心产业配套和支撑能力将显著增强，珠三角地区内外联动发展能力和潜力将得到进一步强化和释放，预计 2020 年湛江和揭阳的 GDP 将分别超过 4 000 亿元和 3 000 亿元，较 2015 年分别增长 80% 和 60% 以上，2035 年前仍将带动区域保持中高速增长。

5. 粤北生态发展较慢，广清一体清远脱颖而出

粤北地区绝大部分都属于生态发展区，能够用于大规模工业开发和城镇建设的土地资源相对集中且较为有限。得益于毗邻广州的地缘优势，清远将加快融入广佛肇经济圈；同时，受广佛地区产业转移的强势推动，清远 GDP 将有望呈现较为快速的增长，预计 2020 年将达到 2 000 亿元，五年累计增幅超过 60%，领先第二名韶关的差距将不断扩大。得益于珠江—西江经济带的开发，交通基础设施的大量建设将极大改善云浮及其周边地区的区位优势，预计未来也将保持较为快速的增长，2020 年 GDP 总量将迈过 1 000 亿元大关。

河源是粤北地区未来发展较快的地市之一，尽管河源承担了大量水源保护和生态建设的重任，但受到深圳、东莞产业转移的帮扶促进，经济增长预期长期看好，2025 年后将有望超过梅州，达到粤北五市的中游水平。韶关和梅州处于广州三小时经济圈内，受广州的经济辐射带动作用相对较弱，受高铁经济的带动发展，韶关未来 20 年仍有望保持粤北第二的位置，

而梅州地区发展则预计相对缓慢。

二、主要农业产品产量保持基本稳定，化肥和农药施用量趋近顶峰

1. 耕地资源限制农业产出，粤西、粤北贡献逐年增加

耕地资源的总量有限且日益受到城镇化和工业化扩张的侵占，受限于此，珠三角地区的农业增加值预计增速较慢，在5%以下。其中，耕地资源较为丰富的粤西湛江、茂名和粤北清远、韶关、河源等地区将成为珠三角农业发展的主要阵地。到2035年，农业增加值排名前六的地市产出贡献将超过珠三角地区总值的50%。

珠三角地区四大区域农业发展将呈现明显的差异化特征：受限于较高的开发强度和农产品主产区面积的不足，预计在2020年之后珠三角城市群增加值将会逐渐被粤西地区赶超，届时两个区域的农业增加值都将接近1 500亿元大关；得益于较为丰富的耕地资源，粤北未来农业发展相对也较快，2035年的增加值有望接近2 000亿元。随着对沿海地区海洋渔业资源开发强度不断提升、品质不断提升，渔业发展对于农业产出的贡献比重将持续提升，得益于此，粤东地区耕地资源虽较为紧张，但农业增加值也将能够保持一定的增速。

2. 粮食产量基本保持稳定，湛茂梅肇等地为主产区

水稻、薯类、玉米和大豆等是珠三角地区主要粮食作物类型，历史数据显示，近10年来本地粮食产量基本已经达到峰值并呈现小幅波动。预计在未来20年，随着农业生产技术的不断提升，粮食产量有望实现小幅增长。

粮食生产的空间格局方面，粤北地区仍将是粮食作物主产区，其次是粤西地区，珠三角城市群位居第三，粤东最末。粮食产量预期方面，粤北地区有望再度达到450万t的历史峰值，粤西地区和珠三角城市群将稳定在350万t的产量水平，粤东地区粮食产量将达到200万t以上。

3. 化肥和农药总量将近峰值，粤东西北长期稳中有降

根据历史数据判断，珠三角地区的农药施用量和化肥施用量总体已趋近峰值。其中，粤西地区化肥施用量最高，2020年左右达到峰值后有望缓慢下降，2035年预计在90万t的规模；珠三角城市群和粤北地区相当，2035年预计在60万t的规模；粤东地区最低，2035年预计有望控制在30万t以内。

农药施用量情况和化肥较为类似，粤西地区施用量最高，预计2025年左右到达3.5万t峰值；粤北地区紧随其后，2020年左右达到峰值3.2万t；珠三角城市群2014年出现历史峰值3.1万t，随后逐年下降，今后有望进一步降低到2.5万t以下的规模；粤东地区于2011年出现历史峰值2.2万t，到2035年有望降至1.5万t左右水平。

4. 沿海水产产量稳步走高，近期总量有望破千万吨

农业生产领域中，包括咸水和淡水的水产养殖业发展潜力明显高于传统种植型农业。预计随着海域水产养殖技术的不断发展，养殖面积的不断扩大，养殖效率和亩产将不断提高，水产品产量将保持持续稳定的增长。2020年和2035年水产品总产量有望分别突破1 000万t

和 1 300 万 t。

5. 猪出栏量总量保持稳定，外围地区将会持续增长

禽畜饲养是面源污染的主要来源之一。相关历史数据演变规律显示，珠三角地区肉猪出栏量基本保持在 3 700 万头的规模。茂名、肇庆、湛江、江门、梅州、清远、阳江等地市均为珠三角地区百万头以上的养猪大户，其中茂名市饲养量接近 600 万头。

四大区域的肉猪养殖情况将呈现出截然不同的演变规律和趋势：在 2012 年珠三角城市群 7 市（外围包括惠州）等地区密集出台了禁养区政策，珠三角城市群肉猪饲养量逐年下降，2015 年的养殖规模虽仍位居第一，但相比 1 400 多万头的历史峰值已明显回落，不到 1 300 万头。预期 2020 年和 2035 年，珠三角城市群地区肉猪出栏量将分别为 1 200 万头和 900 万头的规模；粤东西北地区肉猪出栏量保持一定程度的增长，其中：粤西地区出栏量最高，预计 2020 年和 2035 年将分别达到 1 160 万头和 1 280 万头的规模；粤北山区出栏量也呈现小幅攀升，预计 2025 年将超越珠三角城市群，达到 1 000 万头的出栏规模；粤东地区的出栏量在 2020 年将超过 400 万头。

三、重点行业发展预测与趋势判断

1. 能源基础原材料产业

①石化工业：随着惠州、湛江、揭阳等新兴石化基地的快速崛起以及广州传统石化产能控制或压减，未来珠三角地区将形成惠州、茂名、揭阳、湛江四大石化基地，2020 年和 2035 年石化工业总产值有望分别超过 6 000 亿元和 12 000 亿元。

②化工行业：珠三角地区化工行业的发展重心一方面集聚于珠三角核心区，为下游电子信息、机械装备、汽车制造、食品饮料等行业提供各类功能材料产品和功能化学品；另一方面以石化的核心炼化能力延伸发展下游精细化工产业。预计未来珠三角地区将形成以广州、佛山、惠州、茂名的化工产业为中心和以湛江、珠海等地区为次中心的产业格局。2020 年、2035 年化工行业产值预计有望达到 9 000 亿元和 18 000 亿元。

③建材工业："十三五"期间，肇庆和清远地区的建材工业产值将会快速增长，逐渐逼近佛山市，预期到 2020 年，两市产值都将分别接近佛山市产值的 60%，但随着城镇化进程的速度放缓和规模趋于顶峰，产能仍将持续一定时期的扩张，预计在 2025 年达到峰值，预计到 2035 年两市的产值都和佛山相当，届时珠三角地区的建材工业产值有望持续增长，以出口外向型和科技创新型的产业发展模式为主。

④钢铁工业：珠三角地区钢铁工业基础总体较为薄弱，钢铁总产能相比河北、江苏等产钢大省明显不足，且对下游装备制造等战略性新兴产业和先进制造业的长足发展形成一定的制约。随着珠三角地区重化工产能"补课"的战略导向，未来除新增湛江钢铁基地外，在全国供给侧改革去产能的总体形势下，珠三角地区钢铁总体产能仍能有所增长，但 2020 年和 2035 年粗钢产能将控制在 5 000 万 t 以内。未来钢铁工业将以湛江为核心，以广州、韶关等地区为中心进行选择性发展。预计 2020 年和 2035 年产值将分别达到 4 500 亿元和 7 000 亿元。

⑤有色金属工业：珠三角地区有色金属工业以铝、铜等为主，未来将服务于车辆制造、专用设备、电器机械等重点装备制造领域，将形成广州、佛山、清远、江门、肇庆等珠江一

西江经济带和珠江西岸先进装备制造产业带等重点区域。预计2020年和2035年产值将有望分别达到5 000亿元和8 000亿元规模。

⑥电力工业：随着珠三角城市群区域火电装机容量趋于顶峰、高效燃煤机组比重不断增高，核电、风电等为代表的新能源形式逐步崛起，未来电力工业增长空间将聚集在江门、阳江、汕尾等能源基地和粤东西北地区中心城市。预计2020年和2035年珠三角地区电力装机容量将达到1.3亿kW和1.6亿kW，电力自给能力将进一步增强。

2. 电子信息产业

电子信息行业作为珠三角地区的支柱产业，预计未来该行业仍将保持较为快速的增长。其中，预计到2020年，深圳该行业产值将接近2万亿元，深莞惠城市群产值将达到3.5万亿元，珠三角地区产值将达到4.5万亿元；到2035年，深莞惠行业产值预计将达到6万亿元，珠三角地区产值预计将接近9万亿元。从空间分布来看，靠近深莞惠城市群的河源、潮汕该行业产值也将会因为深莞惠产业辐射带动效应，呈现较为明显的增长。

3. 食品工业

①农副食品加工业：随着整体城镇化发展水平不断提高，粤东西北地区振兴发展将推动区域生活消费水平不断提高，农副食品加工业将保持较长时间的持续增长。珠三角地区2020年和2035年该行业总产值将分别达到5 000亿元和9 000亿元规模。

②食品制造业：随着区域城镇化水平的不断提高和人民对美好生活向往需求的饮食文化不断升级，食品消耗总量将会持续增长、品质将不断提升，该行业仍将取得持续增长。广州作为珠三角地区饮食文化的核心城市，食品制造业不仅是当地的特色行业，而且其规模和水平在全省一枝独秀。预计至2020年广州和佛山仍然分居第一和第二，揭阳将取代中山成为第三，并且这种格局将维持到2035年。

③酒、饮料和精制茶制造业：历史数据显示，东莞市酒、饮料和精制茶制造业增长已经越过巅峰期，预计今后该行业可能成为局部的衰退性行业，产值预期将维持稳定，但占全省份额比重将不断下降。预计到2020年，排名前三的地区将为广州、佛山和深圳。其中，佛山发展速度较快，行业产值不断逼近广州，预计到2035年，佛山有望超过广州。总体而言，广州和佛山酒、饮料和精制茶制造业发展水平要远远领先于珠三角其他地区。

4. 纺织工业

①纺织业：在珠三角地区所有地市中，深圳、东莞、中山、珠海的纺织业都明显越过峰值，并且近年来产值不断萎缩，已经成为明显的衰退性行业，而产值增长最快的地区主要是汕头和揭阳。预期到2020年，揭阳和汕头将会取代广州、佛山成为珠三角地区新的纺织业中心，产值将分别超过1 000亿元和800亿元，佛山、广州紧随其后。2035年汕尾纺织业可能会有明显的发展，上升至区域的第三名。

②纺织服装、服饰业：按照目前各地市的产业发展势头，预计到2020年，揭阳、汕头、广州、东莞、佛山的纺织服装、服饰业仍将领跑全省，到2035年，揭阳和汕头的纺织服装、服饰业仍将会明显高于其他地市，这也和其纺织业的高速增长预期保持一致。

③皮革、毛皮、羽毛及其制品和制鞋业：珠三角地区皮革、毛皮、羽毛及其制品和制鞋业相对集中在东莞。预计珠三角地区2020年和2030年的产值将分别达到2 000亿元和3 000亿元。

5. 造纸工业

从行业发展历程看，东莞、佛山、深圳、广州、中山、珠海这 6 个珠三角城市群核心城市的造纸产能都已越过或即将越过产值顶峰，在未来 20 年，受到环境管制等因素影响，造纸行业必然也将会成为衰退性行业，逐渐从珠三角核心区域转移出去。预计到 2020 年，珠三角地区造纸行业产值排名前五的地区分别为东莞、湛江、佛山、揭阳和江门，而到 2030 年，排名前五的地区将发生变化，揭阳、江门、湛江、东莞、汕头将位居前列。未来总体来看，珠三角地区造纸行业都将呈现较为明显的衰退。

6. 医药制造产业

行业空间分布的现状格局显示，珠三角地区医药制造业主要集中于广州、深圳、揭阳、中山、珠海等地市。随着生物医药等战略新兴领域快速崛起，预计到 2020 年，广州、深圳、中山、珠海等科研实力较强地市的医药制造产业将进一步壮大，产值分别达到 450 亿元、360 亿元、400 亿元和 250 亿元的规模，珠三角地区医药制造产业达到 2 800 亿元产值；中远期医药制造产业仍将保持中高速增长，预计 2035 年产值将达到 8 000 亿元规模，其中广州、深圳、中山、珠海产值合计规模占比接近全省的 50%。

7. 装备制造业

装备制造业是珠三角地区的核心优势产业，也是未来进一步重点发展的支柱产业。除电子信息产业外（已在上文预测），电气机械和器材制造业、汽车制造业、通用设备制造业和专用设备制造业是区域装备制造业的重点领域。预计到 2020 年，佛山、广州和深圳仍将保持区域装备制造业的核心地位，行业产值（不包括信息制造业）将分别达到 11 000 亿元、10 000 亿元和 8000 亿元规模，其中佛山的电气机械和器材制造业将达到 6 600 亿元，广州汽车制造业产值贡献超过 55%，深圳的电气机械和器材制造业产值占比将接近 40%；东莞、中山和珠海处于第二梯队，2020 年产值分别达到 3 500 亿元、3 200 亿元和 2 500 亿元，惠州、江门、肇庆紧随其后。到 2035 年，珠三角地区的装备制造业产值（不包括信息制造业）将有望在 2020 年 5 万亿元的规模基础之上再翻一番，接近 10 万亿元大关，届时佛山、广州、深圳仍将是区域的装备制造业中心，而东莞、中山、珠海将成为区域第二梯队，但和第一梯队差距或将进一步拉大。

第七章

区域中长期环境影响预测与风险评价

第一节　空气质量将持续改善，复合型污染仍是主要矛盾

一、区域快速发展和重工业沿海沿江布局，局部地区污染防控压力增大

1. 粤港澳加速区域融合，珠三角城市群移动源影响将日益突出

2010—2015 年珠三角地区机动车保有量快速增加，珠三角城市群民用汽车保有量增速达到 18%，粤东西北地区也分别达到 20%、26%、28%。2015 年珠三角城市群汽车保有量占珠三角地区总保有量比重超过 80%，深圳、广州、东莞保有量已超千万，且随着区域经济发展和居民生活水平的提高，珠三角城市群仍将是珠三角地区民用机动车保有的主要区域，珠三角城市群的机动车污染影响将更加突出。随着粤港澳大湾区战略实施，港珠澳大桥主体桥梁贯通，珠三角城市群的海港、空港、城际轨道建设也在不断提速，各种运输方式全面融合，泛珠三角区域经济一体化不断升级。珠三角水域港口船舶和机动车保有量及活动水平将大幅提高（图 7-1 和图 7-2），移动源污染影响日益突出，根据预测，基线情景下，珠三角城市群 2020 年移动源 NO_x 和 VOCs 排放量高达 52.9 万 t 和 20.4 万 t，2035 年排放量增至 82.1 万 t 和 29.8 万 t，移动源将成为 NO_x 排放第一大源，成为 VOCs 排放第二大源。

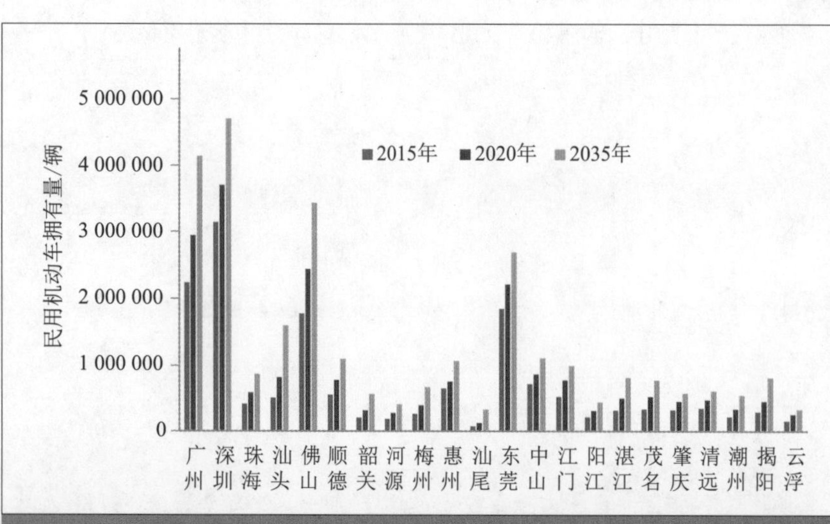

图 7-1　珠三角地区各地级以上市民用机动车拥有量预测

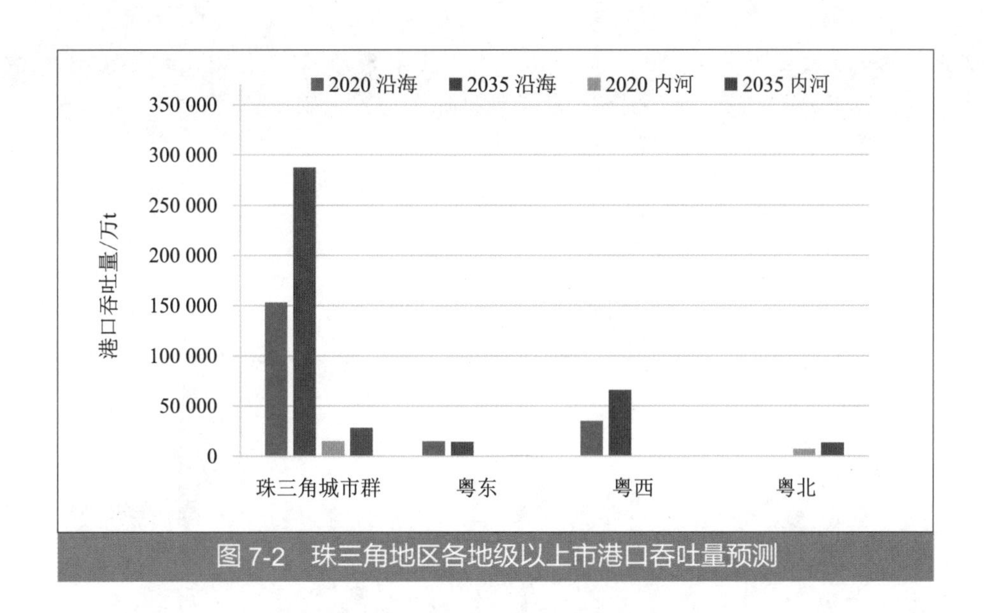

图 7-2　珠三角地区各地级以上市港口吞吐量预测

2. 粤东、粤西重化工业快速增长，VOCs 控制和臭氧污染防治压力增加

随着粤东西北地区振兴发展战略的实施，粤东西北地区城镇化、工业化进程加快，高强度的土地集中开发利用，以及随着区域发展带来的工商业活动将带来污染物排放量持续增加。

3. 粤北建材工业快速发展，单位土地污染排放强度居高不下

在战略发展情景下，粤北的肇庆、清远、梅州等城市的建材工业规模仍将呈现一定幅度的增长。到 2020 年，梅州水泥产能预计将高达 1 500 万 t，清远达 3 000 万 t，云浮、韶关也达到 600 万 t 左右。在建材工业持续发展的情景下，粤北地区的耗能将持续加大，单位土地面积污染排放强度将进一步升高，到 2020 年，单位土地面积的 SO_2 排放强度比 2015 年增加 29%，NO_x 排放强度比 2015 年增加 91%，到 2035 年 SO_2 排放强度比 2015 年增加 42%，NO_x 排放强度比 2015 年增加 141%。

二、基线情景下，局部地区大气环境超载，2035 年 VOCs 和 NO_x 协同控制难度加大

1. 基线情景下，区域中长期污染物排放量与允许排放量差距显著

通过比较目标年份的排放预测与对应的最大允许排放量之间的差距，可以得出目标年份珠三角地区、各片区、各城市的排放量与达标要求之间的差距，四大片区 2020 年、2035 年均存在一定差距，其中珠三角城市群的差距最大，是粤东西北地区的 3 ～ 9 倍，到 2035 年差距更为突出，实现达标的压力进一步增加（图 7-3）。

2. 区域中长期工业源 VOCs 与移动源 NO_x 排放增长显著

基线情景下，2020 年，珠三角地区 SO_2、NO_x、PM_{10}、VOCs、NH_3 排放量分别为 78 万 t、166 万 t、49 万 t、198 万 t、52 万 t；2035 年，珠三角地区 SO_2、NO_x、PM_{10}、VOCs、NH_3 排

放量分别为 85 万 t、217 万 t、50 万 t、248 万 t，其中 SO_2、NO_x、VOCs 比 2020 年增长的幅度分别为 9%、30%、26%，最为突出的是工业源（不含火电）VOCs 与移动源 NO_x，相比 2020 年分别增长了 26.5% 和 56.2%（图 7-4 和图 7-5）。

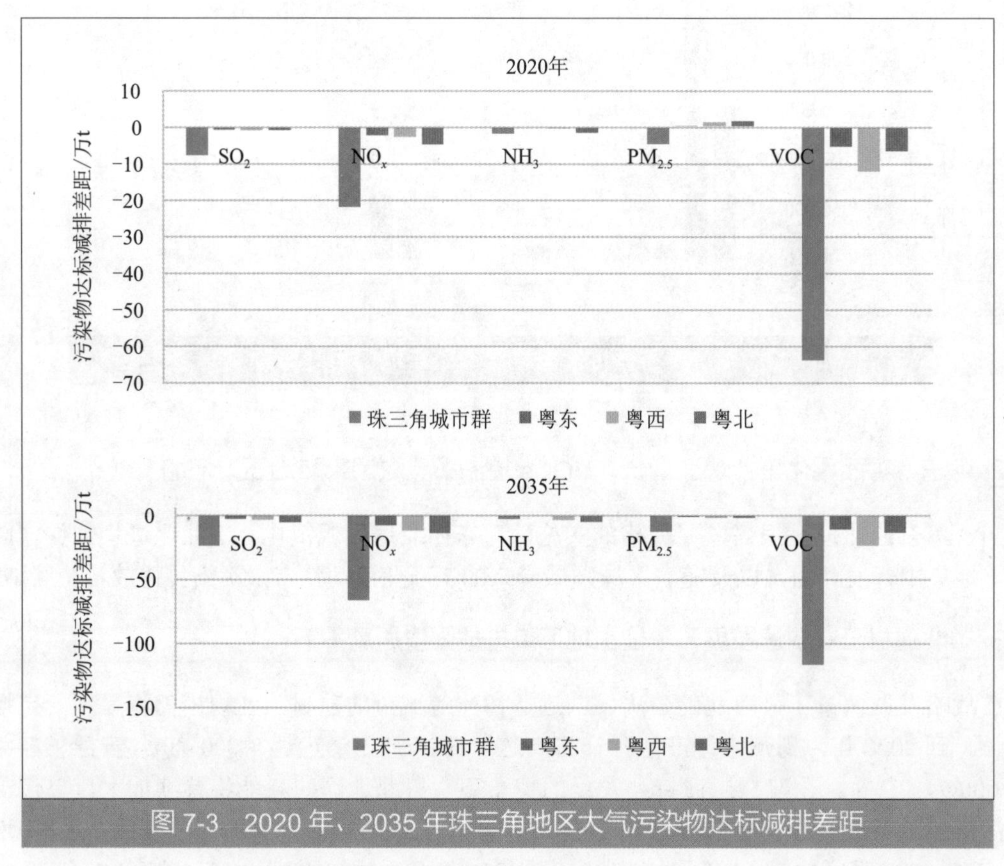

图 7-3 2020 年、2035 年珠三角地区大气污染物达标减排差距

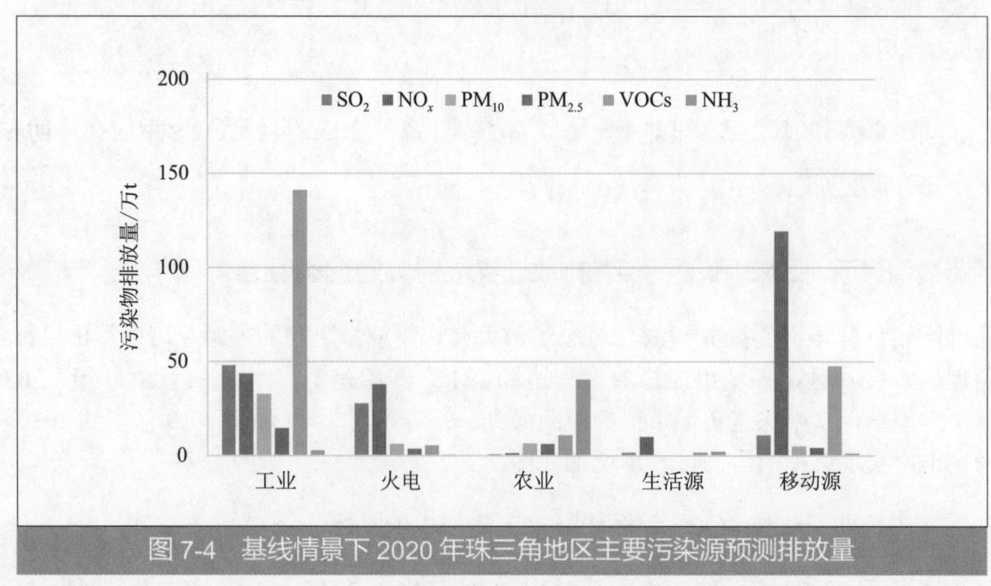

图 7-4 基线情景下 2020 年珠三角地区主要污染源预测排放量

三、强化管控情景下区域空气质量持续改善，污染减排和空气质量改善难度持续提高

1. 强化管控情景下，区域空气质量将逐步与发达国家接轨，减排难度不断提高

在强化管控情景下，珠三角地区空气质量 2035 年有望实现与发达国家接轨，即区域 $PM_{2.5}$ 年均浓度达到 WHO 第二阶段过渡目标（25 μg/m³）。为了实现这一目标，到 2035 年，珠三角地区需实现减排 SO_2 28.7 万 t、NO_x 66.3 万 t、NH_3 15.8 万 t、一次 $PM_{2.5}$ 33.3 万 t、VOCs 74.5 万 t，减排压力是 2020 年目标的 2 ～ 3 倍（图 7-6），其中 SO_2、NO_x 减排量相当于在基准年排放的基础上分别削减 18% 和 47%，污染物持续减排难度大。

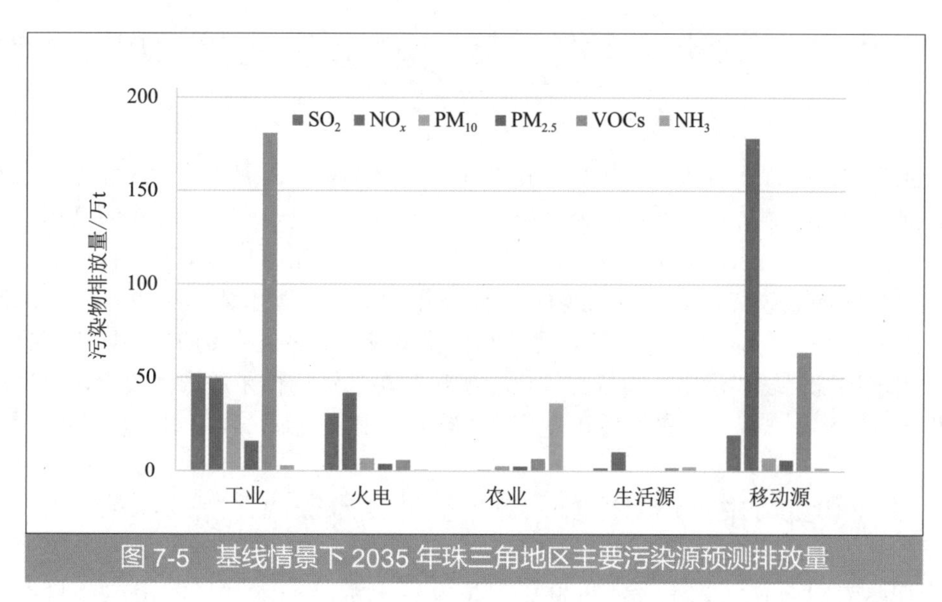

图 7-5　基线情景下 2035 年珠三角地区主要污染源预测排放量

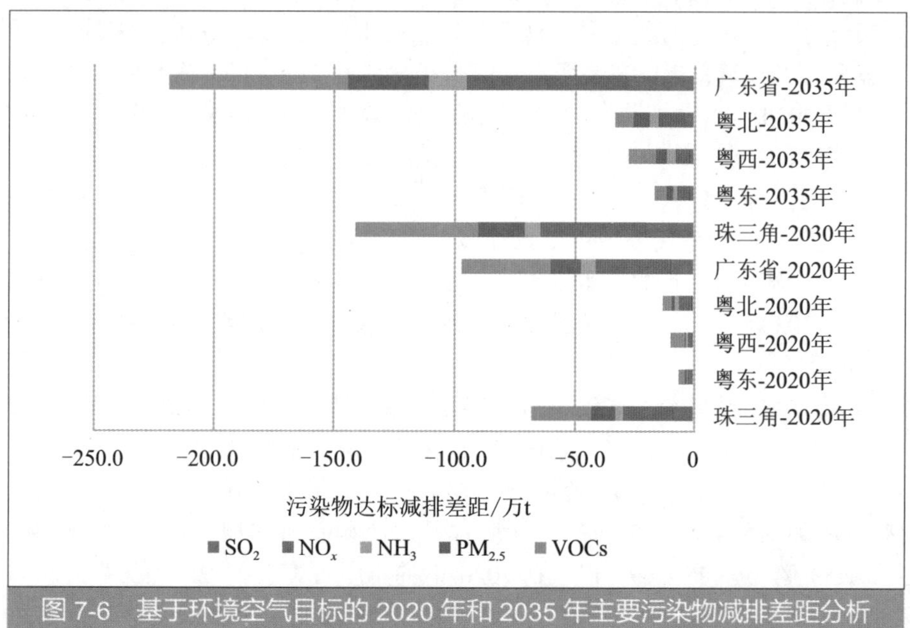

图 7-6　基于环境空气目标的 2020 年和 2035 年主要污染物减排差距分析

2. 减排潜力不断收窄，治理边际成本不断提高

随着大气治理的深入推进，治理难度相对较小的领域已基本完成治理任务，截至 2015 年，珠三角地区现役 12.5 万 kW 以上燃煤机组全部取消脱硫烟气旁路并完成降氮脱硝改造，除必要保留的外，珠三角城市群已基本淘汰高污染燃料禁燃区（含城市建成区）的高污染燃料锅炉。水泥熟料与平板玻璃行业全部完成脱硫脱硝治理，累计淘汰黄标车和老旧车 168.5 万辆，超额完成国家下达的任务。珠三角城市群提前实施机动车国家第五阶段排放标准，全省提前两年全面供应国Ⅴ车用成品油。可见减排潜力不断压缩，进一步提升治理效果难度加大，治理边际成本不断提高。

第二节　水环境质量整体趋好，饮用水水源安全风险加剧

随着生态文明的深入推进，未来珠三角地区产业转型和结构调整将继续深入，产业转移和沿海发展步伐将持续加快，城镇化发展模式和空间格局将进一步优化，资源利用的集约化水平将大幅提升。伴随水污染防治的深入实施，区域水环境保护与污染治理措施的落实，水环境质量将整体显著改善。珠三角地区有望 2020 年消除劣Ⅴ类水体，2030 年主要河流水环境功能区基本实现达标。但是，珠三角地区水环境持续改善的任务仍十分艰巨，局部地区、重点行业生态环境问题和污染风险依然突出，资源利用的结构性矛盾依然突出，流域性水污染问题仍难以消除，布局性、累积性和突发性风险隐患日趋复杂，饮用水安全保障难度加大。

一、工业和生活用水仍将增长，效率提升是水资源保障基本前提

未来用水总量总体缓慢下降，2020 年、2030 年用水总量比 2015 年分别下降 0.14% 和 0.36%，至 2035 年用水总量有所上升。珠三角地区用水总量已跨越峰值，但局部地区水资源供给仍相对紧张。基线情景下，在最严格水资源开发利用红线（以下简称用水红线）控制下，预计珠三角地区 2020 年用水总量为 418.8 亿 m^3，较 2015 年下降 5.5%，用水总量在红线范围内（约占红线指标的 91.8%），2035 年用水总量为 411.5 亿 m^3，较 2015 年下降 7.1%，未来区域用水总量总体呈下降趋势；但受人口不断聚集和城镇化水平不断提升的影响，深圳、广州、佛山、中山等地用水已十分接近城市用水红线。强化管控情景下，随着广州、深圳、佛山、中山、阳江等水资源紧缺城市的节水水平进一步提高，各地市用水总量均在用水总量红线范围内，2020 年、2030 年和 2035 年珠三角地区用水总量分别占用水总量控制指标的 93.03%、91.41% 和 91.0%。

未来农业用水将持续减少，城镇生活和工业用水占比未来整体呈现增长的趋势。强化管控情景下，预测农业用水量从 2015 年的 227.01 亿 m^3（51.2%）下降到 2020 年的 213.03 亿 m^3（50.9%），至 2035 年下降至 182.52 亿 m^3（44.6%）。工业用水量将持续下降，生活用水量呈先下降后有所增加的趋势，但工业和生活用水量占比均有所增加，其中，工业用水量将从 2015 年的 112.53 亿 m^3（25.4%）下降到 2020 年的 107.41 亿 m^3（25.7%），至 2035 年下降至 92.2 亿 m^3（22.4%）；生活用水量将从 2015 年的 98.28 亿 m^3（22.2%）减少到 2020 年的

93.13 亿 m³（22.2%），至 2035 年增加至 131.5 亿 m³（32.0%）（图 7-7）。区域内部珠三角城市群工业用水所占比例最高，而粤东西北地区则以农业用水为主。

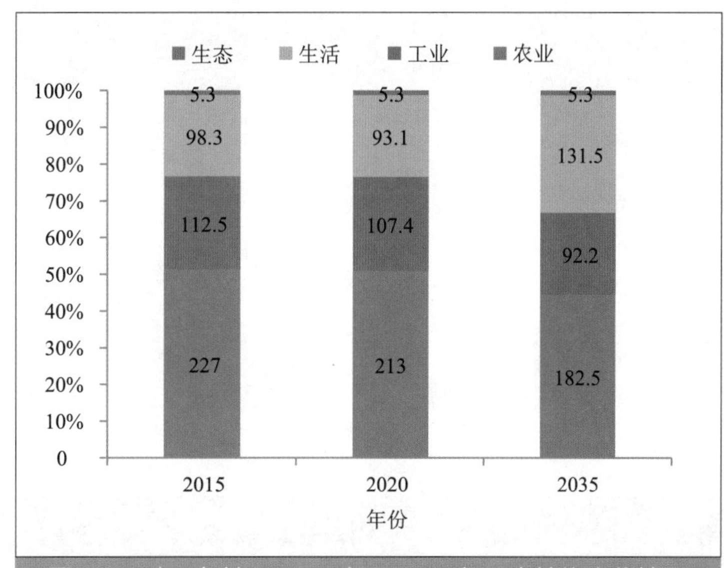

图 7-7　珠三角地区 2020 年、2035 年用水结构变化情况

注：图中标注数值为实际用水量，单位为亿 m³。

未来用水效率须大幅提升，才能保障最严格的水资源管理要求。对比 2015 年，强化管控情景下预测 2020 年和 2035 年珠三角地区万元 GDP 用水总量分别下降 37.7% 和 67.2%，但各分区的用水效率差距显著。珠三角城市群由于当前用水效率达到国内较先进水平，至 2035 年上升幅度在四个子区域中相对较小；粤北地区用水效率最低，粤西地区用水效率上升最快。珠三角地区内用水效率差距依然巨大，粤西、粤北地区 2035 年万元 GDP 用水量较 2015 年需分别大幅下降 91.0 m³ 和 158.8 m³，但整体水平仍明显低于珠三角城市群（图 7-8），2035 年深圳和梅州万元 GDP 耗水量仍相差 72.1 m³，后者是前者的 17.7 倍。

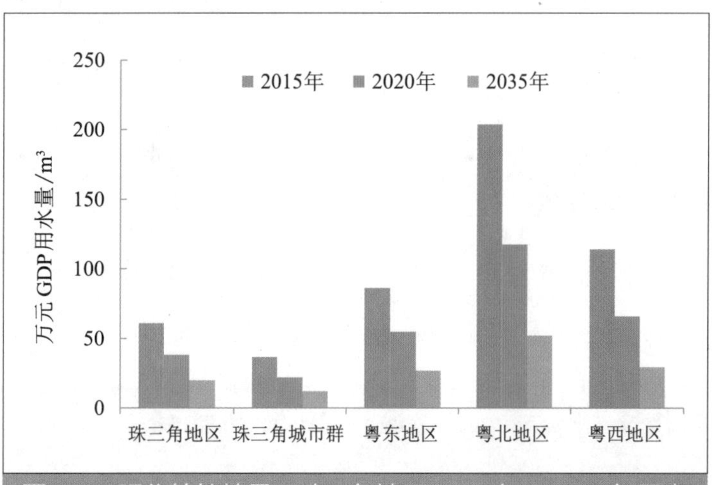

图 7-8　强化管控情景下珠三角地区 2020 年、2035 年用水总量及效率变化趋势

二、水污染物排放量总体下降，传统产业污染贡献持续下降

1. 水污染物排放总量总体下降

由于水污染物排放强度的降低，末端处理水平的上升，未来珠三角地区水污染排放整体呈现下降的态势。无论是基线情景还是强化管控情景，2020 年、2030 年和 2035 年珠三角地区 COD 和氨氮排放量均将持续下降（图 7-9 和图 7-10）。基线情景下，2020 年 COD 和氨氮排放量分别下降 17.5% 和 20.7%，2030 年 COD 和氨氮排放量分别下降 38.3% 和 43.0%，2035 年 COD 和氨氮排放量分别下降 48.0% 和 54.1%。各分区中，珠三角城市群 COD 和氨氮减排最为突出，粤北地区由于人口集聚加快，近期 COD 略有增加（2.0%）。强化管控情景下，2020 年 COD 和氨氮排放量分别下降 45.9% 和 50.3%，2030 年 COD 和氨氮排放量分别下降 60.0% 和 65.5%，2035 年 COD 和氨氮排放量分别下降 63.0% 和 68.0%。其中，珠三角城市群和粤东地区下降最为显著。

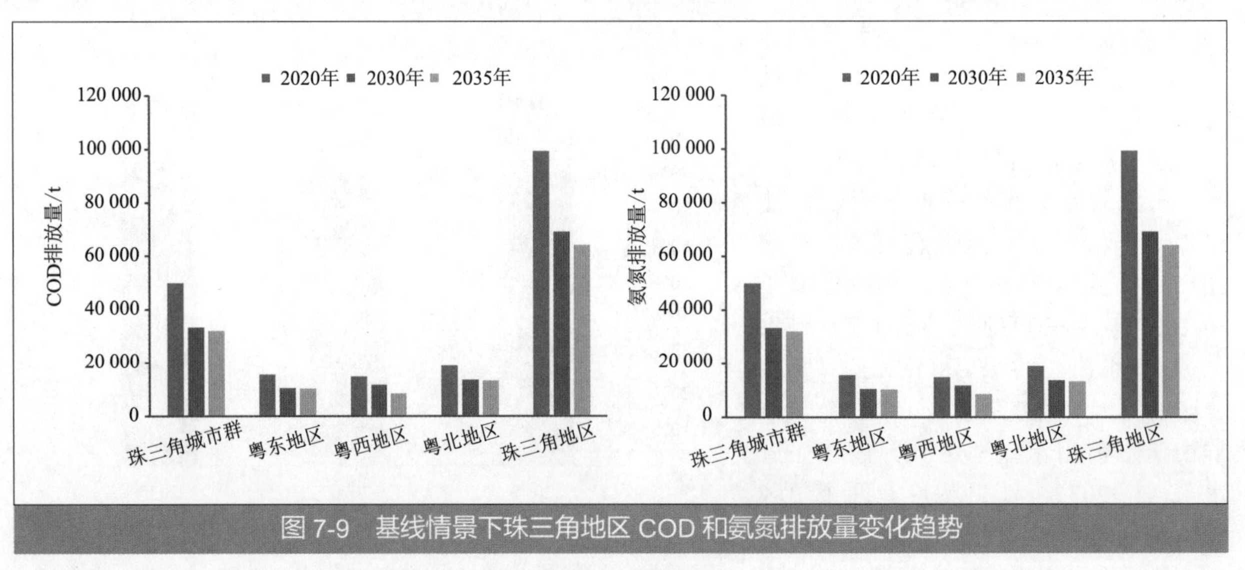

图 7-9　基线情景下珠三角地区 COD 和氨氮排放量变化趋势

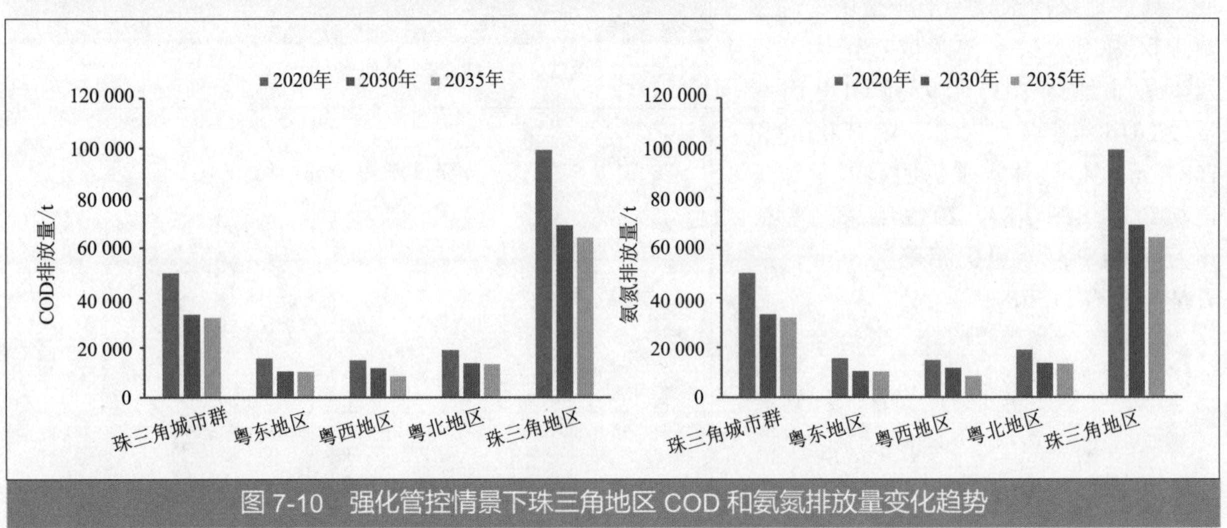

图 7-10　强化管控情景下珠三角地区 COD 和氨氮排放量变化趋势

2. 重点产业污染排放量持续增加，传统产业污染贡献依然突出

虽然工业节水水平提高，但预测未来工业增长较迅速。基线情景下，预测 2020 年珠三角地区石油、化工、医药、造纸、纺织服装、食品、装备制造、电子、电力热力、钢铁、有色、非金属等重点产业 COD 和氨氮排放量分别比 2015 年增加 37 372 t 和 2 633.4 t，增幅分别为 17.1% 和 19.2%；2030 年重点产业 COD 和氨氮排放量分别比 2015 年增加 11.9% 和 16.8%。强化管控情景下，通过进一步提高工业节水水平及降低工业污染排放强度，未来工业污染物排放量持续下降，其中 2020 年 COD 和氨氮排放量分别比 2015 年减少 6.5% 和 5.5%，2030 年 COD 和氨氮排放量分别比 2015 年减少 12.1% 和 10.3%，2035 年 COD 和氨氮排放量略有上升。

从行业污染分担情况来看，无论是基线情景还是强化管控情景，预测 2020 年和 2030 年珠三角地区 COD 排放依然主要来自造纸、纺织服装和食品等 3 个传统产业，但造纸和纺织服装业的污染占比将较 2015 年明显下降。其中，两种预测情景下造纸业 2020 年和 2030 年

COD 排放量占比分别比 2015 年下降 10.16% ～ 10.62% 和 16.32% ～ 16.69%，纺织服装业 2020 年和 2030 年 COD 排放量占比分别比 2015 年下降 10.4% ～ 11.6% 和 15.96% ～ 16.91%。食品业污染占比则较 2015 年明显上升，2020 年和 2030 年 COD 排放量占比分别比 2015 年上升 7.54% ～ 8.08% 和 14.06% ～ 14.66%。至 2035 年，纺织、造纸等传统产业污染贡献占比进一步下降，化工、医药、装备制造等产业污染占比也较现状上升明显，石油、电子、电力热力、钢铁、有色、非金属等产业污染占比与现状基本持平。

3. 生活污染治理水平提升，生活源减排显著

由于"水十条"提升了生活污染治理要求，预测 2020 年和 2030 年随着生活污水处理效率、污水收集率和污水回用率的提升，生活源 COD 和氨氮减排显著。其中，基线情景下 2020 年和 2030 年珠三角地区生活污染源 COD 排放量分别比 2015 年减少 28.4% 和 54.2%，生活源氨氮排放量分别比 2015 年减少 29.5% 和 53.8%。至 2035 年生活源排放量进一步比 2030 年下降 28.22%。强化管控情景下，2020 年和 2030 年珠三角地区生活污染源 COD 排放量分别比 2015 年减少 61.8% 和 80.1%，生活源氨氮排放量分别比 2015 年减少 59.3% 和 77.1%，2035 年 COD 和氨氮排放量分别比 2030 年减少 1.15% 和 1.56%。

4. 随畜禽养殖污染治理水平提升，农业污染负荷有所下降

随着畜禽养殖污染治理水平的提升，农业源 COD 和氨氮污染负荷均有所下降。基线情景下，预测 2020 年和 2030 年珠三角地区农业污染源 COD 排放量分别比 2015 年下降 13.2% 和 33.1%，农业源氨氮排放量分别比 2015 年下降 6.4% 和 29.1%。强化管控情景下，预测 2020 年和 2030 年珠三角地区农业污染源 COD 排放量分别比 2015 年减少 34.3% 和 46.9%，农业源氨氮排放量分别比 2015 年减少 36.1% 和 47.8%。珠三角城市群因畜禽养殖量进一步减少，畜禽养殖污染负荷明显下降。无论是基线情景还是强化管控情景，2035 年农业污染负荷均持续下降。

强化管控情景下珠三角地区 2020 年、2030 年、2035 年 COD、氨氮污染负荷构成见图 7-11 至图 7-16。

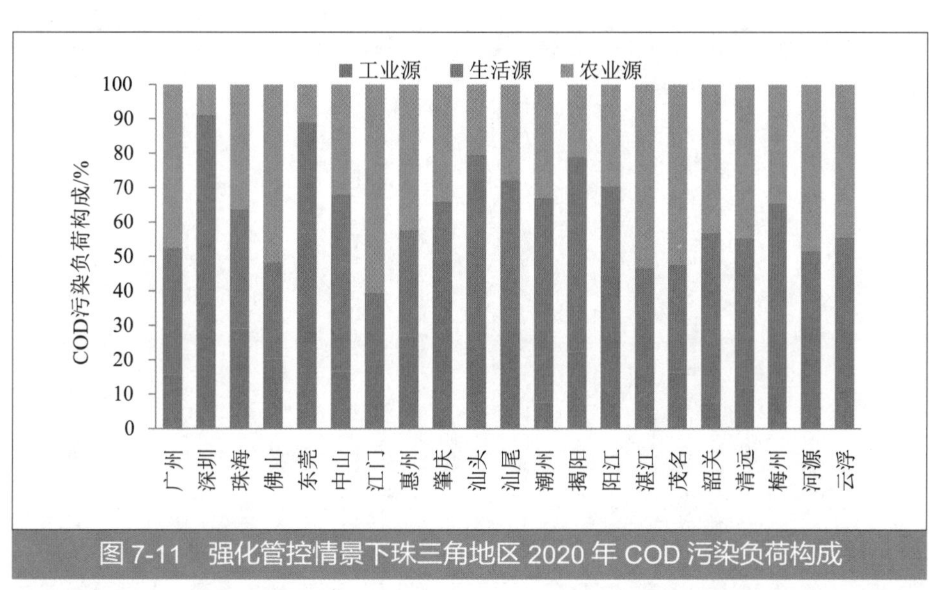

图 7-11　强化管控情景下珠三角地区 2020 年 COD 污染负荷构成

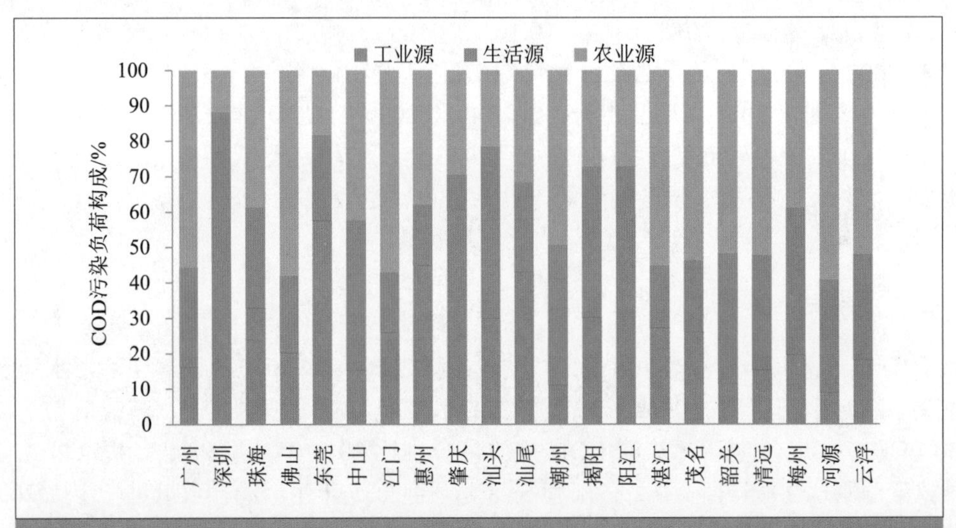

图 7-12 强化管控情景下珠三角地区 2030 年 COD 污染负荷构成

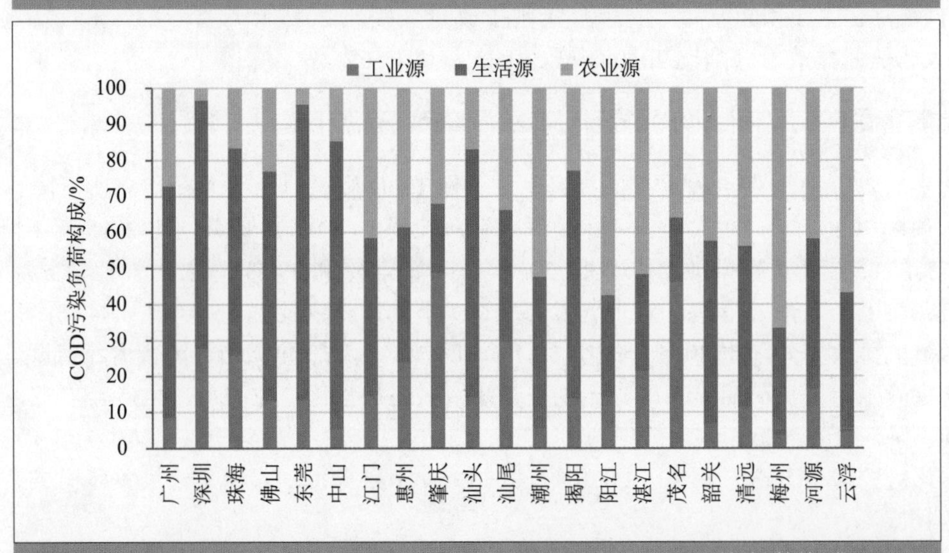

图 7-13 强化管控情景下珠三角地区 2035 年 COD 污染负荷构成

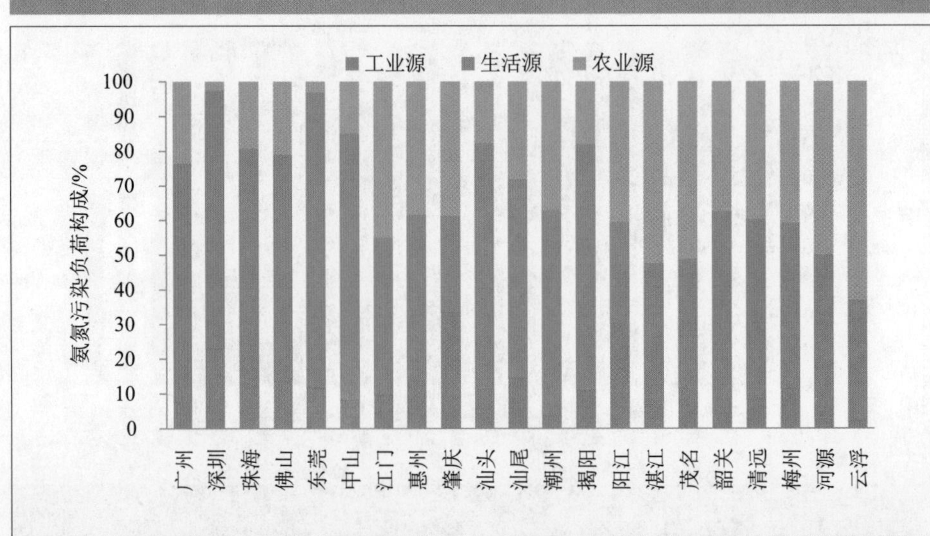

图 7-14 强化管控情景下珠三角地区 2020 年氨氮污染负荷构成

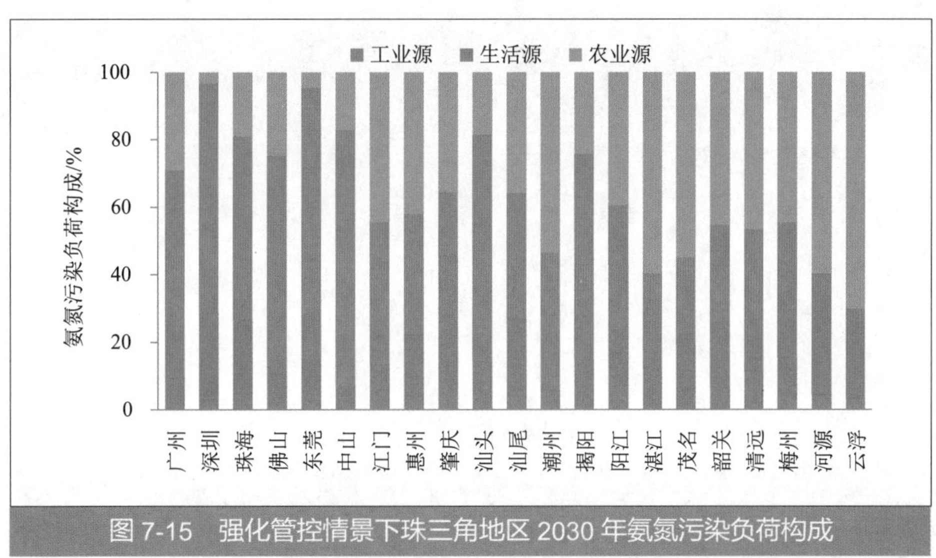

图 7-15　强化管控情景下珠三角地区 2030 年氨氮污染负荷构成

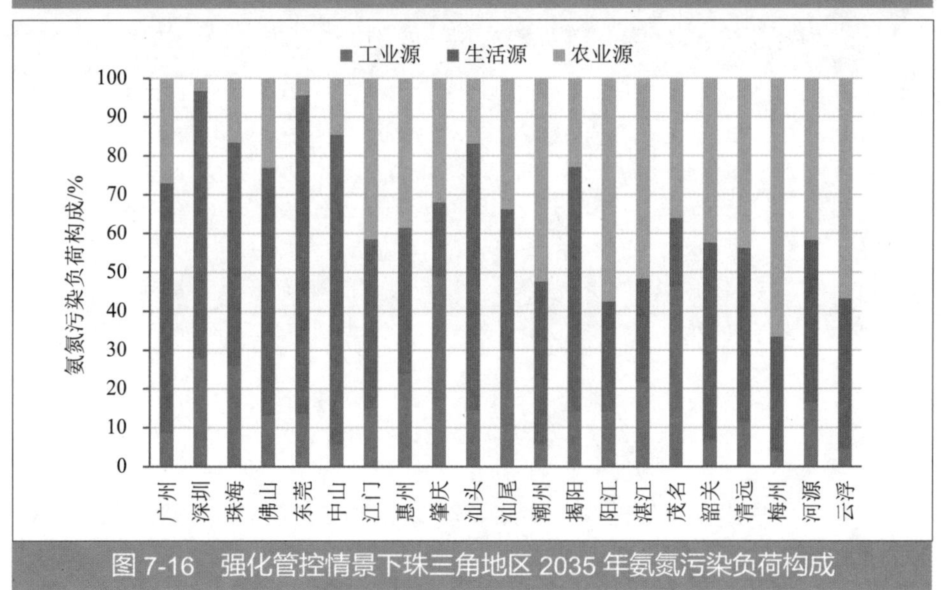

图 7-16　强化管控情景下珠三角地区 2035 年氨氮污染负荷构成

三、强化管控情景下，水环境质量将持续改善，粤东粤西近海富营养化仍需重点防范

1. 产业转型升级和“水十条”实施促使珠江三角洲河网区减排显著，水环境质量得以改善

随着产业转移和转型升级，环境污染治理投入增加，珠江三角洲水环境压力日益减缓。强化管控情景下，预测 2020 年、2030 年和 2035 年珠江三角洲河网区 COD 环境承载度分别为 16.0%、10.8% 和 9.3%（表 7-1），氨氮环境承载度分别为 57.1%、34.8% 和 30.1%（表 7-2）。珠江三角洲河网区氨氮排放量可控制在环境承载范围内，预计到 2020 年珠江三角洲河网区水环境质量全面提升，基本消除劣Ⅴ类水体，石马河、淡水河、茅洲河、深圳河等重度污染河流水质明显改善并消除劣Ⅴ类，城市建城区黑臭水体消除，地表水优良水体比例较 2015 年

表 7-1 强化管控情景下珠三角地区各流域分区 COD 环境承载状况预测

流域分区	环境容量 / t	2020 年		2030 年		2035 年	
		入河排放量 / t	环境承载度 /%	入河排放量 / t	环境承载度 /%	入河排放量 / t	环境承载度 /%
东江流域	55 516.5	13 369.1	24.1	7457.8	13.4	6 754.2	12.2
西江流域	122 749.5	28 773.2	23.4	26 302.9	21.4	25 198.6	20.5
北江流域	283 033.5	58 886.3	20.7	44 610.6	15.7	41 666.1	14.7
珠江三角洲	1 313 160.5	210 149.2	16.0	141 363.7	10.8	122 679.6	9.3
韩江流域	165 092.1	37 064.3	22.5	26 512.4	16.1	24 244.6	14.7
粤东沿海诸河	124 425.9	91 690.9	73.6	57 933.6	46.6	52 185.1	41.9
粤西沿海诸河	176 076	79 368.4	45.1	65 860.5	37.4	63 276.8	35.9

表 7-2 强化管控情景下珠三角地区各流域分区氨氮环境承载状况预测

流域分区	环境容量 / t	2020 年		2030 年		2035 年	
		入河排放量 / t	环境承载度 /%	入河排放量 / t	环境承载度 /%	入河排放量 / t	环境承载度 /%
东江流域	1 806.75	1 547.4	85.6	893.6	49.5	813.5	45.0
西江流域	4 763.25	2 989.1	62.8	2 496.6	52.4	2 411.3	50.6
北江流域	10 293	6 872.3	66.8	4 960.2	48.2	4 651.9	45.2
珠江三角洲	58 144.5	33 179.9	57.1	20 253.3	34.8	17 525.7	30.1
韩江流域	7 206.3	3 688.3	51.2	2 732.6	37.9	2 484.6	34.5
粤东沿海诸河	5 057.7	9 907.6	195.9	4 999.4	98.8	5 390.6	106.6
粤西沿海诸河	6 296.25	7 721.3	122.6	5 833.8	92.7	5 489.2	87.2

明显提升，近岸海域水质稳中趋好。到 2030 年珠江三角洲河网区水环境质量总体改善，到 2035 年珠江流域水环境质量持续改善。

整体上看，随着“水十条”的深入实施，珠三角地区未来水污染排放压力将有所减缓，但氨氮承载压力长期突出，地表水富营养化现象普遍存在，未来总氮、总磷的控制难度较大。另外，伴随工业和生活点源治理措施的深入，种植业和畜禽养殖带来的农业源的影响将逐步凸显，将成为未来珠三角地区水环境质量改善的关键调控对象。预测未来珠三角地区深圳、惠州、茂名、阳江等城市河流氨氮环境容量相对有限，随着城镇化和产业发展，至 2035 年河流氨氮依然出现超载，其中深圳因河流流量小、自净能力有限，超载最为严重，氨氮排放量超过河流环境容量 6.61 倍。考虑建设污水排海后，上述城市氨氮排放量可控制在河流和近岸海域环境容量承载范围内。

2. 海洋经济发展加剧粤东诸河流域、粤西诸河流域水污染压力，粤东、粤西近岸海域应重点防范富营养化污染

《海峡西岸经济区发展规划》明确重点发展建设汕头—潮州—揭阳—梅州—龙岩—赣州发展轴，培育壮大粤东沿海发展区，推进汕头、潮州、揭阳同城化发展，建设以高技术产业和传统产业升级为先导、先进制造业为主体的新兴产业基地，依托沿海港口，加快建设重化工业为主的临港工业基地，建设成为海峡西岸南翼的增长极。《广东海洋经济综合试验区发展规

划》也明确着力打造粤东海洋经济重点发展区和粤西海洋经济重点发展区，其中粤东海洋经济重点发展区着力发展临海能源、临海现代工业、海洋交通运输、滨海旅游、水产品精深加工等产业，粤西海洋经济重点发展区加快发展临海现代制造业、滨海旅游业、现代海洋渔业、临海能源等产业。基线情景下，预测2020年、2030年和2035年粤东、粤西地区产业发展迅速，粤东诸河流域、粤西诸河流域和韩江流域的水污染负荷将显著增加。从环境承载力分析来看，强化管控情景下2020年和2035年粤东沿海诸河流域氨氮将分别超载95.9%和6.6%，2020年粤西沿海诸河流域氨氮将超载22.6%。在加大生活污水回用率、提高农村污水处理率以及考虑污水排海等强化环境管控措施下，2030年粤东、粤西沿海诸河流域氨氮排放量方可控制在总量控制范围内。由于粤东、粤西近岸海域现状无机氮浓度含量较高，未来应重点防范产业发展加剧近海富营养化污染。

四、饮用水安全保障风险因素持续增加，资源型、水质型缺水胁迫加剧

1. 珠江—西江经济带产业和港口发展加剧珠三角城市群饮用水水源安全风险

随着“双转移”战略的深入实施，粤东西北地区和珠江上游省份发展迅猛，东江、西江、北江、韩江等战略性饮用水水源地水质保护将面临严峻挑战。其中，西江干流是珠三角地区的战略性饮用水水源地，“十三五”时期将承担珠三角城市群中的肇庆、佛山、中山、江门、珠海、广州、东莞、深圳等8地市和澳门的供水。《珠江—西江经济带发展规划》明确着力打造综合交通大通道，以珠江—西江干线航道为核心加快建设黄金水道，拓展港口规模和功能；促进资源跨区域合理流动和优化配置，肇庆、云浮和广西的梧州、贵港等地依托桂东承接产业转移示范区建设，高起点承接产业转移，积极承接加工贸易型、劳动密集型企业。西江流域干流中上游产业集聚和港口的发展，必然增加西江流域的水污染负荷和港口突发性溢油污染风险，威胁下游珠三角城市群的饮用水安全。基线情景下，预测2020年、2030年和2035年肇庆、云浮等西江流域广东段的工业源COD排放量将分别增加117.9%、282.6%和242.2%，工业源氨氮排放量将分别增加128.7%、345.2%和322.0%（表7-3）。除云浮工业源氨氮排放量和2035年COD排放量略有下降外，其余年份肇庆和云浮的工业源COD和氨氮

表7-3 基线情景下西江流域工业源污染压力变化分析

污染物	年份	指标	肇庆	云浮	西江流域合计
COD	2020年	排放变化量/t	19 638.5	1 237.0	20 875.4
		排放变化率/%	123.9	66.3	117.9
	2030年	排放变化量/t	47 213.3	2 838.8	50 052.1
		排放变化率/%	298.0	152.2	282.6
	2035年	排放变化量/t	43 410.6	−522.5	42 888.1
		排放变化率/%	274.0	−28.0	242.2
氨氮	2020年	排放变化量/t	1 270.3	−21.6	1 248.7
		排放变化率/%	145.8	52.6	128.7
	2030年	排放变化量/t	3 297.0	−21.8	3 349.6
		排放变化率/%	378.5	53.0	345.2
	2035年	排放变化量/t	2 702.1	−59.5	2 107.4
		排放变化率/%	310.2	71.7	322.0

排放量都显著增加，其中肇庆产业发展的污染压力最为突出，预测2020年、2030年和2035年肇庆工业源COD排放量将分别增加123.9%、298.0%和274.0%，工业源氨氮排放量将分别增加145.8%、378.5%和310.2%，加大了珠三角地区西江上游水质保护的压力。

2. 珠江三角洲水资源配置工程使东江三角洲及沿海地区缺水问题有望缓解，但西江下游城市枯季受咸潮上溯影响威胁饮用水安全

广州实施西江引水工程后，珠江三角洲水资源配置工程也在论证中，该工程通过管线从西江取水引至广州的番禺和南沙以及东莞和深圳等地区。目前，珠三角地区区域发展与水资源禀赋存在“错位分布”，2015年东江流域水资源开发利用率高达25.6%，已接近国际公认的水资源开发利用上限（30%），不宜再增加取水量，而西江水资源开发利用率仅为1.1%，故此实施“西水东调”工程可解决上述受水区资源型缺水问题，同时提高东江三角洲及沿海地区的水资源承载能力和生态用水保障。与此同时，西江流域输水后将造成佛山下游河道水量减少、流速减缓，枯水季节下泄流量减少可能加剧咸潮上溯，影响西江下游城市（如珠海、中山）的供水安全。水资源量的减少，导致下游口门区海水入侵加剧，改变河道原有盐度平衡（即生境变化），进而改变生物群落结构。

3. 湛茂阳城镇化发展加剧用水压力，资源型缺水问题日益突出，加剧饮用水安全

《北部湾城市群发展规划》明确湛茂阳城镇发展轴依托沿海综合运输通道，推动湛茂一体化发展，辐射带动阳江等地区加快发展，提升临港产业绿色发展水平，建设珠三角连接东盟、北部湾城市群连接港澳的陆路大通道。湛茂阳城镇群发展加速人口集聚，基线情景下，预测2020年、2030年和2035年城镇群生活用水量将分别比2015年增长7.41%、11.53%和13.74%，阳江市2020年用水总量将超出用水总量控制红线的1.04%，湛江和茂名市用水总量也将超过用水总量控制红线的90%，用水约束将日益趋紧。珠三角地区水资源量时空分布不均，粤西地区流域大多源短流急，水资源调蓄能力不足，湛江雷州半岛资源型缺水严重，九洲江流域受上游广西污染水质型缺水问题突出。随着北部湾城市群发展战略的实施，粤西地区水资源形势不容乐观，资源型缺水问题将日益突出。

强化管控情景下，随着广州、深圳、佛山、中山、阳江等水资源紧缺城市的水资源利用效率进一步提高，各地市用水总量可控制在用水总量红线范围内，2020年、2030年和2035年珠三角地区用水总量分别占用水总量控制指标的93.04%、91.51%和91.0%。

第三节　生态安全格局整体优化，滨海地区生态功能退化加剧

一、区域生态安全格局逐渐形成，生态系统完整性趋于改善

未来珠三角地区将通过落实以生态保护红线和“土十条”为核心的一系列生态保护和修复措施，强化生态空间保护，加强生态敏感区、脆弱区保护，加快生态退化、土壤污染区域修复，区域生态系统完整性将有望得到提升，区域生态安全格局将趋于优化。

珠三角地区通过持续推进新一轮绿化广东大行动和绿色生态水网建设，在北部构筑高质量的陆域连绵山体生态屏障，提升生态保护、水源涵养、生物多样性保护的承载能力；在南部加强海岸线、海岛、海岸防护林的保护和建设，实施湿地保护与恢复，构建沿海生态屏障；加强水网与路网绿化的建设，形成珠江水系蓝网和道路绿网两大生态廊道；积极进行“复绿还林”，在城市内部或者城市之间的山体和绿色生态开敞空间建设多个森林绿核；最终形成以“一屏、一带、一网”为主体的生态安全格局。

二、城市群开发强度维持高位，重要生态空间面临城市扩张威胁

1. 珠三角城市群

2014 年，珠三角城市群城镇化率高达 84%，已进入城镇化中后期发展阶段，珠三角地区正处在成熟发展阶段。由珠三角城市群城市总体规划拼图识别未来城镇拓展空间，城市主要拓展区域分为两种类型，一类是外围拓展区，包括广州北部从化、增城，城市群外围的惠州、江门、肇庆市区及下辖县城区的扩张；另一类是城市群之间的填充区，主要是广州—佛山之间、中山—佛山之间、广州—东莞之间城市群的连片集聚。深圳和东莞由于国土开发强度已非常高（超过 50%），未来发展空间已经不多。珠三角城市群城市外围拓展趋势明显，城市连片聚集效应加强。

珠三角城市群城镇扩张以占用农用地为主，深圳填海面积大、影响深远。新增的建设用地主要以农用地为主，对耕地保护有较大压力，影响粮食生产安全。利用未来城镇拓展空间与生态严控区、水源保护区等重要生态空间进行叠图（图 7-17）。可以发现，重要生态空间仍然面临城镇扩张而进一步侵占的威胁，主要集中在广州北部从化、增城，惠州大亚湾新区、江门大广海湾新区、新会银州湖、潭江流域，肇庆新区、怀集县城等区域。大量新增建设用地位于沿岸地区，包括广州南沙、江门台山、东莞、深圳沿岸等，对于自然岸线保护、沿海防护林的连通性维持不利。深圳市 2016 年发布了《深圳城市基础设施建设五年行动计划（2016—2020 年）》，计划 2016—2025 年，开展“东部海域围填海项目”和“西部海域围填海项目”，将分别在盐田区、宝安区填海 50 万 km^2，工程内容包括填海、陆域形成、软

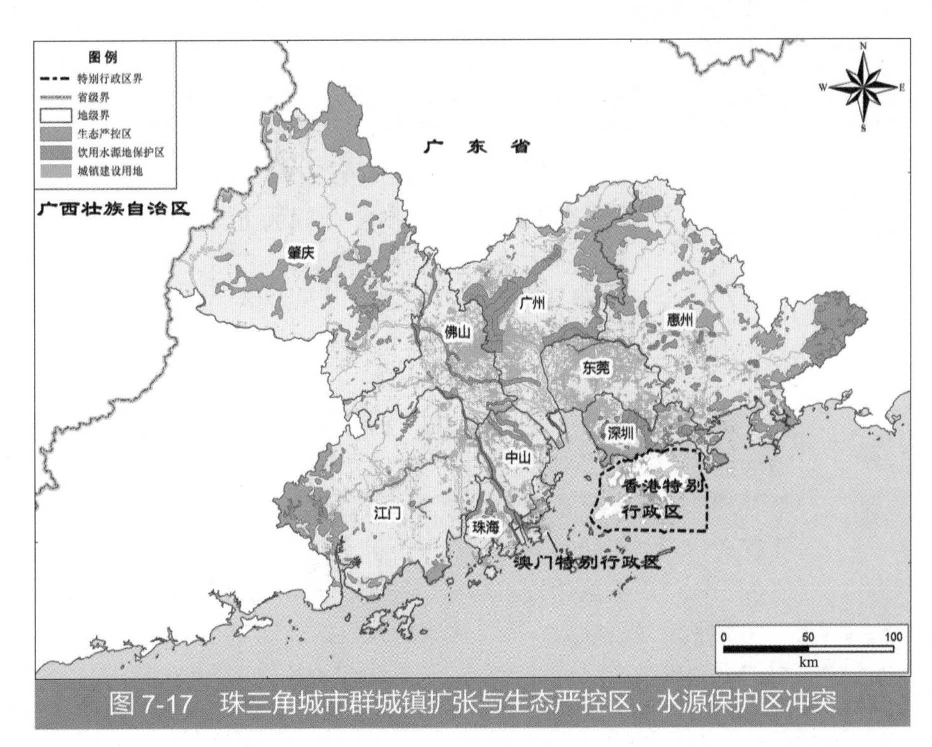

图 7-17　珠三角城市群城镇扩张与生态严控区、水源保护区冲突

基处理等。大面积填海将影响海洋水文条件、改变自然景观、破坏生态平衡、减少湿地资源、损害动植物多样性，并有可能对水环境造成影响，增加赤潮灾害的概率。

2. 粤东西北

随着广东“双转移”战略的逐步推进，粤东西北地区城镇化发展步伐有所加快，但仍远落后于全省和全国平均水平。2015 年粤东西北地区城镇化率为 49.3%，比 2010 年上升 2.4 个百分点，处于城镇化发展中期阶段。粤东、粤西和粤北地区城镇化率分别为 59.6%、41.0% 和 46.4%，粤西和粤北城镇化率较低为落后。粤东西北 12 个地级市中，除汕头市外，其他 11 个市城镇化率均低于全省平均水平。此外，中心镇区人口规模偏小，大多数镇区人口只有几千人，山区镇只有一两千人，甚至不足千人。镇区人口不足 5 万人的比例高达 70%，建成区面积在 5 km² 以下的比例高达 60%。在未来一段时期内，粤东西北城镇化生态影响表现为：部分城镇缺乏长远及全局规划，无序及不合理土地开发持续存在，土地资源利用效率低的问题短期内难以解决，生态用地保护压力将日益增加，城市周边农田占用与偏远地区农田弃耕现象同时存在（图 7-18）。

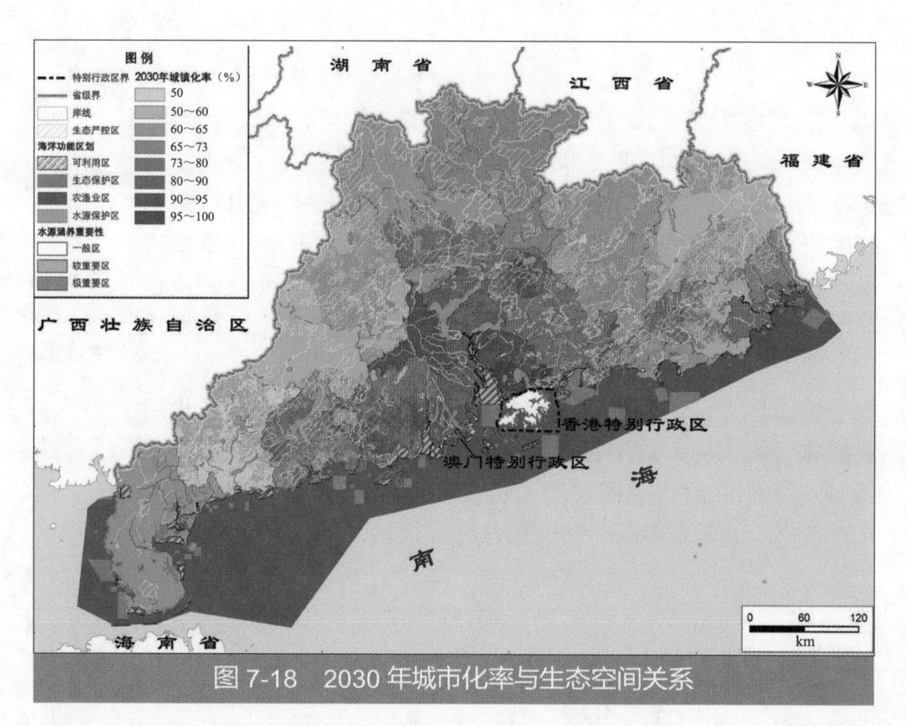

图 7-18 2030 年城市化率与生态空间关系

三、粤东西北局部生态空间面临胁迫，矿产开发威胁生态安全

2014 年，广东省推进《推动粤东西北地区地级市中心城区扩容提质工作方案》，密集批复了 12 个新城新区，并形成了 21 个地级市“一市一区”的局面，其中汕头、湛江、茂名、阳江等市将建设临海产业聚集区；韶关、清远、河源、梅州、云浮等市将优先发展生态旅游业。新区面积多为 500 km² 左右，如韶关芙蓉新区、汕头海湾新区、梅州嘉应新区、潮州新区、清远燕湖新区、揭阳新区等，江门大广海湾经济区面积甚至达 3 240 km²。“城市新区”作为新时期珠三角地区建设的重要平台，是推动区域新型城镇化的重要途径和抓手，但也因占地面积大、规划布局等问题，在开发建设过程中，将对生态空间造成一定影响。湛江、惠州新区位于海洋保护区附近，河源、韶关、梅州新区位于水源涵养重要区。部分新区建设还与城镇和工业发展相融为一体，未来的发展既伴随着生活用地的增加，也伴随着工业用地的扩张，再加上基础设施建设，将会进一步加剧敏感生态系统的负担，加剧对特定生境的侵占。

粤东西北地区规划建设的 12 个省级城市新区规划面积高达 10 957 km²，是粤东西北现有市区面积的18.9%、建成区面积的7.6倍，高强度的土地集中开发利用将带来不可忽视的生态影响。根据珠三角地区省级以上新区与重要生态空间的叠图结果，部分城市新区选址临近或包含自然保护区、森林公园、饮用水水源地等重要生态空间，如湛江海东新区、惠州环大亚湾新区位于海洋保护区附近，河源江东新区、韶关芙蓉新区、梅州嘉应新区等位于水源涵养重要区（图7-19）。以韶关芙蓉新区为例，其规划范围涉及武江饮用水水源保护区、皇岗山国家森林公园、芙蓉山国家森林公园、莲花山国家森林公园、车头洲湿地公园以及同古洲湿地公园等多个生态敏感区。

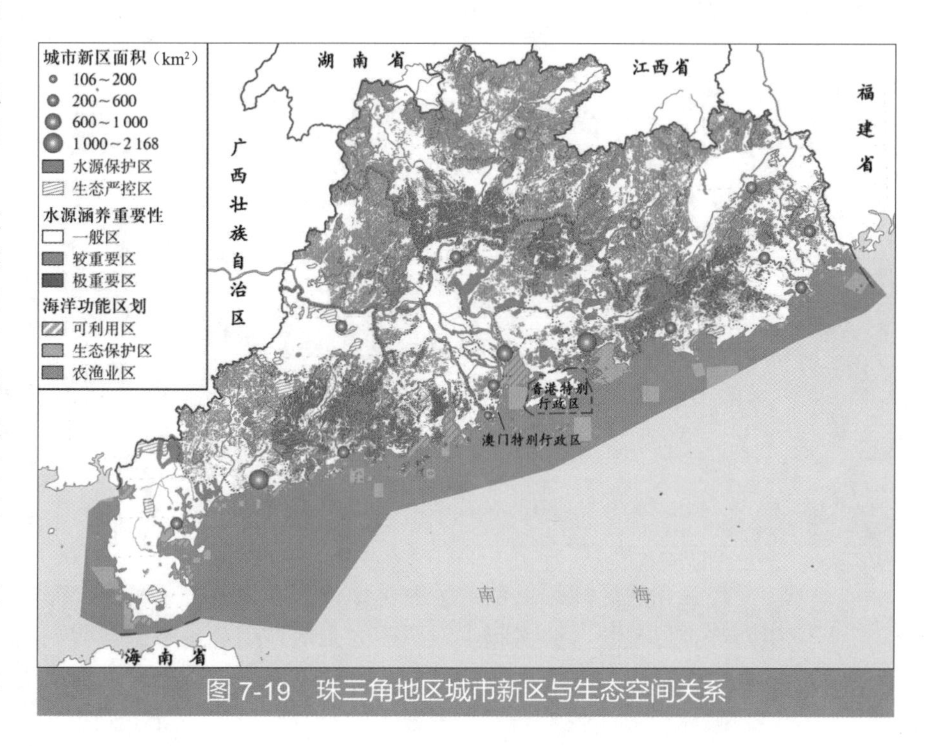

图7-19　珠三角地区城市新区与生态空间关系

这些新区在开发建设过程中，有可能加剧重要河流廊道的侵蚀，对饮用水水源产生威胁；同时，人为活动对生态系统的影响将越来越强，建设用地的进一步扩张可能侵占区域耕地和林草植被，破坏区域生态系统的完整性，对沿海自然岸线保护和重要湿地资源产生影响。

根据产业发展的情景预测，由于产业转移战略，到2020年和2030年，珠三角地区各类行业产值均有向粤东西北地区转移的趋势。珠三角城市群以高端发展为战略取向，建设成为全国先进制造业和现代服务业中心、世界先进制造业和现代服务业基地，区域污染负荷将大大降低。但对于粤东西北地区而言，由于发展压力较大，许多转移园区选址不合理，距离水源保护区和城镇居民区非常近，对区域饮用水安全保障和人居环境安全保障构成威胁。而且存在盲目引进产业的问题，在水源保护区上游、水源涵养区引进水污染企业，在城市上风向引进大气污染企业等。同时土地利用不集约，占用大片土地，对生态环境造成严重破坏。

广东省土壤重金属污染主要集中在城市工业用地、电镀企业集中区（如东莞）、矿山开采区（如韶关）等区域，呈现污染面广、污染因子多、环境风险高等特点。各不同工业类型典型区域，土壤污染特征各异。基于历史原因，广东省现已形成电子拆解、机械制造、石化工业、医药工业、矿山开采、金属冶炼等对土壤污染较严重的集中典型区域。

根据各市产业布局及产业转移，土壤污染格局也将有所变化（表7-4）。

表 7-4 未来重点行业土壤污染特征预测

行业	土壤污染特征	分布区域现状	分布区域预测	影响分析
电子拆解	Cu、Hg、Pb、Ni、Cd、As、Cr、Zn、多环芳烃（PAHs）、邻苯二甲酸酯类（PAEs）	汕头、清远、东莞	汕头、清远	典型区域（汕头贵屿镇、清远龙塘镇和石角镇）正开展土壤污染修复，土壤污染问题有望逐步解决
电镀行业	Cd、Cr、Ni、Pb、Cu、Zn	广州、深圳、东莞、佛山等	广州、深圳、东莞、佛山、中山等	珠三角城市群土壤污染有望遏制，粤东、粤西土壤污染防治压力增加
钢铁行业	Pb、Se、Zn、As、Hg、Cu、Ni、Cr、PAHs	韶关	韶关、湛江	韶关土壤污染需持续关注，湛江、珠海土壤环境保护将面临更大压力
矿山行业	Cu、Zn、Cd、Pb、As	韶关、河源、梅州	韶关、河源、梅州	大型矿区土壤污染可得到控制，周边农田土壤污染有望得到修复。小型矿区土壤污染防治难度大
机械制造	Cd、Hg、As、Cu、Ni、Zn、Pb	东莞、深圳、佛山和广州	各市均有，珠三角向周边转移	珠三角城市群土壤污染有望遏制，周边地区土壤保护压力增大
石化工业	Hg、Zn、Cu、Cd、PAHs	五大石化基地	广州、珠海、惠州、江门、肇庆、汕头、揭阳、湛江、茂名	五大石化基地周边农田土壤污染压力持续存在
金属冶炼	Cd、Pb、Cu、As、Zn	韶关	韶关、茂名	大型企业土壤修复力度加大，小型企业土壤污染难以控制

珠三角地区规划重点矿区主要分布于粤北韶关、河源、梅州等市，部分规划重点矿区与生态严控区重叠，会引起生态严控区土地占用、生态破坏等问题（图 7-20 和图 7-21）。采矿活动引发的生态破坏主要包括：占用与破坏土地资源、引发地质灾害、破坏与污染地下含水层、破坏地形地貌景观等。根据《广东省矿山地质环境保护与治理规划（2015—2020 年）》，广东省矿山开采及金属冶炼主要分布在韶关、河源、梅州等地。以韶关市为例，韶关市现有大宝山矿区，并有运行多年的规模较大的韶冶厂。韶关市属于《土壤污染防治行动计划》中的“土壤污染综合防治先行区”。2012 年以来，韶关市政府开始重视重大矿山开采及金属冶炼的土壤环境治理。2012 年，开展大宝山矿区及周边生态环境治理工作；2014 年，针对凡口矿区所在董塘镇，编制了《仁化县董塘镇环境综合整治方案》，土壤污染

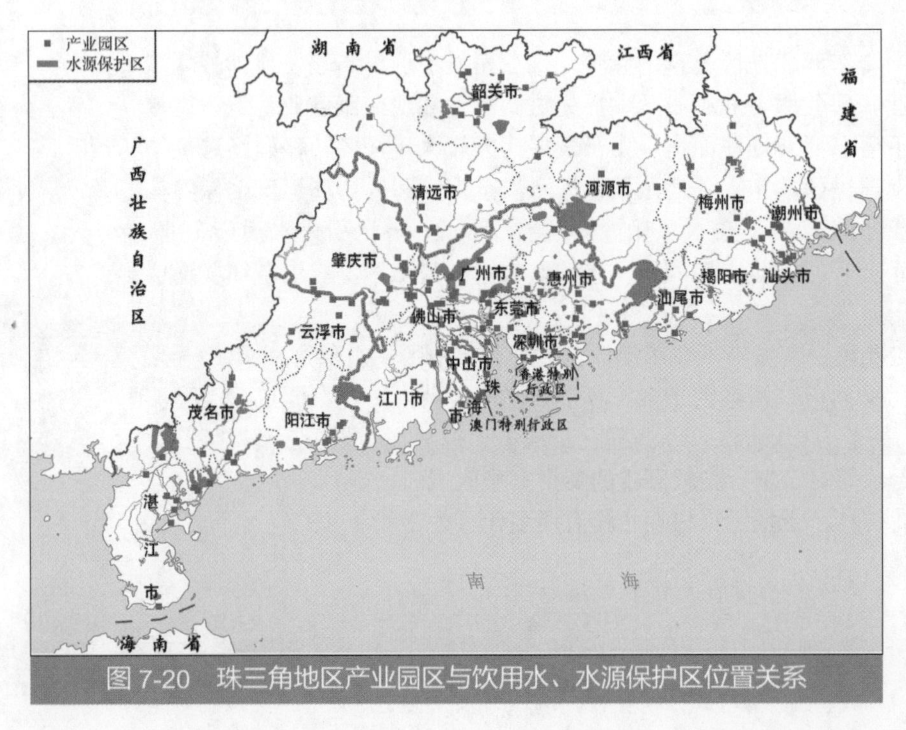

图 7-20 珠三角地区产业园区与饮用水、水源保护区位置关系

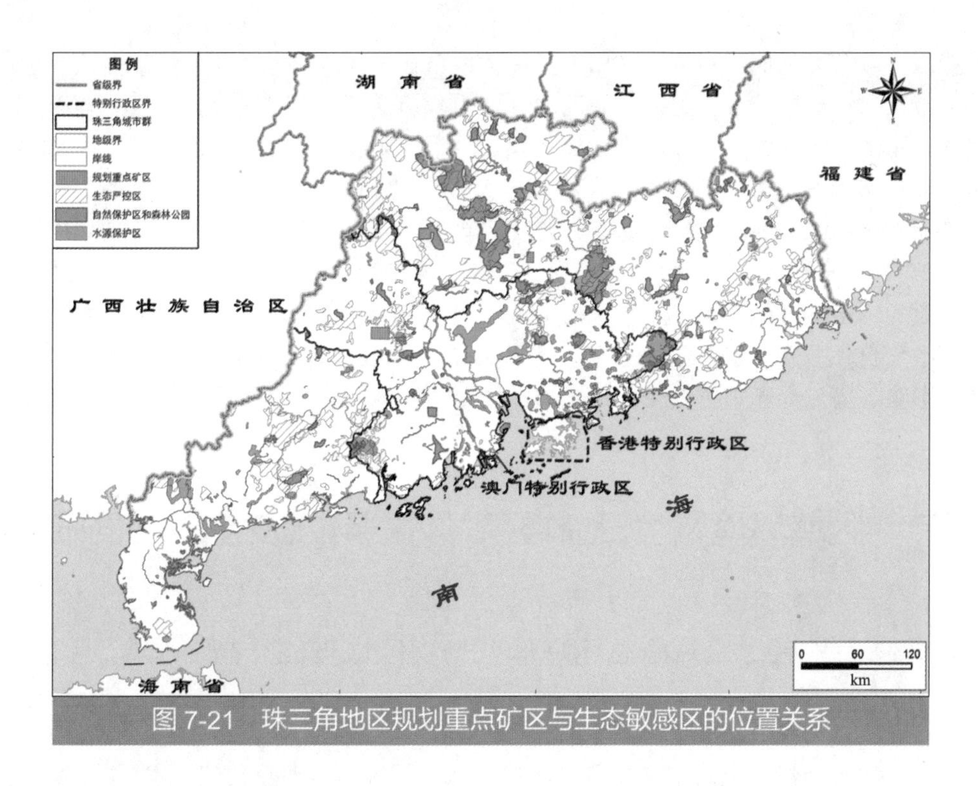

图 7-21 珠三角地区规划重点矿区与生态敏感区的位置关系

治理和修复工作得到逐步落实。随着广东省、韶关市对《土壤污染防治行动计划》的进一步细化、落实，韶关市典型矿区土壤污染可得到控制，周边农田土壤污染有望得到修复。

四、自然岸线侵占态势延续，沿岸生态系统功能下降

2011 年 7 月，《广东海洋经济综合试验区发展规划》获国务院批复，确定了珠三角地区“提升我国海洋经济国际竞争力的核心区”“促进海洋科技创新和成果高效转化的集聚区”“加强海洋生态文明建设的示范区”“推进海洋综合管理的先行区”四大海洋经济发展战略定位。珠三角地区将构建粤港澳、粤闽、粤桂琼三大海洋经济合作圈，重点打造环珠江口湾区、环大亚湾、大广海湾、大汕头湾、大红海湾、大海陵湾六大湾区和雷州半岛“六湾区一半岛”的海洋经济圈，几乎涵盖珠三角地区整个海岸线，将会进行大量的围海造地和港口码头建设活动。目前，珠三角地区已初步形成珠三角、粤东、粤西三大海洋经济区，未来将全面融入海洋强国战略，争当海洋强国战略的主力省。

然而，海洋经济发展，将会带来海域及滩涂湿地占用、海洋环境质量下降、海洋生态系统健康受损等影响。如港口开发中的环境问题，主要内容包括：航道、港池开挖、疏浚引起的泥沙输运及其疏浚物抛放对海洋环境的影响，深水港口水工建筑物、大型人工岛、超大型浮式结构的环境和生态影响；破波带及其附近水域沿岸流对物质输运扩散规律研究；大型海岸工程、岸滩保护和整治工程引起的海域环境的变迁和海岸演变；海岸演变、防护及开发利用新概念的原则与理论，如由于工程措施所引起的海岸动力学、生态学、社会经济学及与环境关系的综合分析与协调。

以江门大广海湾为例，根据《江门大广海湾经济区发展总体规划》，未来大广海湾地区将形成“一带三轴、一核三片”组团式空间格局，重点打造以临港先进制造业、海洋新兴产业、现代服务业和生态农渔业为主导的产业体系。预计新增围海1.8万亩，到2030年人口增加一倍，现状岸线以自然岸线和养殖岸线为主，根据未来的产业和城镇布局，人工建设岸线将快速增长。深圳市2016年发布了《深圳城市基础设施建设五年行动计划（2016—2020年）》，计划2016—2025年，开展“东部海域围填海项目”和“西部海域围填海项目”，将分别在盐田区、宝安区填海50 km^2，工程内容包括填海、陆域形成、软基处理等。大面积填海将影响海洋水文条件、改变自然景观、破坏生态平衡、减少湿地资源、损害动植物多样性，并有可能对水环境造成影响，增加赤潮灾害发生的概率。

第四节　区域环境风险日益复杂，人居环境安全保障面临挑战

一、珠三角地区健康风险总体降低，个别区域可能升高

根据广东省“十三五”规划，到2020年，主要污染物排放持续稳定下降，大气环境质量持续改善，全省各地级以上市空气质量全面稳定达到国家空气质量二级标准。2020年健康风险预测结果显示，佛山、云浮、广州为仅有的3个高健康风险区，阳江、珠海及汕尾和潮州仍然为低健康风险区。其他地区健康风险状况趋于均一化，河源市、肇庆健康风险可能升高。

综合考虑水中有毒物质通过饮水和皮肤接触对人体健康所造成的危害，通过2010—2014年中山市、茂名市、潮州市饮用水水源地水质监测资料，考虑人群状况，对水环境进行健康风险预测，3个城市的总化学致癌风险大小依次为茂名＞中山＞潮州。其中，茂名市的总化学致癌风险为$5.47\times10^{-5}a^{-1}$，高于国际辐射防护委员会（ICRP）推荐的最大可接受风险水平$5.0\times10^{-5}a^{-1}$。

环境风险预测结果表明，珠三角地区综合环境风险可分为四级，其中广州、惠州、肇庆位于一级区，佛山、东莞、江门、中山、湛江、茂名、韶关属于二级区。

二、珠三角城市群多环境要素复合型健康风险日益显著

持久性污染的多介质、多途径暴露加大人群健康风险。根据大气细颗粒物污染人群健康风险预测，珠三角城市群部分城市（佛山、广州），及城市群周边部分城市（云浮和茂名）的大气细颗粒物污染引起的健康风险相对较高；受到生活污水、农业面源及工业生产的影响，珠三角城市群的优质饮用水水源比例依旧较低，流域的持久性有机物污染管控难度大；土壤污染因素复杂的局面难以较快扭转，电子拆解、机械制造、石化工业、医药工业、矿山开采、金属冶炼等典型产业历史遗留的污染场地还需继续修复。以重金属和持久性有机污染物为代表的环境风险因子可以通过大气、水体、土壤、食物链等途径，通过饮水、皮肤接触、食用和呼吸等多种渠道进入人体，威胁人体健康。

城市群高强度人口流动，加大风险防控难度。珠三角城市群以珠三角地区30%的面积承载了超过50%的人口，空间开发利用率高，单位土地面积承载的人口负荷、污染负荷和经济

社会产值高。伴随珠三角城市群经济社会规模持续扩张，城市群内各城市之间及其与外围城市之间的联系和互动加强，尤其是“一小时生活圈”建立和“世界级城市群”的打造，进一步加强了人口流动、产业互动、废物转移和交通联动等，意味着珠三角城市群非正常排污、生产储存和交通事故等突发性环境风险发生的概率相对较高，风险传播及扩散的概率较大，风险发生后对经济、社会和公众造成的影响也较大。

构建人居环境安全评价指标体系，采用集对分析方法，对人居环境安全进行评价（表 7-5）。结果表明，珠三角城市群的环境系统贴近度最低，其中居住系统安全制约因素主要表现在产业结构性和布局性的环境隐患；环境系统安全的主要制约为区域性和产业性的累积性污染；社会系统安全的主要制约因素为风险预警防控及安全保障能力的地区差异。珠三角城市群企

表 7-5　珠三角地区人居环境安全评价指标体系说明

准则	要素	指标	指标说明
居住系统安全	生活环境	饮用水水质	珠三角地区 2015 年饮用水水源地水质达标率为 100%，比 2010 年提高了 2.9%，2020—2030 年将继续保持 100% 达标，同时提高优质水源地比例，2020 年县级市集中式饮用水水源地水质达到或优于Ⅲ类比例目标值为 100%
		区域环境噪声	珠三角地区近年声环境质量较为平稳，2015 年城市区域环境噪声等效声级现状平均值为 55.7 dB（A），66.7% 的城市受到轻度污染，污染来源主要以声源和交通为主，未来将继续控制城市噪声污染，控制在 55 dB（A）以下
	基础设施	城镇生活污水集中处理	珠三角地区 2015 年现状值为 85.5%，其中城市为 90%，县城为 80%，2020 年规划目标值分别为 95% 和 85%
		城镇生活垃圾无害化处理	珠三角地区 2015 年现状值为 90%，其中农村生活垃圾处理率普遍低于城市地区，2020 年目标值为 98%
	风险源	主导行业相对风险	受未来主导行业危险性影响，如行业特征污染物、污染物复杂程度和排污水平等
		城镇化相对风险	受未来城镇扩张和人口集聚影响，如空间扩展导致的自然生态系统侵占，因人类活动产生的污染物排放等
环境系统安全	环境质量	城市空气质量优良天数	珠三角地区 2015 年空气质量优良天数比例为 91.5%，比 2010 年水平有所降低，未达到“十二五”规划目标值，主要污染物为细颗粒物和臭氧，地区之间也存在差异，部分地区空气质量在近几年出现恶化趋势，未来应加强大气污染治理，2020 年目标值为 92.5%
		地表水质优良（达到或优于Ⅲ类）	珠三角地区 2015 年现状值为 77.5%，其中珠三角城市群和粤东地区水质优良率在珠三角地区较差，2020 年目标值为 84.5%，且地表水劣于Ⅴ类水体断面比例目标从 8.45% 的现状值降低到 0%
	生态安全	城市人均公园绿地	珠三角地区 2015 年平均水平为 15.03 m^2，未来将继续优化城市绿化，提高城市绿地覆盖率
		森林覆盖	珠三角地区 2015 年森林覆盖率为 58.8%，其中粤北地区覆盖率最高，2020 年目标值为 60.5%，其中粤北地区森林覆盖水平要达到 70% 以上
		国土开发强度	珠三角地区 2015 年有部分城市国土开放强度超过 30%，30% 为国际警戒线
社会系统安全	风险防控	重点企业应急预案备案	珠三角地区进行突发环境风险应急备案的企业主要分布在珠三角城市群，备案率在地区之间差距较大，未来将进一步提高总体备案率，并缩小地区差距

准则	要素	指标	指标说明
社会系统安全	风险防控	环境监测站标准化建设	珠三角地区环境监测站标准化建设率存在地区差异，珠三角城市群基本达到100%，粤东西北地区在60%～80%，未来将进一步提高不同等级环境监测站标准化建设率，缩少地区差距
	社会保障	每千人拥有床位数	珠三角地区人均床位数逐年增加，但地区之间依旧有差距，部分地级市依旧低于全国平均水平，未来将进一步缩小地区差距，其中落后地区目标达到全国平均水平
		环保投资指数	珠三角地区环保投资比例总体在逐年增加，但由于缺少多元化的投资渠道，环境污染治理投入比例偏低，低于全国平均水平，未来在大气、水、土壤和人居环境安全等突出问题背景下，应加强环境投入力度

业集聚区逐步成为城市区域内的高风险源，环境突发事件和群众投诉较多，中国石油化工股份有限公司广州分公司、广州钢铁企业集团有限公司等靠近城镇和水源地，威胁居民环境安全。

在强化管控情景下，需加强以下环境风险管控措施：加强对人居环境中的潜在风险源的筛查，针对钢铁、电镀、农药等行业及时进行风险评估，实施相应的环境健康风险防控措施；进一步优化城市空间布局，加强与周边城市的环境风险联防联控，建立统一的环境风险信息化数据库和管理平台，与智慧化的城市管理体系相衔接；建立及时、有效的社会参与和信息公示制度，建立城市—社区—公众多层次的公众信任机制。通过疏解主导行业潜在风险，并削减如空间扩展导致的自然生态系统侵占，城市群重点行业与城镇化发展的相对环境风险将实现显著降低。

三、粤东西北地区工业化加速可能加大累积环境风险

粤东西北地区工业化进程加快，环境压力加重，加大潜在累积环境风险。根据珠三角未来产业发展规模预测，利用相对风险模型评价发现（图7-22和图7-23），快速工业化下，粤北大部分城市（如清远、韶关、河源、梅州）、粤西（阳江）和粤东（湛江）的部分地级市相对风险值较大，而对各市相对风险值影响较大的行业主要为有色金属开采冶炼压延、黑色金属矿采选和压延加工、石油加工炼焦、化学原料和制品制造和电力热力等行业。随着这些行业在粤东西北日益聚集，新旧污染源叠加，排污强度增大，该地

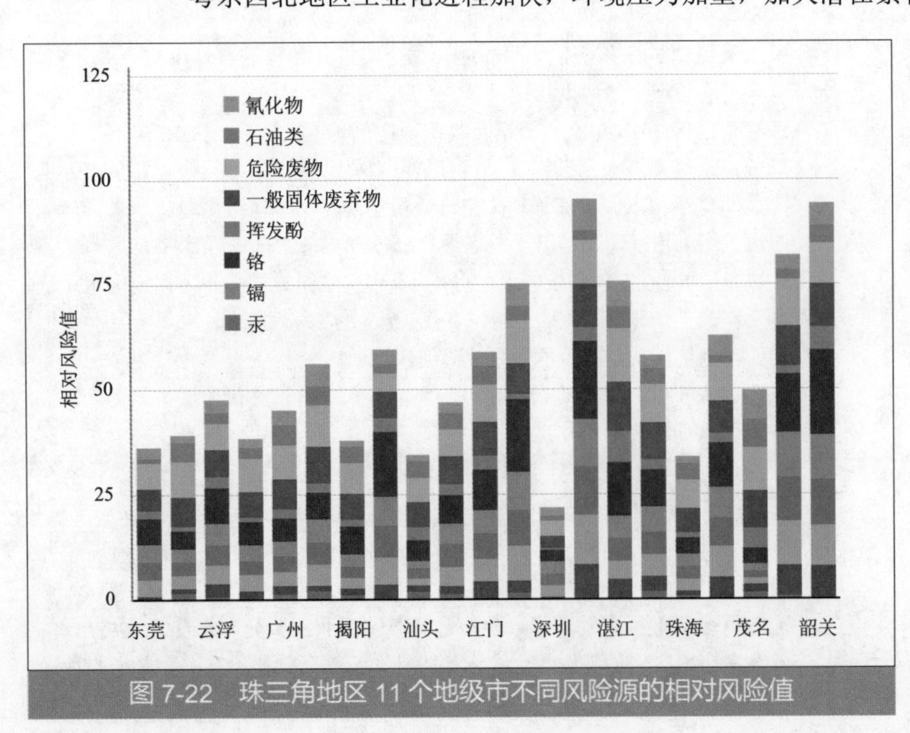

图7-22　珠三角地区11个地级市不同风险源的相对风险值

区重金属和持久性有机污染物排放削减任务重。若该地区污染处理能力继续存在缺口、风险防控和应急能力无法衔接，污染得不到合理控制和及时处理，重金属和持久性有机污染物容易发生累积、迁移和扩散，加剧该区域地下水、地表河流和土壤的累积性污染。

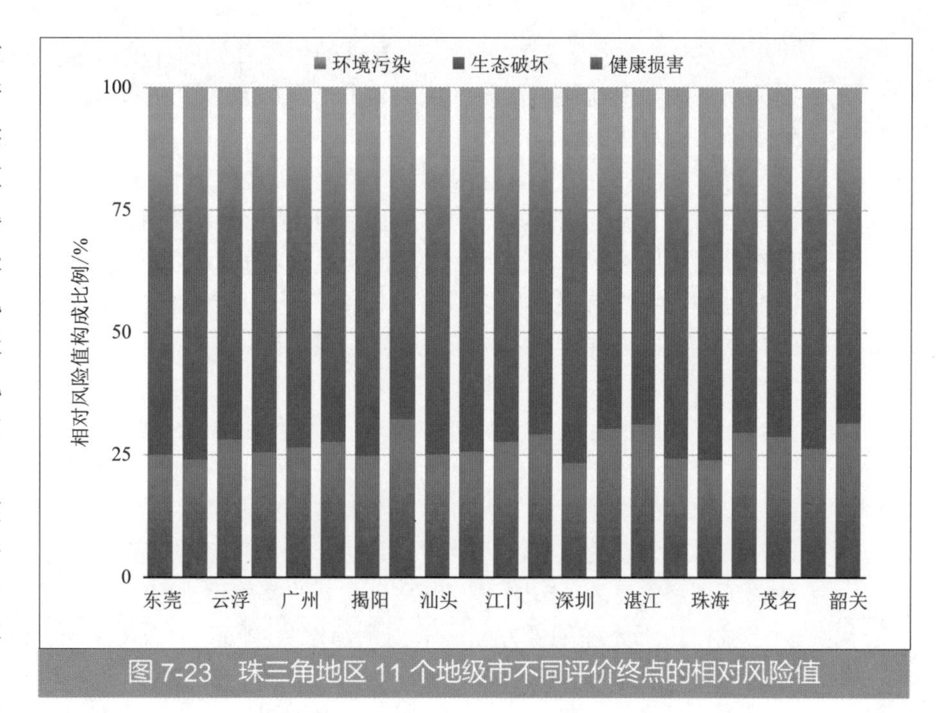

图 7-23 珠三角地区 11 个地级市不同评价终点的相对风险值

土壤累积污染风险空间可能扩大，威胁粮食安全。根据珠三角地区矿山未来规划，矿山开采主要分布在韶关、河源、梅州等地，部分重点矿区临近或涉及饮用水水源保护区、地表水Ⅱ类水体区域，未来选矿过程中会排出大量的尾矿，若处理不当，有害成分易通过雨水、阳光、空气发生迁移，重金属离子溶出，造成周边土壤、水源和大气的严重污染和破坏。未来农业生产和畜牧业养殖的不断扩张，农药、化肥、污水灌溉、农业废弃物处理处置和畜禽养殖粪便等可能加重土壤的重金属和有毒有机物的污染。粤东西北地区是珠三角地区的主要粮食、农产品及畜牧业的生产基地，是土壤污染的敏感区域，在寻求发展的同时做好从源头的环境风险的防控工作，是粤东西北地区亟待解决的问题。

在强化管控情景下，粤东西北地区应加快完善风险防控体系，将风险评价、空间布局优化、环境准入、产业结构调整、清洁生产等纳入管理体系，形成内在协调、结构严密的环境风险防控制度体系；强化重点地区和重点行业的风险评估和分级管理，特别要重视石油化工、电镀、钢铁、非金属制品、矿山开发等涉及重金属、持久性有机污染物和危险化学品的工业行业环境风险防控，完善环境风险源数据库，深化风险源的动态管理。通过实施以上管控方案，粤东西北地区累积环境风险管控将得到增强，形成内在协调、结构严密的环境风险防控制度体系。

第五节 环保基础设施在双重压力下，短期内仍无法解困

一、近期规划前瞻性不足，终端处理压力巨大

城镇生活垃圾无害化处理设施及污水处理设施的近期规划前瞻性不足，重“终端处理设施建设”、轻“资源化”。珠三角地区“十三五”期间城镇生活垃圾的重点依然是“建设终端处理设施”，垃圾分类及资源回收利用仍然停留在原始阶段，没有具体目标值及强制措施。处理方式较单一，重垃圾焚烧、轻资源化（厨余垃圾资源化），水泥窑协同处置等技术的研究及

应用无具体推进计划。对于拟大力发展的“综合处理环境园”，尚未出台配套政策，如规划规模偏小，则很快就会再次陷入能力饱和、无发展空间的困境。配套的焚烧飞灰、垃圾渗沥液处理能力无足够保障。

污水处理处置方面，管网建设严重滞后。与“十二五”相比，“十三五”既有延续也有创新。但雨污分流、初期雨水收集处理、污水再生利用率仍然只有原则性要求，没有具体目标值。虽然提出了厂网配套、泥水并重，但一般仅对城市建成区提出了要求，对于城镇污水收集率、污泥处理率并没有提出规划保障目标值。随着城镇化进程的推进，可以初步判断，除非经历跨越式发展，否则短期内仍无法解困，很难避免走“先污染、后治理”的老路。

二、对社会资源协作的需求迫切，面临的挑战巨大

城镇化的快速发展，人口的高度聚集，决定了珠三角地区“生活垃圾焚烧发电处置方式”已经不再是争议的重心，建设“生活垃圾综合处理环境园”将成为重要的发展方向，而“环境园”的选址是最重要的环节之一，也是目前制约其建设进度的主要因素之一。

城镇污水处理处置方面，单纯从污水集中处理率分析，城市污水处理设施已基本覆盖，目前的布局重点已转向农村区域。而受征地、资金等多因素影响，配套管网的建设严重滞后，大量雨水进入污水处理厂，污水处理设施负荷严重不足。城镇污水处理的成效与群众对水环境改善的期待存在较大差距。如何加快推进污水管网的建设、与终端处理处置设施相匹配是污水处理处置设施建设面临的最大压力。

“生活垃圾综合处理环境园”的用地落实以及污水管网的建设推进，都需要土地、资金、公众理解、专业力量等多种社会资源的充分协作，在现在的政策、运作模式、公众认知水平、政府监管能力下，其面临的挑战巨大。

第八章

区域生态环境战略性保护总体方案

第一节　区域环境保护战略目标

以实现区域经济社会与资源环境协调发展为目标，始终遵循节约资源和保护环境的基本国策，全面贯彻党的十九大精神，紧紧围绕“五位一体”总体布局和“四个全面”战略布局，

表 8-1　珠三角地区战略环境评价指标体系

类别	指标名称		单位	2020 年目标值	2035 年目标值
绿色发展	万元 GDP 用水量		m^3	≤ 46	持续下降
	万元工业增加值用水量		m^3	≤ 37	持续下降
	再生水利用率	缺水地区	%	≥ 20	持续提升
		其他地区		力争≥ 15	≥ 15
环境质量	$PM_{2.5}$ 年均浓度		μg/m^3	各地级以上市全面稳定达到 35 μg/m^3 以下，深圳力争达到 25 μg/m^3；现状达标城市年均浓度低于 2015 年水平	区域年均浓度力争达到 25 μg/m^3，深圳力争达到 15 μg/m^3
	臭氧年均浓度		—	上升趋势得到有效控制	持续改善
	劣Ⅴ类水体占比		%	0	0
	城市建成区黑臭水体占比		%	＜ 10	0
	近岸海域水质优良占比		%	＞ 85	持续改善
人居安全	集中式饮用水水源地水质优良占比		%	100	100
	受污染耕地安全利用率		%	＞ 90	＞ 95
	污染地块安全利用率		%	＞ 90	＞ 95
生态保护	森林覆盖率		%	60.2	＞ 62
	生态环境状况指数（EI）		—	79	＞ 81
	生态红线区域占国土面积比重		%	满足生态环境安全底线	满足生态环境安全底线
	自然岸线占比		%	≥ 35	≥ 35

坚持创新、协调、绿色、开放、共享的发展理念，以改善生态环境质量为基础，以保障人居环境安全为核心，优化区域生态空间格局，大力推进生态环境保护，实施海陆统筹，建设珠三角城市群国家级绿色发展示范区，打造粤港澳大湾区生态文明建设先行先试区，为基本实现社会主义现代化提供生态环境基础（表 8-1）。

近期目标：到 2020 年，主要污染物排放总量持续稳定减少，环境质量持续改善，生态系统功能提升，环境风险得到有效控制，环境治理能力现代化建设取得积极成效。

远期目标：到 2035 年，生态环境质量实现根本好转，人居环境安全保障水平持续提升，基本实现环境治理能力现代化，为率先基本实现社会主义现代化提供生态环境基础。

第二节　调控路径与基本原则

一、调控路径

珠三角地区打造环境保护新标杆，必须实施“提”“保”齐抓的环境治理策略。以“提”为指导。一是提发展质量。强化供给侧结构性改革先行与示范作用，深化环境保护优化经济发展，“倒逼”经济发展质量效益持续提高，在全国率先探索建立经济社会发展和生态环境保护协同共进的绿色发展新模式。优化国土空间开发格局，控制开发强度，提高利用效率，强化经济社会发展高效、协调、可持续的国土空间支撑。持续提升城镇化质量，切实提高人居环境适宜水平。二是提环境标准。瞄准国际大都市生态宜居标准，对标国际环境质量标准体系和污染排放体系，率先构建接轨国际、适应发展阶段的环境标准体系和准入体系，率先建成环境质量标准标杆区。三是提治理能力。率先创新环境治理理念和治理方式。率先推动 $PM_{2.5}$ 与 O_3 污染协同防治，深入实施一次 $PM_{2.5}$、NO_x、VOCs 等前体污染物协同减排，提升有毒有害大气污染物监管能力；珠江三角洲河网区及珠江口湾区、粤东和粤西沿海诸河及近海区、东江西江北江上游控制区实施差异化水环境治理策略；持续提升精细化管理水平，率先推进环境治理体系和治理能力现代化。

“提”的同时，强化“保”的基础。一是保优良。要保住珠三角地区优良的环境空气、水体和生态，确保好的生态环境不变差。二是保达标。持续推进大气污染协同治理，保持区域 SO_2、NO_2、PM_{10} 年均浓度持续下降的态势，推动 O_3 和 $PM_{2.5}$ 等新型污染物的控制和多种污染物的协同控制；推进区域水环境系统整治，狠抓流域治理，加强黑臭水体治理。推动珠三角地区环境率先整体稳步达标，做我国环境治理和达标的先行和示范。三是保安全。严守生态功能保障基线，实施“保底线、促流通、增节点”的生态空间优化策略，提升生态功能；划定水环境和大气环境管控区，建立“削减、控制、保护”并重的全方位环境风险分区防范策略，保障人居环境安全。

二、基本原则

1. 绿色发展，环境优先

坚持“绿水青山就是金山银山”，把环境保护放在更加突出的位置，实施绿色发展战略，推进经济结构战略性调整和产业转型升级，促进珠三角优化发展和粤东西北振兴发展，积极构建绿色循环低碳发展新格局。

2. 问题导向，质量核心

坚持问题导向和目标导向，围绕社会关注和人民群众反映强烈的突出环境问题，确定环境治理和生态修复的优先序列，强化大气、水和土壤等重点领域污染治理，集中力量打攻坚战，提升精细化管理水平，确保环境质量持续改善。

3. 分区施策，综合管控

根据区域的主体功能、主导生态服务功能和行业污染特性的差异，制定目标导向的区域差别化环境准入和保护政策。统筹城镇、农业、生态空间管理，建立系统完整、责权清晰、监管有效的管理格局，实施空间管控、总量管控和准入管控。实施多污染物协同控制，强化多污染源综合管理，开展区域联防联控，提升综合管控水平，维护区域生态安全。

4. 对标国际，创新引领

将生态环境保护与稳增长、调结构、惠民生紧密结合，瞄准国际大都市生态宜居标准，率先按照国内最严、接轨国际的标准推进污染治理；不断加强能力建设，综合利用社会机制、市场机制和司法保障机制，补齐生态环境治理能力的“短板”，实现环境治理能力和治理体系现代化。

第三节　推进绿色协调发展

一、推进经济绿色转型

1. 建设珠三角国家绿色发展示范区

全面加强省部环保合作，推动珠三角地区率先建成国家绿色发展示范区。科学规划区域生产、生活、生态空间，提高空间利用效率，保障生态安全，形成人与自然和谐的绿色发展新格局。积极发挥环境调控作用，推动经济结构战略性调整和产业转型升级，减少资源能源消耗和污染排放，增加绿色产品供给，为经济增长注入绿色动力。坚持以改善环境质量为核心，强化区域大气复合污染协同控制，打造互联互通的绿色生态水网，加强土壤环境风险分级分类管控，为人民群众提供优美的绿色环境。按照《生态文明体制改革总体方案》部署，抓好各项改革任务落实，率先破解生态文明体制改革难题。以社会主义核心价值观为引领，塑造具有时代精神和地方特色的生态文明观，全面提高公众生态文明素养。到 2020 年珠三角地区生态文明建设示范工作取得重大进展，基本建成绿色空间合理、绿色经济发达、绿色环境优美、绿色人文繁荣、绿色制度创新的国家绿色发展示范区。

2. 加快推动粤东西北地区绿色振兴发展

以交通基础设施建设、产业园区扩能增效、中心城区扩容提质“三大抓手”为重点，加快推进新型工业化、城镇化和农业现代化。加快中德（揭阳）金属生态城、中以（汕头）科技创新合作区、中德（茂名）精细化工基地、梅州梅兴华丰产业集聚带、潮州高铁新城、闽粤经济合作区等一批生态工业园区建设，促进粤东西北地区与珠三角地区互联互补互动发展，推动建设资源共享、一体化融合发展的汕潮揭特色城市群，打造功能清晰、协同发展的粤西临港经济带和可持续发展的粤北生态型新经济区。科学推进产业转移和产业共建，防范过剩和落后产能跨地区转移，严格粤东西北地区产业资源环境效率准入要求，进一步推进产业向园区集聚。优化现有产业转移园区布局，定期评估现有园区建设状况与资源环境承载情况，对部分建设进度慢、发展潜力差、区域资源环境承载力低的园区应予以整顿，逐步改变园区分散布局状况。分期有序推进粤西北城市新区建设，适时再次评估既有新区规划的科学性，考察新区所在区域的资源环境承载能力、“三大红线”保障情况、工业化和城镇化发展潜力等，及时调整规划目标、规模、布局和建设时序。

3. 合理控制沿海经济带发展规模

合理控制重化工业发展规模，钢铁行业粗钢规模控制在 5 000 万 t 以内；惠州大亚湾石化产业基地 2020 年前炼油规模控制在 2 200 万 t 以内，远期发展应立足区域环境承载能力与风险可接受程度；揭阳、湛江、茂名石化产业发展应严格落实国家相关政策和布局要求。落实《广东省海洋主体功能区规划》和《广东省海岸带综合保护与利用总体规划》，布局集约节约用海区域，分类管控海域开发利用，规范围填海秩序。

4. 实施传统产业绿色化升级改造

充分发挥市场机制的“倒逼”作用，综合运用差别电价、惩罚性电价、阶梯电价、信贷投放等经济手段推动落后和过剩产能主动退出市场。全面推进钢铁、电力、化工、建材、造纸、有色、铅蓄电池等行业能效提升、清洁生产、循环利用等专项技术改造，建立企业环保领跑者制度，“十三五”期间开展清洁生产审核企业超过 1 万家次。围绕钢铁、纺织印染、造纸、石化化工、食品发酵等重点行业实施节水治污改造工程。鼓励沿海火（核）电、石油石化、钢铁等高用水行业积极采用海水冷却技术，电力、钢铁、纺织、造纸等高耗水行业达到先进定额标准，进一步降低造纸、化工、印染、电镀等行业废水排放量及污染物排放强度。

5. 加强绿色循环低碳改造

推进石化、钢铁、建材、再生资源等重点行业循环化发展。深入推进工业园区循环化改造和工业“三废”资源化利用，提高资源产出率和循环利用率。建设工业资源综合利用基地和示范工程，支持“城市矿产”示范基地建设。加强再生资源回收体系建设，探索推广逆向物流回收渠道、“互联网 + 回收”智能回收等模式。加快建设循环型农业体系，建设一批农业循环经济示范区。推进实施“百园”循环化改造工程，到 2020 年，推动 100 个工业园区实施循环化改造。珠三角城市群推动形成以环保技术研发和总部基地为核心、在粤东西北地区形成以资源综合利用为特色的产业集聚带，加快推动肇庆环保科技城等节能环保产业基地建设。加快中德（揭阳）金属生态城、中以（汕头）科技创新合作区、中德（茂名）精细化工基地等一批生态工业园区建设。

二、推进区域协调发展

1. 优化国土开发格局，统筹协调城镇、农业、生态空间

落实主体功能区战略，结合生态功能定位和生态环境承载能力，推进构建“核心优化、双轴拓展、多极增长、绿屏保护”的国土开发总体战略格局，实施分区环境管控。深化区域内、区域间协调合作与融合发展，增强珠三角城市群对粤东西北地区的辐射带动，促进阳江、云浮、清远、韶关、河源、汕尾等城市对接融入珠三角城市群的组团发展。加快建设粤东城市群、粤西沿海城市带和粤北生态发展区，建设沿江沿海重点开发经济带。科学推进产业转移和产业共建，防范过剩、落后产能向重点生态功能区和江河上游源头区转移。优化产业转移园区布局，推动粤北地区冶炼行业逐步转移退出，定期评估现有园区绿色发展水平，加快绿色转型步伐。

2. 合理调控发展规模，推进集约宜居的新型城镇化建设

以耕地红线和生态保护红线为约束，合理划定城镇开发边界，实施建设用地总量和强度双控，深圳、东莞、佛山等城市加快推进建设用地的存量优化和减量规划，明确工业用地或建设用地规模上限。严格控制广州、深圳人口规模。合理规划城市新区，分期有序推进城市新区建设，适时评估“三线一单”落实情况、资源环境承载能力、工业化和城镇化发展潜力等，及时调整规划目标、规模、布局和建设时序。继续推进城市建成区“退二进三”，现有钢铁、有色、造纸、电镀、印染、石化、化工等污染较重的行业企业分类采取集中发展、就地改造、异地搬迁或依法关闭等措施，优先解决重化工业围城、工业和人居功能混杂等问题，保证人居环境与工业生产空间的合理分隔。加快推动广州石化、韶关冶炼厂等企业搬迁。引导村镇工业和人居功能混杂区提升改造，以专业镇和特色小镇建设为载体，加强村镇环境综合整治。加快完善城乡环保基础设施体系，珠三角城市群加快城镇污水、垃圾处理处置服务功能向农村延伸；粤东西北地区以乡村振兴发展战略为契机，因地制宜合理推进农村环保基础设施体系建设。

3. 携手港澳加快建设世界级城市群

创新粤港澳合作机制，加快建设深圳前海、广州南沙、珠海横琴等粤港澳合作平台。进一步强化中心城市功能，以广州、深圳为主要辐射核心，珠三角各市中心城区为支撑，各主要功能节点城市为依托，携手港澳共建世界级城市群。积极发挥广州省会城市的优势，提高辐射带动力；推动深圳与香港共建全球性金融中心、物流中心、贸易中心、创新中心和国际文化创意中心；支持珠海与澳门合作共建世界级旅游休闲中心。在金融创新、社会管理创新及市场化、国际化、法治化营商环境构建等方面先行先试，促进区域内人才、物流、资金自由流动，提升大珠三角的开放度和国际化水平。依托港珠澳大桥，提升珠江西岸与港澳地区合作层次和水平。重点支持江门大广海湾片区、中山翠亨新区加强与港澳合作。推动环珠江口宜居湾区建设，共同开展绿网、蓝网等建设。深化粤港澳区域旅游合作，打造粤港澳世界级旅游目的地。在改善珠三角地区空气质量、推动清洁生产、保护水环境、护理林业及海洋

资源等方面加强粤港澳合作。落实《粤港澳区域大气污染联防联治合作协议书》，推进区域 $PM_{2.5}$ 研究合作。加强水环境保护合作，强化东江水质保护和珠江河口水质管理，推进深圳湾（后海湾）水污染防治合作。积极开展林业护理和海洋资源护理交流合作。

第四节　加强分区治理与保护

一、大气环境分区治理策略

1. 近期重点推动 $PM_{2.5}$ 与 O_3 污染协同防治，深入实施 $PM_{2.5}$、NO_x、VOCs 等前体污染物协同减排

强化珠三角城市群和粤东“汕潮揭”城市群的大气污染协同防控，全面深化各类污染治理，实现火电、建材、锅炉等重点污染源的深化治理及全面稳定达标；加强挥发性有机物排放源的综合整治及总量减排，推进 VOCs 重点行业排放标准修订；实施包括船舶、非道路移动机械在内的移动源的整体污染防控。加大“倒逼”能源结构调整、产业结构升级和布局优化的力度。其中，珠三角城市群和粤东西北地区各有不同侧重（表 8-2）：

①珠三角城市群应全面深化区域大气污染联防联控，统筹防治臭氧和细颗粒物污染，重点加强挥发性有机物和氮氧化物协同控制，着力削减煤炭消费总量，加强机动车、船舶和非道路移动机械等的污染防控；中长期加快推动产业转型升级和能源消费总量下降、能源消费结构持续改善，加强大气污染源头削减。珠三角城市群重点控制城市是广州、佛山、东莞、肇庆和深圳。广州、佛山和东莞重点治理挥发性有机物（VOCs）和细颗粒物（$PM_{2.5}$），其次是氮氧化物（NO_x）；肇庆不仅要治理细颗粒物，还要开展农业氨排放治理；深圳重点治理机动车和港口船舶污染排放。

②粤东地区应建立“汕潮揭”城市群大气污染联防联控机制，加强大气污染协同防控，系统推进挥发性有机物、氮氧化物和烟粉尘减排，着力加强中小企业大气污染综合整治，加快推进空气质量达标并持续改善。潮州和揭阳重点加强 VOCs 和 $PM_{2.5}$ 控制，汕头重点加强烟粉尘控制。

③粤西地区应重点防控颗粒物和氮氧化物污染以及农业氨排放，重点控制城市是湛江和茂名。粤西地区还应严控石化、钢铁新建项目的 VOCs 新增排放量，加强对炼油石化行业挥发性有机物排放的管理和控制，重点保障城市空气质量，防范产业发展和城镇化过程造成大气污染。

④粤北地区应重点防控颗粒物和氮氧化物污染，加强环境准入管理，加大对工业锅炉和窑炉的整治力度，着力提高资源能源利用效率，降低单位产出污染物排放强度，保障和改善城市空气质量。重点控制城市是韶关和清远，云浮应加强水泥、陶瓷、火力发电行业废气综合治理；清远、梅州与河源应加强建材行业工业粉尘治理，梅州还应警惕大气氨排放加剧；韶关重点治理冶金行业烟粉尘和废气重金属排放。

表 8-2 大气环境治理分区策略

区域	近期重点控制污染物	重点方向与重点措施	中远期重点控制污染物	重点方向与重点措施
珠三角城市群	VOCs、$PM_{2.5}$、NO_x	重点方向：煤炭消费总量控制、严格环境准入、产业结构调整、深化治理。 重点措施： 1. 能源消费总量控制在 23 552 万 t 标准煤以内；区域煤炭总量控制在 7 006 万 t 标准煤以内；增大天然气、电力等清洁能源供应。 2. 加快落后、重污染企业淘汰；推行行业准入负面清单。 3. 所有燃煤电厂完成超低排放改造；基本淘汰锅炉 10 t/h（含）以下高污染燃料锅炉；全面完成省、市两级重点企业的 VOCs 污染综合治理。 4. 基本淘汰黄标车，逐步推进老旧车淘汰；加快淘汰老旧落后船舶；率先实施国六机动车排放标准；落实《珠三角、长三角、环渤海水域船舶排放控制区实施方案》要求；加强港口船舶污染排放控制。 5. 推进开展广州、佛山、肇庆等城市交界处工业集聚区、村级工业园连片环境综合整治。 6. 深化区域联防联控	VOCs、$PM_{2.5}$、NO_x，并适当考虑有毒有害、汞等全球污染物的协同减排	重点方向：能源消费总量控制、产业布局调整、拓展新领域持续深化治理。 重点措施： 1. 能源消费总量年均增速平稳或逐年下降。区域煤炭消费总量进一步下降。 2. 制订并落实范围更广、标准更严的节能、环保、产业、清洁生产标准，推动产业结构不断优化，搬迁中国石油化工股份有限公司广州分公司。 3. 全面落实固定源排污许可证管理。 4. 完成老旧车淘汰；全面推进船舶、非道路移动源污染控制；优化发展绿色、智能交通。 5. 有序推进机场和航空器大气污染排放控制
粤东片区	VOCs、NO_x、颗粒物	重点方向：能源消费总量控制；中小企业稳定达标排放治理；依法依规淘汰落后和违法企业。 重点措施： 1. 能源消费总量控制在 2 622 万 t 标准煤以内。 2. 着力加强中小企业工业锅炉和窑炉大气污染治理，以及“小散乱污”企业清理整治，实施治理设备升级改造，提升治理效率。 3. 完成所有燃煤电厂超低排放改造。 4. 摸清区域 VOCs 排放与分布状况，建立 VOCs 排放清单。完成重点企业 VOCs 综合治理。 5. 建立“汕潮揭”联防联控	VOCs、NO_x、颗粒物	重点方向：能源消费总量控制；产业结构调整；治理技术升级改造；面源污染控制。 重点措施： 1. 能源总量年均增速控制在 2.8% 以下。 2. 制订并落实范围更广、标准更严的节能、环保、产业、清洁生产标准，推动产业结构不断优化。 3. 提高车用和船用油品质量，实施国六机动车排放标准

区域	近期重点控制污染物	重点方向与重点措施	中远期重点控制污染物	重点方向与重点措施
粤西片区	颗粒物、NH_3	重点方向：能源总量控制；钢铁、石化行业深度治理；依法依规淘汰落后和违法企业；农业源排放控制。 重点措施： 1. 能源消费总量控制在 3 479 万 t 标准煤以内。 2. 加强钢铁废气排放治理力度，执行国家大气污染物特别排放限值；对新建钢铁项目实施更严格的节能环保准入约束。 3. 炼油石化行业完成 LDAR（泄漏检测与修复）技术应用和有机废气综合治理，执行大气污染物特别排放限值。在有机化工、医药化工等行业推广 LDAR 技术。 4. 开展大气氨排放摸底调查；推进畜禽养殖业污染整治	颗粒物、NH_3	重点方向：能源消费总量控制；产业结构调整；治理技术升级改造；农业源排放控制。 重点措施： 1. 能源总量年均增速控制在 2.8% 以下，大力发展清洁能源。 2. 进一步提高能耗、环保等准入门槛，严格控制高耗能行业产能扩张。 3. 加大石化、钢铁等高排放行业的大气污染物排放监管，严格落实总量控制要求。 4. 提高车用和船用油品质量，实施国六机动车排放标准。 5. 推行农业集约化管理，实施化肥、农药使用零增长
粤北片区	颗粒物	重点方向：能源总量控制；冶金、建材行业深度治理；依法依规淘汰落后和违法企业。 重点措施： 1. 能源消费总量控制在 4 142 万 t 标准煤以内。 2. 加强准入管理，依法依规淘汰落后和过剩产能，深化水泥、陶瓷等建材行业去产能行动。 3. 完成所有燃煤电厂超低排放改造。 4. 大力推进冶金工业废气污染控制与资源化。 5. 开展大气氨排放摸底调查；推进畜禽养殖业污染整治	颗粒物	重点方向：能源消费总量控制；产业结构调整；治理技术升级改造。 重点措施： 1. 能源总量年均增速控制在 2.6% 以下。 2. 严格控制建材、冶金等行业规模；提高建材行业能耗要求，淘汰产值低能耗大的企业。 3. 农业集约化管理，化肥施用实现零增长。 4. 提高油品质量，实施国六机动车排放标准

2. 远期重点加大 NO_x、VOCs 等前体污染物协同减排力度，在全面稳定达标基础上通过技术升级推动持续挖潜减排

以绿色发展和粤港澳大湾区建设为统领，全面提升节能环保标准要求，加快推动产业绿色转型升级，进一步提高清洁能源比重，在污染源全面稳定达标基础上通过技术升级推动持续挖潜减排，实现资源能源利用和污染排放水平与国际先进水平接轨。实施珠三角地区煤炭消费总量控制，提高清洁能源比重；实施传统产业绿色升级改造，提升重点行业大气污染物排放标准；优先发展绿色、智能交通，全面推广应用新能源汽车，提高机动车和非道路机械排放标准；制订 VOCs 重点行业低挥发性原辅材料限值、全面推行水性涂料；开展农业源氨排放、农药及化肥总量控制、废气重金属、持久性有机物等有毒大气污染物排放控制，完善大气污染防控体系。

二、水环境分区保护策略

以饮用水安全保障为主线，着力优化空间开发格局。以流域治理为抓手，统筹海陆，实现生态引领、绿色发展。具体来说，将珠江—西江经济带规划为生态经济带，打造绿色西江，确保一江清水向南送。珠三角河网及珠江口湾区通过促改善，实现优化发展。粤东和粤西诸河及近海区通过稳质量实现重点发展（表 8-3）。其中：

1. 珠江三角洲河网区及珠江口湾区

坚持环境优先，优化发展，环境治理立足于“减”和“调”。一是减负荷，基于区域发展定位和资源环境承载能力，控制广州、深圳等特大城市规模和石化、造纸、纺织等重污染行业规模，提高清洁生产水平，降低污染增量；加强治理，削减污染存量。二是调结构，通过环境准入促转型，推动产业结构战略性调整，培育战略性新兴产业为新的主导产业，培育新的增长点和增长极。通过深入实施精准治污，加快解决流域水环境污染问题，推动产业绿色转型升级，全面提升珠三角城市群核心竞争力。以环境质量底线为约束，全面提升水环境质量。近期重点消除深圳河、石马河、淡水河、茅洲河等劣Ⅴ类水体和城市建成区黑臭水体；中期重点加强供排水格局优化和空间管控、提升饮用水安全水平，并推进珠江口主要入海河流总氮总量控制；远期着力完善水生态空间管控，推进绿色生态水网建设，恢复岭南水乡特色风貌。

2. 粤东和粤西沿海诸河及近海区

应坚持发展中保护，重点发展，着力控制钢铁、石化等重污染产业规模，从而控制污染物排放总量；通过效率准入，提高环境标准控制产业效率；根据区域资源环境禀赋优化产业空间布局，减少工业化、城镇化对生态环境的影响，切实保护湿地和红树林等资源，减少海洋开发过程中对陆域和海域生态环境的破坏。积极预防环境质量下降，加快推进污水处理设施建设，加强农业源污染控制，大力开展农村生活污染治理和畜禽养殖污染治理，严格落实省、市关于畜禽禁养、限养区域的划定，加快推进禁养、限养区内畜禽养殖业清理整治。近期重点消除小东江、练江等劣Ⅴ类水体和城市建成区黑臭水体；中期重点推进近岸海域总氮控制和农村环境整治；远期着力完善海洋生态红线，强化南海典型生态系统保护。

表 8-3 珠三角地区水环境保护分区策略

流域 / 海域	近期		中远期	
	重大问题	改善策略与重点区域	重大风险	改善策略与重点区域
珠江三角洲河网区及珠江口湾区	1. 深圳河、石马河、淡水河、茅洲河等劣Ⅴ类水体尚未消除。 2. 城市建成区水体黑臭明显	1. 淡水河、茅洲河等控制单元优先完善污水管网建设，推进雨污分流，提高现有污水处理厂脱氮除磷效果；茅洲河重点加强电镀产业集聚发展和清洁化改造，对流域内的电镀等重污染行业进行整合提升，推动集中入园，实行污染集中控制、统一处理，对落后的重污染企业依法限期搬迁、关停。 2. 深圳河、石马河控制单元优先开展黑臭水体治理，限期搬迁关闭重污染企业，实施更严格的环境准入要求；加快污水管网建设。 3. 城市建成区黑臭水体采用控源截污、补水增容、生态修复等措施消除黑臭。 4. 根据供水格局优化饮用水水源保护区划分	1. 供排水格局混乱加剧饮用水安全风险。 2. 珠江口富营养化长期存在。 3. 区域发展占用水域，河网水系分割使连通性降低	1. 继续优化供排水格局，审慎实施长距离、跨流域调水工程，建设和保护供水通道，逐步建立西北江三角洲“靠西取水、靠东退水”，东江片区通过各类水闸及控制枢纽调节的格局。 2. 加快沿海地区工业废水集中处理厂建设，提高污水处理率和循环利用率；加快沿海地区污水管网建设；开展农业面源和城市面源污染控制，制订畜禽养殖污染防治规划，开展畜牧业发展规划环境影响评价工作，做好畜禽养殖污染防治工作；推进海绵城市建设，重点完善珠江口、大亚湾陆海统筹的总氮、入海总量控制，深圳、惠州等城市推进污水排海，开展排海工程对大亚湾省级水产自然保护区、香港海域的影响论证，优化排污口位置；加强环保、水利、海洋交通运输等部门的协作，强化陆源污染排海的联防联控；开展珠江入海河流污染物通量监测，以及重点入海排污口及邻近海域的在线监测；珠江口、大亚湾建立污染物入海总量控制制度，完善入海排污许可证制度。 3. 广州、佛山、中山重点推进高用水行业节水技术改造，提高工业用水重复利用率，广州推进中国石油化工股份有限公司广州分公司搬迁，深圳全面推行水价改革，重点挖掘生活节水潜力，扩大再生水利用工程建设。推进西水东送工程，推进完善雨水蓄积利用。 4. 珠江三角洲河网区加大湿地生态系统保护力度，完善珠三角绿色生态水网建设

流域 / 海域	近期		中远期	
	重大问题	改善策略与重点区域	重大风险	改善策略与重点区域
粤东和粤西沿海诸河及近海区	1. 小东江、练江等劣Ⅴ类水体尚未消除。 2. 部分城市建成区水体黑臭明显	1. 练江控制单元优先开展印染印花行业综合整治，依法关停无牌无证或无环保审批手续的各类违法印染企业，推进纺织印染环保综合处理中心建设，对印染企业按照“集聚一批、关停一批”的原则进行整合提升，集聚升级改造后生产工艺应达到同行业清洁生产标准二级或更高水平，实施更严格的环境准入要求，具体见表 8-8；加快城镇污水处理设施建设，完善污水管网。 2. 小东江控制单元应优先以入园为抓手，对流域内的皮革、石化企业（纯仓储和润滑油调合等污染较小的企业除外）进行淘汰、整合，入园后进一步集约发展，定点园区外含鞣革工艺的皮革企业全部关停，实施更严格的环境准入要求，具体见表 8-8；加快城镇污水处理设施建设，完善污水管网。 3. 城市建成区黑臭水体采用控源截污、补水增容、生态修复等措施消除黑臭。 4. 根据供水格局优化饮用水水源保护区划分	1. 近岸海域富营养化污染风险加剧。 2. 农村环境污染问题突出。 3. 资源型缺水风险加剧。 4. 海洋生态健康受损风险	1. 推进粤东沿海地区生态示范产业园建设和发展，推动重污染企业入园集聚发展；粤西沿海地区循环经济产业基地和石化工业产业基地推广清洁生产和绿色技术；加快沿海地区污水处理设施及配套管网建设；全面推进畜禽养殖污染减排，开展农业面源污染控制，制订畜禽养殖污染防治规划，开展畜牧业发展规划环境影响评价工作，做好畜禽养殖污染防治工作；重点完善湛江港、水东湾、汕头港等海域总氮、入海总量控制；加强环保、水利、海洋交通运输等部门的协作，强化陆源污染排海的联防联控；开展韩江、鉴江等主要入海河流污染物通量监测，以及重点入海排污口及邻近海域的在线监测；在重点河口、主要海湾逐步推广建立污染物入海总量控制制度，完善入海排污许可证制度。 2. 推进农村生活污水收集与处理，开展农村饮用水水源水质保护。 3. 重点加快鹤地水库和高州水库工程建设，完善鉴江供水工程，加强阳江市城镇饮用水水源建设，完善韩江流域的水资源配置体系。 4. 加强南水水库、公平水库、高州水库、鹤地水库等水质良好湖泊的生态保护工作。 5. 完善湿地生态系统结构和功能，加强重点自然保护区的生态修复

流域 / 海域	近期		中远期	
	重大问题	改善策略与重点区域	重大风险	改善策略与重点区域
东江、西江、北江上游控制区	城市建成区黑臭水体尚未消除	1. 城市建成区黑臭水体采用控源截污、补水增容、生态修复等措施消除黑臭。 2. 实施农业面源治理，实施化肥、农药“零增长”，严格执行畜禽限养区、禁养区规定。 3. 根据供水格局优化饮用水水源保护区划分	1. 饮用水安全风险加剧。 2. 水源涵养能力下降	1. 严格环境准入管理，将珠江 — 西江经济带打造为生态经济带，严格限制印染、造纸等重污染行业，完善重污染行业环境准入管理；开展西江流域污染联防联治，推动西江流域开展按流域设置环境监管和行政执法机构试点工作，确保粤桂交界水质达到地表水环境质量Ⅱ类标准；北江加强韶关、清远等市沿江区域及新区发展带来的水污染风险防范，严格矿产资源开发环境监管；东江流域加强支流水环境综合治理和开展持久性有机污染物监测监控与治理。 2. 实施新丰江水库上游生态保育工程建设。 3. 开展主要水源地森林生态保护，加强重要自然保护区建设。 4. 完善流域生态补偿机制

3. 东江、西江、北江上游控制区

应坚持保护优先，生态引领，实施“保”“提”共推策略。一是“保安全”，严守生态保护红线，着力保护水源和修复水生态环境，保障饮用水安全。二是“提标准”，逐步严格污染物排放限制，提高污染物排放标准，提高产业准入限制，严格控制开发强度，禁止可能威胁水生态系统稳定和健康的各类开发行为。近期重点开展农村生活污染和畜禽养殖污染治理，推进传统产业绿色改造，消除黑臭水体；中期重点加强产业布局指引和环境准入管理，保护饮用水水源水质；远期着力开展水生态修复和珠江水系主要水源地森林生态保护，全力保障饮用水安全和生态安全屏障建设，保障西江、北江、东江上游流域水源涵养功能。

三、生态环境分区保护策略

1. 构建生态安全格局，维护区域生态完整性

落实推进主体功能区划，实施“保底线、促流通、增节点”的生态空间优化策略，以珠三角地区大山、大江、大海的生态本底骨架为基础，构建以“两屏、一带、一网”为主体的生态安全格局。加快区域生态保护红线的划定—勘界—定标，建立健全生态保护红线监控—评价—考核—补偿机制。强化生态保护红线的刚性约束，建立空间规划体系，统筹协调城镇、农业、生态空间。对粤北南岭生态屏障、珠三角外围生态屏障和东南部海岸带等重要生态保护空间实施用途管制。加强自然保护区和森林公园建设，优先支持关系珠三角地区生态安全的国家公园建设，严格控制各类建设用地占用生态空间，保护珍稀物种栖息地，提升生物多样性水平和生态完整性。加强重要湿地和自然岸线的保护力度，禁止对湿地无序围垦，实施退田还湿，大力开展河岸湿地和珠江口湿地保护与修复，确保湿地面积不降低，自然岸线不减少。

2. 提升生态系统服务功能，保障区域生态安全

强化南岭山地生态保护，修复受损、退化林地，逐步增加乡土阔叶混交林比例，提升森林生态保护调节、水源涵养能力。加强自然岸线保护，推进重点海湾综合整治，加强红树林、珊瑚礁、海草场等南海典型生态系统保护和修复。

3. 系统推进城市生态修复，提升生态空间品质

加快推进生态修复和城市修补（简称“城市双修”）工作。优先针对问题集中、社会关注、生态敏感地区和地段开展“城市双修”工作，指导各市有重点地启动一批“城市双修”项目建设，积极申报“城市双修”工作试点城市。重点推进城市山、海、江、河、湖及湿地生态体系修复，加强城市面源污染、黑臭水体治理、海绵城市建设等相关工作的统筹推进。逐步建立长效工作机制，切实加强对“城市双修”工作的常态化跟踪指导。

近期：划定并严守生态保护红线，提高土地集约化利用水平，加强自然岸线保护，积极推进重点城市和区域生态修复，初步构建区域生态安全格局，遏止局部地区生态功能退化趋势，修复遭破坏或退化的生态系统。

中远期：进一步优化生态空间格局，提升区域生态完整性水平，增强生态系统服务功能，区域生态安全得到维护（表 8-4）。

表 8-4 珠三角地区生态环境保护分区策略

区域	近期		中远期	
	重大问题	改善策略与重点区域	重大风险	改善策略与重点区域
珠三角城市群	1. 持续高强度开发，挤占生态空间。 2. 生态空间破碎化。 3. 遗留污染场地土壤污染	1. 控制超大城市广州、深圳发展规模，加大东莞、佛山、中山、珠海等城市的土地利用集约化水平，以生态保护红线管控“倒逼”城市用地格局优化升级。严格控制新增建设用地占用耕地和生态用地，积极推行“三旧”改造，提升土地利用效率。 2. 严守生态保护红线区域，保护生态空间，充分利用河流、道路防护林、绿道等生态廊道，连接城市群内部各生态节点，提升区域生态完整性水平。 3. 加强土壤污染监控、修复力度，继续推进东莞水乡搬迁工业区等污染场地及受污染耕地连片集中区等典型区域土壤污染综合治理工程。通过生态修复，将污染场地和受污染耕地转变为生态用地，增加城市生态节点	1. 人工生态系统占主导，生态服务功能不足。 2. 产城混杂威胁人居安全	1. 控制城市发展规模，严守生态保护红线，积极打造生态廊道、生态节点，降低生态空间破碎度，提升生态系统服务功能。 2. 逐步搬迁、关闭位于城市中心的高风险企业；合理规划产城布局，城市周边工业园区规划预留足够的缓冲空间
粤东、粤西地区	1. 城镇快速扩张，挤占生态空间。 2. 产业快速发展，局部生态功能区面临胁迫	1. 把握发展与保护的平衡，严守生态保护红线，保护生态缓冲空间。合理规划，提高土地集约化利用水平。 2. 提高产业准入标准，加强石化、钢铁等高风险产业的污染防治工作	1. 人口集聚、高强度城镇开发占用生态空间。 2. 污染场地增加，土壤污染加剧	1. 城镇建设合理规划布局，严守生态红线，提高土地利用效率。 2. 严格执行产业准入负面清单，加强土壤污染监控与防治
粤北山区	1. 矿产资源开发破坏生态环境。 2. 开发建设突破生态红线	1. 实行矿产开发准入制，严格控制资源开采的生态影响，控制土壤污染及水土流失，积极修复已遭破坏区域。 2. 严守生态保护红线，落实主体功能区配套政策，严格控制建设用地开发和基础设施建设对生态保护区域的影响	1. 持续矿产资源开发威胁区域生态屏障。 2. 森林生态质量不高，生物多样性和水源涵养能力下降	1. 严守生态保护红线，实行矿产资源科学开采，边开采边保护，完善生态风险应急预案机制。 2. 加大退化林修复力度，逐步增加乡土阔叶混交林的比例，科学开展森林经营活动，提高森林生态系统稳定性，提升森林生态保护调节、生态文化服务、生态系统支持和林产品供给能力
沿海地区	1. 持续大规模围填海，破坏自然岸线。 2. 临海产业快速发展，近岸生态系统面临退化风险	1. 控制围填海和岸线开发规模，划定自然保护岸线保护区域，实行严格保护。 2. 合理布局临海产业，保护重要近岸生态系统	1. 围填海活动持续，自然岸线保有困难。 2. 临海重化产业等人类活动加剧，重要近岸生态系统保护难度加大	1. 划定自然保护岸线“禁建区”和“限建区”，优化围填海方式。 2. 加强对重要近岸生态系统的保护，修复和重建滨海湿地

四、环境风险分区防范策略

环境风险防范策略的核心任务是建立“削减、控制、保护”的环境风险分区防范策略，突出“预防为主，防治结合”的思想，保障城市人居环境安全。“削减”即需要从源头削减风险源的危害性，调整产业结构，减少危险物质的生产、贮存、运输和使用的数量，限制或淘汰高风险产业，鼓励发展低环境风险产业，减轻结构性风险，如削减电子设备制造业、有色金属冶炼制造业、金属制品业等行业的排污量，削减城市群中危险废物贮存和处理点。“控制”则侧重采取预防性的控制措施，优化空间布局、加强风险防范和应急准备，如避免不利的风险源布局，对已布设的危险源设法搬迁或关闭，减轻布局性风险，如通过空间管控使潜在风险源保持与居民区、人群集聚区的安全距离，增加安全防护等。“保护”即要降低受体脆弱性，增强受体的适应能力，如提高人群的防范和应急能力、生态系统的抵抗和恢复能力、区域的救援和重建能力等（表 8-5）。

表 8-5　珠三角地区环境风险防控分区策略

区域	近期		中远期	
	重大问题	改善策略与重点区域	重大风险	改善策略与重点区域
珠三角地区	历史遗留风险源和新增风险源相叠加	珠三角城市群重点筛查人群集聚区的遗留环境风险源，使城市空间规划更加合理；粤东西北地区加强对工业园区的统一化管理和风险监控，同时严控新增环境风险源，加强对人群集聚区和生态系统的保护	累积性和突发性环境风险并存	加强珠三角地区环境风险的联防联动，在重点流域、重点工业园区和重要的集聚区建立信息化的环境风险管理平台；增强区域的整体风险应对能力，包括应急监测设备水平、队伍建设、物资以及地方医院的救护能力等，缩小地区差距
珠三角城市群	人群集聚区存在潜在风险源威胁	加强对人居环境中的潜在风险源的筛查。早期工业化地区、老旧工业园区等及时进行风险评估，在产业转变前限制大规模人口迁入，避免人群暴露；加强对散乱布局的危险废物处理点和仓库等的统一管理，及时入园，远离居民区、河流和取水口	突发性环境风险的潜在健康、经济和社会影响大	借助信息化手段进一步提高核心城市群的风险监控能力，建立信息化、动态的风险应急管理数据库、管理调动平台，从城市、企业、社区多层面制订应急预案，开展应急演习，从源头控制环境风险
粤东片区	高污染类行业排放总量高，布局分散	加强流域污染总量控制，尤其是练江水污染控制；控制重点污染产业排污总量，如纺织、陶瓷、石油化工、电子等污染产业排污；将新迁入的风险源纳入工业园区进行统一规划和管理；优化工业园区的产业结构和空间布局	快速工业化可能带来的污染累积风险	加强对潜在风险源的日常监控，尤其要提高对水源保护地和取水地的风险监控能力；提高人群防范和应急能力；增强区域救援和重建能力，包括应急队伍建设、地方医院救护能力建设等

区域	近期		中远期	
	重大问题	改善策略与重点区域	重大风险	改善策略与重点区域
粤西片区	高污染类行业排放总量高，高风险类行业的风险防控能力有待提高	提高企业安全生产水平，改进装备和工艺水平；建立企业控制体系和监控系统，增强企业源头控制能力；加强石油加工产业的大气污染排放控制，加强小型、不正规的转包企业管理整治，规范炼油技术，要提升石油加工工业的生产工艺和废气处理水平；控制重点污染产业排污总量，尤其是随着产业转移石油化工、钢铁、纺织印染、农副产品加工、电子等污染产业排污	快速工业化可能带来的污染累积风险	提高配套的污染处理能力和风险监控能力，并适当增设防护隔离带，尤其是要提高水源保护地和农村取水地的风险防护能力；增强区域风险应对能力，包括监控体系、设备、应急队伍、地方医院救护能力建设等
粤北片区	生态系统可能受到潜在风险源的污染和空间占用	限制高风险源的迁入，鼓励发展低风险产业；对于已经迁入的风险源，提高安全生产能力，要加强对采矿业、金属冶炼、非金属矿物制品和电力产业的无组织排放管理和风险管控，重点加强这些风险源的监控能力	城市化和工业化可能带来的生态风险	严格空间管控；合理布局新建人群集聚区；加强对自然生态系统的保护，提高其抵抗力和恢复力，并增设必要的防护基础设施；增强区域风险应对能力，包括应急监测设备水平、队伍建设、物资以及地方医院的救护能力等

第五节　强化空间、总量和准入环境管控

一、严守空间管控

1. 划定并严守生态保护红线

加快划定珠三角地区生态保护红线并精准化勘界落地。将区域内生态功能极重要、生态环境极敏感 / 脆弱区域和禁止开发区域纳入生态保护红线，将粤东凤凰—莲花山区、粤北南岭山区、粤西云雾山区，珠三角东部坪天嶂—莲花山脉、北部花都—从化北部山脉和西部天露山区的连绵山地森林区，西江、东江、北江等主要支流的源头区等连片区域和点状分布的保护区划入生态保护红线。落实生态空间用途管制，建立实施“准入清单”和“负面清单”，对于自然保护区、自然类风景名胜区的核心景区、饮用水水源保护区的一级保护区、国家森林公园的生态保育区、湿地公园的保育区实施严格保护，禁止开发建设项目，已有项目要限期关闭搬迁。建立完善生态保护红线补偿机制、生态保护红线动态管理机制。严格保护自然岸线，划定岸线保护红线，明确禁止填海和开发利用的岸线区域。珠三角地区生态严格控制区和禁止开发区分布见图 8-1 和图 8-2。

2. 划定大气环境严控区

把 2013—2015 年 3 年均超标的区域、空气资源禀赋 A 值＜ 4 和积聚敏感浓度＞ 350 μg/m³ 的区域划为大气环境管理红线区，归一化合并至同一图层，识别珠三角地区需要实施大气环

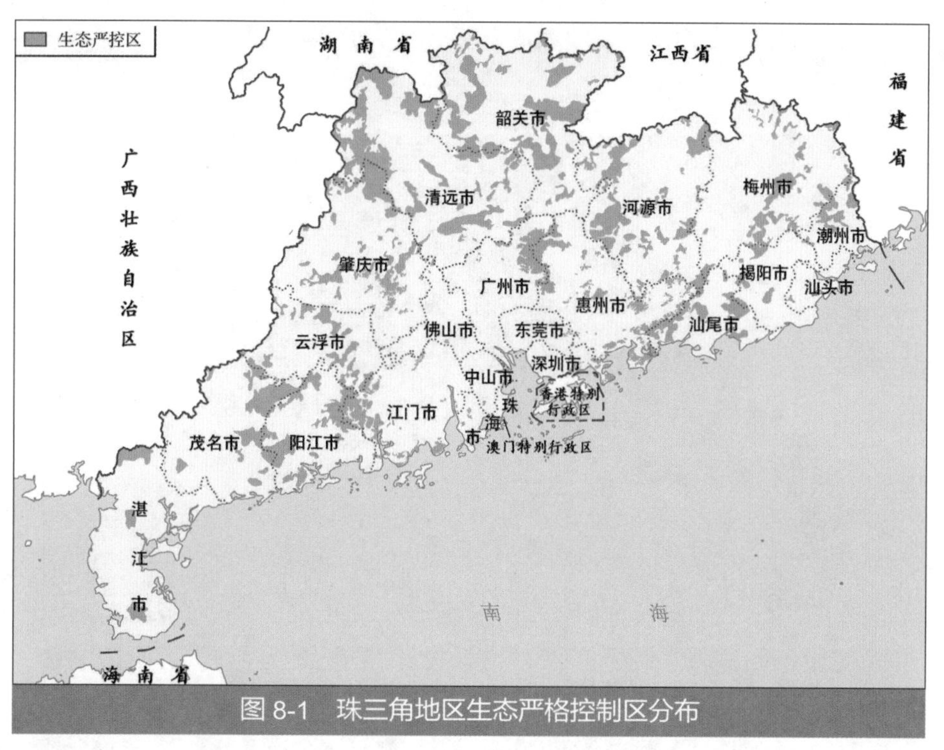

图 8-1　珠三角地区生态严格控制区分布

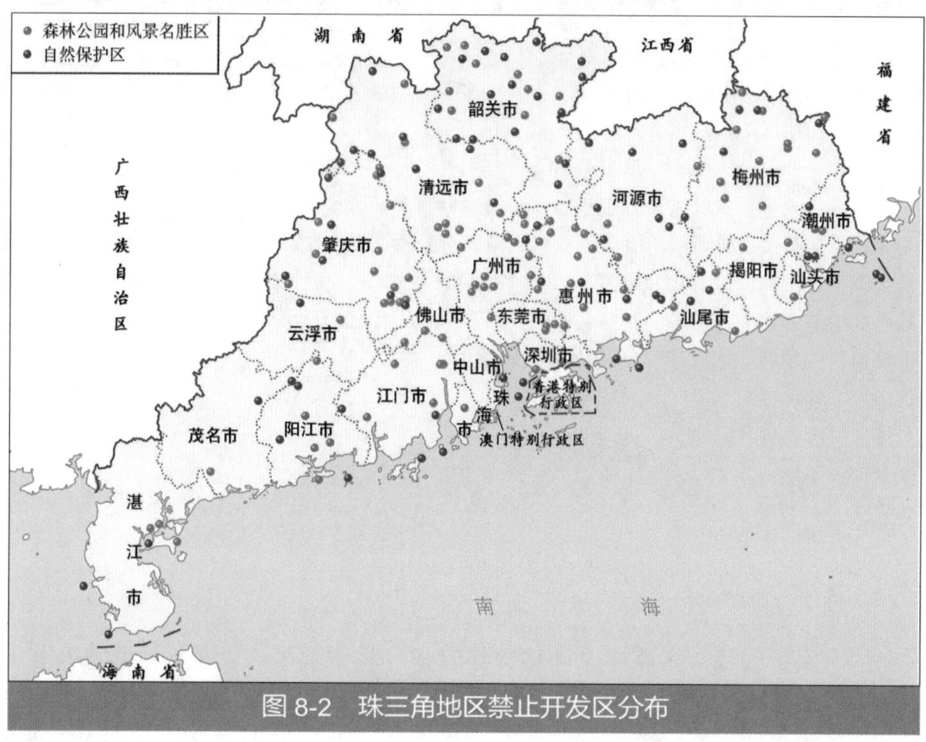

图 8-2　珠三角地区禁止开发区分布

境严格管理的区域。红线区内空气资源禀赋较差、现状浓度较高且容易受到周边污染源影响，主要集中在东莞北部—广州南部—佛山—中山一带，粤北、粤东及肇庆局部地区也有零星小斑块分布，应严格限制大气污染排放项目。将红线区面积占比大于 40% 的县（区）列为大气环境严控区（图 8-3 和表 8-6）。

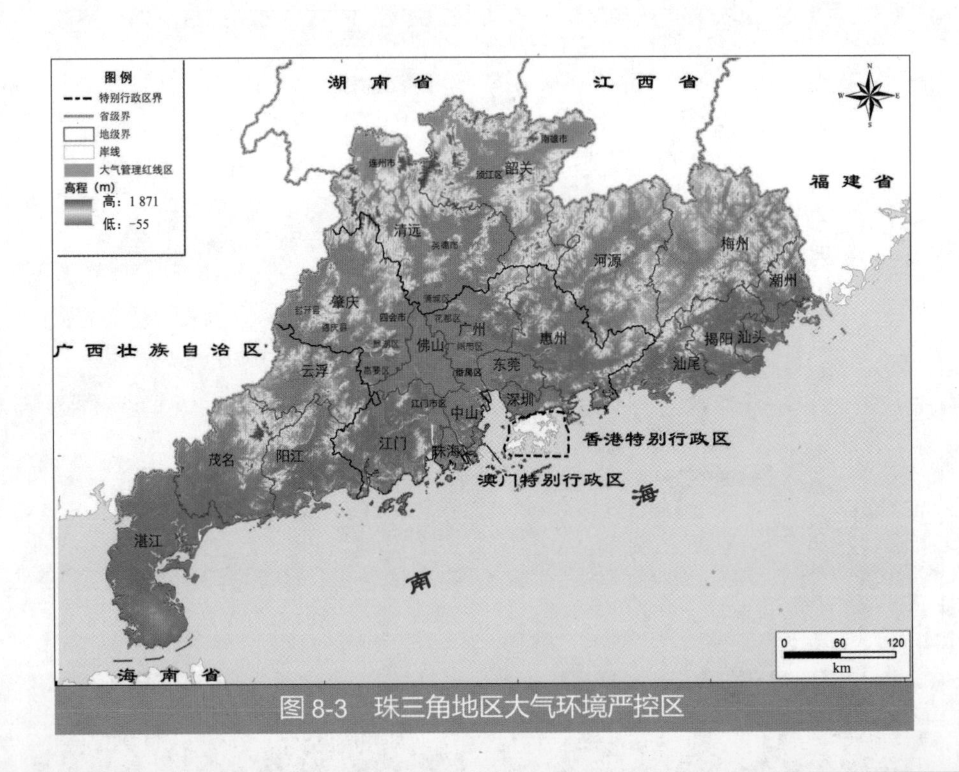

图 8-3　珠三角地区大气环境严控区

表 8-6　珠三角地区大气环境严控区

所属城市	包含县（区）
广州市	白云区、番禺区、海珠区、花都区、荔湾、萝岗区、天河区、越秀区
佛山市	禅城区、高明区、南海区、三水区、顺德区
韶关市	浈江区
东莞市	东城街道办事处、南城街道办事处、万江街道办事处、莞城街道办事处、石碣镇、石龙镇、茶山镇、石排镇、企石镇、横沥镇、桥头镇、东坑镇、常平镇、寮步镇、凤岗镇、长安镇、虎门镇、厚街镇、沙田镇、道滘镇、洪梅镇、麻涌镇、望牛墩镇、中堂镇、高埗镇、东莞生态园、虎门港管委会
中山市	石岐区街道办事处、西区街道办事处、小榄镇、黄圃镇、民众镇、东凤镇、东升镇、古镇镇、沙溪镇、港口镇、三角镇、南头镇、阜沙镇、大涌镇
江门市	江海区、蓬江区
肇庆市	鼎湖区、端州区、高要区、四会市、德庆县
清远市	清城区、英德市
揭阳市	榕城区、揭东区

3. 实施水环境空间管控

①严守生态保护红线，实施生态环境分级管控。将重要生态功能区、生态保护地和生态敏感区纳入区域生态保护空间管控范围（图 8-4）。其中，重要生态功能区包括云开大山水源涵养重要区、南岭山地水源涵养重要区、东南沿海红树林保护重要区；生态保护地包括各级饮用水水源保护区、自然保护区和重要湿地；生态敏感区包括供水通道、重要湿地、滨河地区和海岸地区。对生态保护空间实施生态环境分级管控。对生态保护红线内的自然保护区的核心区和缓冲区、饮用水水源保护区的一级保护区等区域实施严格保护，禁止从事与生态保护无关的开发活动，以及其他可能破坏生态环境的活动。除生态保护与修复工程、文化自然

遗产保护、森林防火、应急救援、军事与安全保密设施，必要的旅游交通、通信等基础设施外，不得进行其他项目建设，并逐步清理区域内的现有污染源。生态保护红线内的其他空间以生态保护为主，严格控制有损生态系统服务的开发建设活动。对准入的产业，明确环境准入条件，实行区域污染物行业排放总量控制。严格企事业单位污染排放管理，制订更严格的排污许可限值和管理要求。

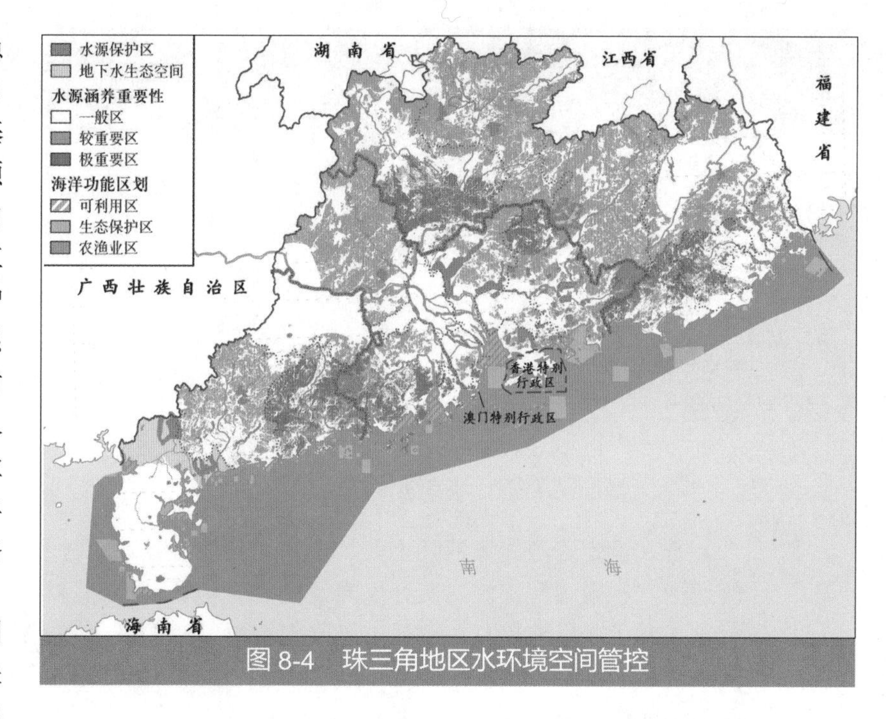

图 8-4　珠三角地区水环境空间管控

②划定水环境优先控制区，实施分级分类管理。将珠三角地区目前水环境问题突出的练江、茅洲河、深圳河、石马河、淡水河、小东江等6个劣Ⅴ类河流划为水环境优先控制区。水环境优先控制区应严格执行建设项目主要污染物排放总量前置审核制度，实行控制单元内污染物排放“减量置换”。

二、严把总量管控

1. 实施基于环境质量的污染物排放总量控制

珠三角地区2020年二氧化硫、氮氧化物、$PM_{2.5}$和人为源VOCs排放总量分别控制在64万t、119万t、48万t和101万t。2035年二氧化硫、氮氧化物、$PM_{2.5}$和人为源VOCs排放总量分别控制在46万t、85万t、28万t和63万t。强化废弃重金属、持久性有机物等有毒大气污染物排放控制，研究制订有毒有害废气排放总量控制目标，实施重点行业优先因子总量控制措施，将减排要求落实到具体有毒污染因子和重点行业。开展农业源氨排放、农药及化肥总量控制。珠三角地区2020年各流域COD和氨氮最大允许入河排放量应控制在224万t/a和9.3万t/a；2035年分别控制在217.1万t/a和9万t/a（表8-7）。加快推进造纸、钢铁、氮肥、印染、制药、制革等传统行业生产技术改造。强化节水减污，对重点行业实施行业取水量和污染物排放总量协同控制。加大农业面源污染监测与治理力度，扩大种养业面源污染治理规模，实施化肥农药“零增长”。推进粤东西北地区污水处理厂建设，着力完善肇庆、潮州、阳江、韶关、清远等城市污水处理设施建设。以流域为单元实施沿海地区总氮、总磷控制，在珠江口、汕头港、大亚湾和湛江港开展陆海统筹的污染物（总氮和总磷）入海总量控制试点。

表 8-7 珠三角地区各流域水污染物允许入河量 单位：万 t/a

区域 / 流域	2020 年		2035 年	
	COD	氨氮	COD	氨氮
东江流域	5.6	0.2	5.6	0.2
西江流域	12.3	0.5	12.3	0.5
北江流域	28.3	1.0	28.3	1.0
珠江三角洲	131.3	5.8	125.0	5.6
韩江流域	16.5	0.7	16.5	0.7
粤东沿海诸河	12.4	0.5	12.4	0.5
粤西沿海诸河	17.6	0.6	17.0	0.5

2. 严格控制能源、水资源消费总量

合理设定资源能源消耗上限，全面实施能源消耗总量和强度双控，对接近或达到警戒线的地区实行限制性措施。实行煤炭消费总量中长期控制目标责任管理，全省能源消费总量控制在 3.38 亿 t 标准煤左右，其中煤炭消费总量控制在 1.75 亿 t 标准煤以内，珠三角城市群煤炭消费总量实现负增长；加快完善城市燃气管网，建设通达有用气需求的工业园区和产业聚集区的天然气管道，促进热力生产、工业窑炉等工业使用天然气。珠三角地区 2020 年用水总量控制在 450 亿 m^3 内，珠三角城市群、粤东、粤西和粤北地区用水总量分别控制在 218 亿 m^3、51 亿 m^3、73 亿 m^3 和 105 亿 m^3；2035 年用水总量控制在 445 亿 m^3，珠三角城市群、粤东、粤西和粤北地区用水总量分别控制在 217 亿 m^3、49 亿 m^3、71 亿 m^3 和 103 亿 m^3。着力提升水资源利用效率，各地级以上市万元工业增加值用水量较 2015 年下降 20% ～ 35%，2035 年较 2020 年下降 45%。重点推进高耗水行业节水技术改造。大力推进工业废污水处理回用，鼓励沿海火（核）电、石油石化、钢铁等高用水行业积极采用再生水、海水淡化、海水冷却技术。

3. 严格控制建设用地总量和开发强度

珠三角地区按广东省土地利用总体规划用地总量管控要求，控制超大城市广州、深圳用地规模，提高东莞、佛山、中山、珠海等城市的土地利用集约化水平。2020 年，深圳、东莞两市尽快实现建设用地减量规划与管控，创新村镇级工业集聚区土地资源二次开发模式，推动产城混杂区空间结构深度重塑。

三、严格准入管控

1. 强化空间准入管控

统筹划定区域环境综合管控单元，根据资源环境承载能力确定合理的空间布局、开发强度、资源环境效率限值等管控目标。云开大山、南岭山地等重要水源涵养区严格限制新建排放重金属等有毒有害污染物的工业项目。沿海红树林保护区禁止所有与环境保护和生态建设无关的开发活动。供水通道严禁新建排污口，关停涉重金属、持久性有机污染物的排污口，其余现有排污口不得增加污染物排放量（表 8-8）。

表 8-8　珠三角地区基于空间单元的准入要求

空间类型	环境准入要求	空间范围
水源涵养重要区	严格限制化学制浆、印染、鞣革、重化工、电镀、有色、冶炼、发酵酿造和危险废物处置（不含医疗废物处置）等排放重金属及有毒有害污染物的工业项	云开大山水源涵养重要区、南岭山地水源涵养重要区
生态保护区	1. 在依法设立的各级自然保护区、风景名胜区、森林公园、地质公园、重要水源地、湿地公园、重点湿地、世界文化自然遗产等特殊保护区域和水产种质资源保护区，应当依据法律法规规定和相关规划实施强制性保护，不得从事不符合主体功能区定位的各类开发活动，严格控制人为因素破坏自然生态和文化自然遗产原真性、完整性。 2. 在自然保护区的核心区禁止从事任何生产建设活动；在缓冲区，禁止从事除经批准的教学研究活动外的旅游和生产经营活动；在实验区，禁止从事除必要的科学实验、教学实习、参考观察和符合自然保护区规划的旅游，以及驯化、繁殖珍稀濒危野生动植物等活动外的其他生产建设活动。 3. 风景名胜区应当严格控制人工景观建设，保证服务设施和建设项目与自然景观相协调，不得破坏景观、污染环境。禁止在风景名胜区内设立各类开发区和开发房地产项目，禁止在核心景区建设宾馆、招待所、培训中心、疗养院以及与风景名胜资源保护无关的其他建筑物。 4. 森林公园除必要的保护设施和附属设施外，禁止从事与资源保护无关的任何生产建设活动；禁止随意占用、征用、征收和转让林地；禁止种植掠夺水土资源、破坏土壤结构的劣质树种。 5. 在地质公园以及可能对地质公园造成影响的周边地区，禁止进行采石、取土、开矿、放牧、砍伐以及其他对保护对象有损害的活动，保护地质地貌的完整性和稀缺性	自然保护区、风景名胜区、森林公园、地质公园、重要水源地、湿地公园、重点湿地以及世界文化自然遗产、水产种质资源保护区
供水通道	1. 严禁新建排污口，关停涉重金属、持久性有机污染物的排污口，其余现有排污口不得增加污染物排放量。 2. 供水通道干流两岸最高水位线水平外延 500 m 范围内，禁止新建、扩建废弃物堆放场和处理场，禁止新建和增加污染物排放量的改扩建制浆造纸、印染、鞣革、重化工、电镀、有色、冶炼、铅酸蓄电池等重污染项目	依法划定的各通水通道
滨河缓冲区 / 隔离带	严禁违反城市蓝线保护和控制要求的建设活动，禁止擅自填埋、占用水域和擅自建设各类排污设施以及其他对水系保护构成破坏的活动	主干河道水岸 30 ～ 100 m 范围；支流水岸 10 ～ 30 m 范围
海岸生态隔离带	1. 除港口总体规划区、国家和省重点建设项目及防灾减灾项目建设需要外，未经批准不得新建、扩建、改建建筑物、构筑物。 2. 禁止采沙、养殖、开垦耕地、破坏植被等活动，不得建设新的旅游设施	沿海区域自海岸线起向陆地延伸至少 200 m 范围内、特殊岸段 100 m 范围内

空间类型	环境准入要求	空间范围
大气环境严控区	1. 实施更严格的总量控制要求，区内所有新（改、扩）建项目的新增主要污染物排放总量实施 2 倍量替代。 2. 禁止新建除热电联产以外的煤电项目；禁止新（改、扩）建钢铁、建材（水泥、建材）、焦化、有色、石化、化工（有机化工原料制造；玻璃制造；农药制造；塑料制品制造；胶黏剂制造；溶剂型涂料、染料、颜料、油墨及其类似产品制造）等高污染行业项目；禁止新建 20 蒸吨 /h 以下的燃煤、重油、渣油锅炉及直接燃用生物质锅炉；禁止新建涉及有毒有害气体（硫化氢、二噁英等）排放的项目（城市民生工程建设除外）。 3. 新建高耗能项目单位产品（产值）能耗须达到国际先进水平，采用最佳可行污染控制技术。 4. 原则上建成区全部纳入高污染燃料禁燃区并实施管理，并逐步扩大范围。 5. 切实压缩化工、炼钢炼铁、水泥熟料、平板玻璃等行业规模，城市建成区内现有钢铁、建材、有色金属、化工等污染较重的企业应有序搬迁或实施环保改造。 6. 对区域内已建的重污染行业企业实施清洁生产审核，在所有行业实施最佳可行性技术	见表 8-6
水环境优先控制区	除入园项目外，禁止新建扩建印染、制浆、造纸、电镀、鞣革、线路板、化工、冶炼、发酵酿造和畜禽养殖等水污染行业	练江
	严格限制新（改、扩）建印染、制浆造纸、电镀、鞣革、线路板、冶炼、发酵酿造等涉水重污染企业	小东江
	禁止建设新增水污染排放的制浆造纸、电镀（含配套电镀和线路板）、制革、印染、发酵酿造、规模化养殖和危险废物综合利用或处置等重污染项目，以及新增排放含汞、砷、镉、铬、铅等重金属污染物和持久性有机污染物的项目	淡水河、石马河
	禁止建设新增水污染排放的制浆造纸、电镀（含配套电镀和线路板）、制革、印染、发酵酿造、规模化养殖和危险废物综合利用或处置等重污染项目，以及新增排放含汞、砷、镉、铬、铅等重金属污染物和持久性有机污染物的项目	茅洲河
	严格限制新（改、扩）建印染、制浆造纸、电镀、鞣革、线路板、冶炼、发酵酿造等涉水重污染企业	深圳河

2. 加强资源环境效率准入管控

珠三角地区严格重点控制空间单元的资源环境效率准入要求。分阶段、分地区实施更严格的污染物排放标准，率先接轨国际先进水平，促进重点产业升级和落后产能退出。通过标准提升加快促进火电、水泥、平板玻璃、钢铁、建筑陶瓷、炼化等行业结构调整、布局优化及技术改造，对新（改、扩）建企业实施更严格的准入要求。珠三角城市群单位地区生产总值和单位工业增加值的能源、水资源利用效率逐步达到国际先进水平，粤东西北地区资源效率不低于全国平均水平。重点开发区加快建立包括投资、安全、环保、能效、水效、物耗等综合产业准入体系。大气环境严控区新建高耗能项目单位产品（产值）能耗须达到国际先进水平，采用最佳可行污染控制技术，区域内已建重污染行业企业全面实施清洁生产技术改进。供水通道干流两岸最高水位线水平外延 500 m 范围内，改（扩）建项目要达到国际先进清洁生产水平。

重点行业资源能源效率准入要求见表 8-9 至表 8-14。

重点行业污染物排放强度准入要求见表 8-15 至表 8-18。

表 8-9 火电行业（燃煤）能耗准入限额

指标		珠三角城市群		其他地区
纯凝湿冷机组供电煤耗 /［g 标准煤 /（kW·h）］	超超临界 1 000 MW 等级	禁止新建、扩建燃煤燃油火电机组，改建项目需执行本表要求	≤ 282	≤ 284
	超超临界 600 MW 等级		≤ 287	≤ 289
	超临界 600 MW 等级		≤ 296	≤ 299
	超临界 300 MW 等级		≤ 312	≤ 314
	亚临界 600 MW 等级		≤ 312	≤ 314
	亚临界 300 MW 等级		≤ 318	≤ 320
	超高压 200 MW 等级		≤ 336	≤ 341
纯凝空冷机组供电煤耗 /［g 标准煤 /（kW·h）］	直接空冷机组		≤湿冷 +16	≤湿冷 +16
	间接空冷机组		≤湿冷 +10	≤湿冷 +10
纯凝循环流化床机组供电煤耗			≤湿冷 +7	≤湿冷 +8

表 8-10 水泥行业能耗准入限额

指标		珠三角城市群		其他地区
可比熟料综合煤耗 /（kg 标准煤 /t）		禁止新建、扩建水泥熟料项目（以处理城市废弃物为目的的项目及依法设立定点基地内已规划建设的生产线除外）、改建项目需执行本表要求	≤ 103	≤ 108
可比熟料综合电耗 /（kW·h/t）			≤ 56	≤ 60
可比熟料综合能耗 /（kg 标准煤 /t）			≤ 110	≤ 115
可比水泥综合电耗 /（kW·h/t）	无外购熟料		≤ 85	≤ 88
	外购熟料		≤ 32	≤ 36
可比水泥综合能耗 /（kg 标准煤 /t）	无外购熟料		≤ 88	≤ 93
	外购熟料		≤ 7	≤ 7.5

表 8-11 平板玻璃行业能耗准入限额

指标		珠三角城市群		其他地区
平板玻璃单位综合能耗 /（kg 标准煤 / 重量箱）	≥ 500 t/d ≤ 800 t/d	禁止新建、扩建平板玻璃项目（特殊品种的优质浮法玻璃项目除外），改建项目需执行本表要求	≤ 12.5	≤ 12.5
	＞ 800 t/d		≤ 11.0	≤ 11.0
平板玻璃单位熔窑热耗 /（kJ/kg）	≥ 500 t/d ≤ 800 t/d		≤ 5 700	≤ 5 700
	＞ 800 t/d		≤ 5 000	≤ 5 000

表 8-12 钢铁行业能耗准入限额 单位：kg 标准煤 /t

指标	珠三角城市群		其他地区
焦化工序	禁止新建、扩建炼钢炼铁、焦炭等项目，改建项目需执行本表要求	≤ 116（顶装） ≤ 121（捣固）	≤ 122（顶装） ≤ 127（捣固）
烧结工序		≤ 47	≤ 50
高炉工序		≤ 350	≤ 370
转炉工序		≤ -27	≤ -25
普通电炉工序		≤ 85	≤ 90
特钢电炉工序		≤ 150	≤ 159

表 8-13 陶瓷行业能耗准入限额

指标		珠三角城市群	其他地区
陶瓷砖 /（kg 标准煤 /m²）	吸水率 $E \leqslant 0.5\%$ 的陶瓷砖	≤ 4.0	≤ 7.0
	吸水率 $0.5\% < E \leqslant 10\%$ 的陶瓷砖	≤ 3.7	≤ 4.6
	吸水率 $E > 10\%$ 的陶瓷砖	≤ 3.5	≤ 4.5
卫生陶瓷 /（kg 标准煤 /t）		≤ 300	≤ 630
日用 /（kg 标准煤 /t）	瓷（一次烧成）	≤ 560	≤ 680
	精陶（一次烧成）	≤ 460	≤ 550

表 8-14 石油炼制业能耗准入限额

指标		珠三角城市群	其他地区
综合能耗 /（kg 标准煤 /t 原料油）	2 000 万 t 以上	≤ 80	≤ 81
	1 000 万～2 000 万 t	≤ 80	≤ 85

表 8-15 新（改、扩）建火电行业（燃煤）准入条件 单位：g/(kW·h)

指标	珠三角城市群		其他地区
单位发电量烟尘排放量	禁止新建、扩建燃煤燃油火电机组，改建项目需执行本表要求	≤ 0.06	≤ 0.09
单位发电量二氧化硫排放量		≤ 0.15	≤ 0.22
单位发电量氮氧化物排放量		≤ 0.22	≤ 0.43

表 8-16 新（改、扩）建水泥行业准入条件 单位：kg/t 熟料

指标		珠三角城市群		其他地区
新型干法	颗粒物	禁止新建、扩建水泥熟料项目（以处理城市废弃物为目的的项目及依法设立定点基地内已规划建设的生产线除外）、改建项目需执行本表要求	≤ 0.54	≤ 0.6
	氮氧化物		≤ 0.63	≤ 0.7

表 8-17 新（改、扩）建平板玻璃行业准入条件 单位：kg/t 产品

指标	珠三角城市群		其他地区
SO_2	禁止新建、扩建平板玻璃项目（特殊品种的优质浮法玻璃项目除外），改建项目需执行本表要求	≤ 0.7	≤ 0.85
NO_x		≤ 1.2	≤ 1.5
颗粒物		≤ 0.085	≤ 0.10

表 8-18 新（改、扩）建钢铁行业准入条件 单位：kg/t 产品

指标		珠三角城市群		其他地区
高炉炼铁	烟粉尘	禁止新建、扩建炼钢炼铁、焦炭等项目，改建项目需执行本表要求	≤ 0.10	≤ 0.20
	二氧化硫		≤ 0.02	≤ 0.05
炼钢	烟粉尘		≤ 0.20	≤ 0.30
	二氧化硫		≤ 0.02	≤ 0.05
烧结	烟粉尘		≤ 0.20	≤ 0.30
	二氧化硫		≤ 0.05	≤ 0.10

第六节　完善政策机制建设

一、完善以生态保护红线为基础的空间管控机制

大力推进生态保护红线战略，积极开展关键生态功能区修复与治理工程，确保生态重要区功能不降低、生态敏感区脆弱性不升高、生物多样性集中分布区关键物种种群数量不减少。

1. 落实生态保护红线边界

按照保护需要和开发利用现状，加快推进生态保护红线勘界定标，将生态保护红线落实到地块，明确生态系统类型、主要生态功能，通过自然资源统一确权登记明确用地性质与土地权属，形成生态保护红线“一张图”。

2. 确立生态保护红线优先地位，实行严格管控

生态保护红线划定后，相关规划要符合生态保护红线空间管控要求，不符合的要及时进行调整。国土空间规划编制要将生态保护红线作为重要基础，发挥生态保护红线对于国土空间开发的底线作用。生态保护红线原则上按禁止开发区域的要求进行管理。严禁任意改变用途，划定后只能增加，不能减少，因国家重大基础设施、重大民生保障项目建设等需要调整的，需经过详细论证。逐步清退红线区内不合理的产业和居住区，确保建设用地面积不增加。

3. 建立生态保护红线监测预警机制

建设和完善生态保护红线综合监测网络体系，充分发挥卫星遥感技术的生态监测能力，运用云计算等大数据信息手段，加强监测统计能力建设。制订完善预警指标体系，推动生态保护红线监测预警常态化、信息化，全面掌握生态系统构成、分布与动态变化，及时评估和预警生态风险，为生态保护红线动态调整提供科学依据。实时监控人类干扰活动，及时发现破坏生态保护红线的行为，依法依规对违法开发建设活动进行处理。鼓励珠三角城市群先行先试，珠海、中山、深圳等城市率先开展生态保护红线监测预警试点。

二、建立基于环境质量的总量管控制度

1. 试点基于环境质量的区域总量管控

根据环境质量监测和分区域、流域污染统计结果，实施总量指标动态调剂。对满足环境质量的达标区，可适当提高区域、流域总量分配指标，新增项目严格执行准入要求，但不得超过容量总量；对基本满足环境质量的区域，总量分配指标保持不变，新增项目实行排放总量等量替代管理；对于环境质量恶化严重的区域，严格执行建设项目污染物排放总量前置审核制度，对超标污染物实施倍量替代，并推行排污权交易制度，通过交易获取总量指标。

2. 加快推动“三线一单”编制和实施

推动战略环评、规划环评的落地实施，实施生态环境保护清单式管理，完善分区环境管控，加快推动“三线一单”编制和实施，着力构建全链条无缝衔接预防体系。

3. 全面推行排污许可制度

根据《国务院办公厅关于印发控制污染物排放许可制实施方案的通知》的统一部署，逐步建立覆盖所有固定污染源的企业排放许可证制度。整合、衔接、优化环境影响评价、总量控制、环保标准、排污收费等管理制度，实施排放许可“一证式”管理，推进多污染物综合防治和统一管理，强化事中事后监管，将排污许可建设成为固定点源环境管理的核心制度。

三、加强区域协调与联防联控

1. 深化城市圈污染联防联治

完善珠三角环保一体化机制，加快解决区域大气复合污染、跨市河流污染等突出问题。深化“广佛肇＋清远、云浮、韶关”“深莞惠＋汕尾、河源”“珠中江＋阳江”等经济圈内部环保合作，建立“汕潮揭”城市群大气污染联防联控机制，加强城市间环境应急预警联动，联合开展城市群饮用水水源保护，有序推进产业转移。全面实施“河长制”，完善跨行政区河流交界断面管理制度。逐步建立陆海统筹的污染防治机制，完善入海河流水质保护管理机制。

2. 深化泛珠三角区域环保合作

健全区域生态环境协同保护和治理机制，完善污染联防联治工作制度，深化泛珠三角地区污染防治、环境监测、环境执法、区域环境事件应急、重污染天气联合预警、环境宣传等领域环保合作。积极探索跨省区河流治理机制，加强粤赣、粤闽、粤湘、粤桂跨界河流水污染联合治理，创建九州江流域跨省区国家生态文明示范区。加强珠江—西江经济带生态环境保护，共建珠江—西江生态廊道。强化粤港澳环保生态合作，编制实施粤港澳大湾区环保规划，落实《粤港澳区域大气污染联防联治合作协议书》，推进区域 $PM_{2.5}$ 污染防治研究合作；强化东江水质保护及珠江河口水质管理，推进深圳湾水污染防治合作，共建优质生活圈。积极参与国内外环保合作与交流。充分利用人才、技术、资金等现有资源，平等开放、互惠互利，加强区域间信息、科研、技术、咨询合作交流和对欠发达地区的资金、技术支持，推动区域环保管理水平共同提升。

四、健全完善生态补偿机制

1. 加快推进森林、湿地、荒漠、海洋、水流、耕地等重点领域生态保护补偿

健全生态公益林补偿标准动态调整机制和占补平衡机制，探索林分改造生态补偿机制，研究桉树林分改造期间的生态保护补偿政策；探索建立湿地生态效益补偿制度，率先在惠东港口海龟国际重要湿地、湛江红树林国际重要湿地、海丰公平大湖国际重要湿地、南澎列岛

国际重要湿地以及市级以上湿地自然保护区、湿地公园和重要湿地开展补偿试点；在韶关、清远市等石漠化情况较为严重的地区开展石漠区封禁保护试点，禁止在封禁区内垦荒种粮和超载过牧；研究建立南澎列岛海洋生态自然保护区等国家级海洋自然保护区、大亚湾水产资源自然保护区等省级海洋自然保护区、特呈岛国家级海洋公园等海洋特别保护区生态保护补偿制度。

2. 逐步实现禁止开发区域、重点生态功能区等重要区域生态保护补偿全覆盖

加快划定并严守生态保护红线，健全对重点生态功能区以及自然保护区、世界文化自然遗产、风景名胜区、森林公园和地质公园等禁止开发区域的生态保护补偿政策，将南岭山地森林及生物多样性生态功能区作为开展生态保护补偿的重点区域。

3. 探索推进横向生态保护补偿

按照国家部署，会同有关省区实施广西广东九洲江、福建广东汀江—韩江、江西广东东江、云南贵州广西广东西江跨地区生态保护补偿试点。在广佛跨界河流、深莞茅洲河、汕揭练江、湛茂小东江、深惠淡水河、深莞石马河等重点跨市域河流试行水质考核激励机制。加快建立跨市取水的生态补偿制度。鼓励受益地区与保护生态地区以及西江、东江、北江等流域下游与上游通过资金补偿、对口协作、产业转移、环保基础设施援建、人才培训和共建园区等方式建立横向补偿关系。鼓励珠三角城市群与粤东西北地区结合横向生态保护补偿完善对口帮扶机制。

五、加快推进政绩考核评价体系改革

1. 落实地方党委和政府的环境保护责任

继续推行环境保护监督管理“一岗双责”“党政同责”，强化各级党委、政府的环保责任。按照省以下环保监测监察执法机构垂直管理制度改革试点工作要求，推动各市（县、区）成立环境保护委员会，制订并公布各有关部门环境保护责任清单，协同推进生态环保，鼓励有条件的乡镇设立环保机构。严格落实《广东省党政领导干部生态环境损害责任追究实施细则》，对违背科学发展要求、造成生态环境和资源严重破坏的，严格依法实行终身追责。研究编制自然资源资产负债表，逐步探索实施领导干部自然资源资产离任审计，鼓励有条件的市县开展试点。

2. 健全生态文明绩效评价制度

完善生态文明建设目标评价考核体系，把资源消耗、环境损害、生态效益纳入经济社会发展评价体系。完善干部考核任用制度，提高生态文明建设相关指标的权重。根据不同区域主体功能定位，实行差异化绩效评价考核，生态发展区和生态脆弱的国家扶贫开发工作重点县取消地区生产总值考核，探索建立以生态价值为基础的考核机制。强化环保责任考核结果应用，将考核结果作为地方党政领导班子和领导干部综合考核评价、干部奖惩任免的重要依据。

六、鼓励全民广泛参与

1. 加强环保宣教体系建设

强化对环保舆论的主动引导，完善新闻发布制度，各级环保部门要设立新闻发言人，建立健全例行新闻发布制度，及时准确发布环保重点工作，回应公众关注热点现实问题。环保部门要主动加强与新闻媒体的沟通交流，及时提供新闻素材和典型案例，加大环境新闻报道力度，营造积极舆论导向，在主要报纸、广播电台、电视台及新闻网站积极开设环保专栏，普及环保科学知识和法律法规，解读环境形势政策，曝光并剖析环境违法案例。推动环境专业媒体与新媒体融合发展，积极推动新媒体主动参与环境保护宣传教育。加强环境宣教机构特别是县级环境宣教机构的规范化建设，加强宣教专（兼）职人员配备，强化市县级环境宣教机构办公、摄像器材等宣教必要设备配置。

2. 强化环境公益宣传教育

提高环境教育水平，在中小学课程中加强环境教育内容要求，促进环境保护和生态文明知识进课堂、进教材。扶持生态文化作品创作，推出一批反映环境保护、倡导生态文明的优秀作品。深入推进环保进企业、进社区、进乡村、进家庭，充分发挥世界环境日、世界地球日、国际生物多样性日等重大环保纪念日的平台作用，精心策划，做好“广东省环境文化节”“广东省环保宣传月活动”“粤环保，粤时尚”“绿色创建”等大型宣传活动，形成宣传冲击力和感染力，努力打造一批环保公益活动品牌。建设广东省生态文明科技教育馆。

3. 完善公众参与机制建设

全面推进大气、水、土壤等生态环境信息公开，推进监管部门生态环境信息公开以及建设项目环境影响评价信息公开，确保公众畅通获取环境信息。积极推进生态环境数据共享开放，实施政府数据资源清单管理。推进排污企业自行监测和信息公开，推动工业企业全面开展自行监测或委托第三方监测，建立企业环境管理台账制度。实施“阳光排污口”工程，推动企业编制年度排污状况报告，向环保部门如实申报，向社会公开。建立上市公司环保信息强制性披露机制，对未尽披露义务的上市公司依法予以处罚。建立完善公众参与环境管理决策的有效渠道和合理机制，建立沟通协商平台，鼓励公众对政府环保工作、企业排污行为进行监督，广泛听取公众意见和建议，保障公众知情权、参与权、监督权和表达权。建立环境投诉举报奖励制度，建设环保网络举报平台，进一步畅通群众投诉举报渠道，方便公众对污染现象随时举报。引导公众通过环境信访、行政调解、寻求司法救济等方式理性维护自己的合法权益。积极引导环保社会组织健康有序发展，参与环境保护监督，推进环境公益组织依法开展环境公益诉讼。

生态环境部办公厅
广东省人民政府办公厅 文件

环办环评〔2018〕16号

关于促进广东省经济社会与生态环境保护协调发展的指导意见

广东省各地级以上市人民政府，广东省政府各部门、各直属机构，生态环境部机关各部门，生态环境部各派出机构、直属单位：

为全面深入贯彻党的十九大精神和习近平生态文明思想，统筹推进“五位一体”总体布局和协调推进“四个全面”战略布局，推动“一带一路”“粤港澳大湾区”等重大发展战略的实施，促进广东省经济社会与生态环境保护协调发展，率先实现区域生态环境根本好转，经生态环境部、广东省人民政府同意，在珠三角地区战略环境评价工作成果（涵盖广东省全境）基础上，提出以下指导意见：

一、高度重视区域绿色发展的战略性

（一）在国家发展战略和生态环境保护格局中占有重要地位。广东省是我国改革开放政策的实验区和排头兵，是中国参与国际合作的重要区域和前沿地带，是“一带一路”“粤港澳大湾区”“珠江—西江经济带”“北部湾城市群”“海峡西岸城市群”和自由贸易区等多重国家战略的指向区和实施区，是率先基本实现社会主义现代化的先行区。广东省地处珠江流域中下游、南部沿海，地跨南岭山地、岭南丘陵和雷州半岛台地三个自然区域，是重要的水源

涵养区和生物多样性保护功能区、全国重点人居安全功能保障区以及国家绿色发展引领区。

（二）区域生态环境保护工作任重道远。多年来广东省着力探索推进经济发展方式转变与环境治理模式创新，为全国其他地区绿色发展提供了先行示范经验。但是，区域资源环境压力仍然较大，区域性、累积性、复合型生态环境问题尚未根本解决。珠三角地区（广州、深圳、珠海、佛山、江门、东莞、中山、惠州、肇庆 9 个市）臭氧超标问题凸显，粤东城市群、粤北清远和韶关等部分地区空气质量达标压力依然较大；流域水环境胁迫依然严重，劣Ⅴ类水体和城市黑臭水体尚未完全消除；生态格局破碎度高，部分城镇化区域生态安全形势严峻，近岸海域生态系统受损明显；饮用水水源突发性和累积性环境风险尚存，大气、水、土壤环境污染诱发的环境风险逐步显现，区域人居环境安全受到潜在威胁。

（三）引领绿色发展面临重大压力和挑战。广东省经济已由高速增长阶段转向高质量发展阶段，但经济社会发展与生态环境保护不平衡状况依然存在，节约资源和保护环境的发展模式尚未完全形成，继续引领全国绿色发展仍将面临空间布局性矛盾尚未根本解决、结构性矛盾依然突出、粗放型生产方式尚未完全转变、生活方式绿色化水平亟待加强等重大压力与挑战。贯彻落实新发展理念、改善区域生态环境、保障人居环境安全，协调区域发展与资源环境承载能力之间的矛盾，是推动绿色发展的重要抓手。

二、促进经济社会与生态环境保护协调发展的总体要求

（四）指导思想。全面贯彻党的十九大精神，以习近平生态文明思想为指导，深入贯彻习近平总书记重要讲话精神，践行社会主义生态文明观，坚持人与自然和谐共生，以率先实现生态环境根本好转、保障人居环境安全为目标，加快经济结构战略性调整和产业转型升级，着力构建绿色低碳循环发展新格局，实施生态环境战略性保护，不断提高生态环境治理体系现代化水平，建成“天更蓝、山更绿、水更清、土更净、环境更优美”的美丽广东。

（五）基本原则。坚持绿色引领，积极推进珠三角国家绿色发展示范区建设，在全国率先探索建立经济社会发展和生态环境保护协同共进的绿色发展新模式。坚持问题导向，围绕社会关注和人民群众反映强烈的突出环境问题，加快构建生态保护红线、环境质量底线、资源利用上线和环境准入负面清单（以下简称“三线一单”）的分区环境管控体系，强化大气、水和土壤等重点领域污染治理。坚持对标国际，立足世界级城市群建设，在环境质量提升、生态功能维护、自然资源利用等方面率先接轨国际先进水平。

（六）总体思路。以率先实现区域生态环境根本好转为目标，以经济社会发展与资源环境矛盾最突出的区域和行业为重点，以“三线一单”为抓手，优化国土空间开发格局，统筹协调城镇、农业、生态空间，大力推进产业绿色循环低碳发展，促进城镇化向节约集约、生态宜居转变，加快推动形成绿色发展方式；加强区域生态环境战略性保护，着力解决人居环境安全面临的突出生态环境问题，推进区域生态环境治理机制体制现代化，实现经济社会与生态环境保护的全面协调发展。

三、加快推动形成绿色发展方式

（七）优化国土空间开发格局，统筹协调城镇、农业、生态空间。落实主体功能区战略，结合生态功能定位和生态环境承载能力，推进构建“核心优化、双轴拓展、多极增长、绿屏保护”的国土开发总体战略格局，实施分区环境管控（具体要求详见附件）。落实《广东省海洋主体功能区规划》和《广东省海岸带综合保护与利用总体规划》，布局集约节约用海区域，分类管控海域开发利用，规范围填海秩序。深化区域内、区域间协调合作与融合发展，增强珠三角地区对粤东西北地区的辐射带动，促进阳江、云浮、清远、韶关、河源、汕尾等城市对接融入珠三角地区的组团发展。加快建设粤东城市群、粤西沿海城市带和粤北生态发展区，建设沿江沿海重点开发经济带。科学推进产业转移和产业共建，防范过剩、落后产能向重点生态功能区和江河上游源头区转移。优化产业转移园区布局，推动粤北地区冶炼行业逐步转移退出，定期评估现有园区绿色发展水平，加快绿色转型步伐。

（八）深化结构调整与转型升级，推进产业绿色循环低碳发展。大力发展高新技术产业和先进制造业，积极培育绿色、低碳、环保的战略性新兴产业，提升改造纺织、造纸、建材、化工等传统产业，加快产业链绿色转型升级。合理控制重化工业发展规模，2020 年前钢铁行业粗钢规模控制在 5 000 万吨以内；惠州大亚湾石化产业基地 2020 年前炼油规模控制在 2 200 万吨以内，远期发展应立足区域环境承载能力与风险可接受程度；揭阳、湛江、茂名石化产业发展应严格落实国家相关政策和布局要求。着力提升资源环境效率，全面实施能源消耗总量和强度双控，2020 年全省能源消费总量控制在 3.38 亿吨标准煤左右，其中煤炭消费总量控制在 1.75 亿吨以内，珠三角地区煤炭消费总量实现负增长。大力提升火电、钢铁、有色、化工、建材等高耗能产业清洁生产水平，全面实施产业聚集区和工业园区的能量梯级利用，深入推进工业园区循环化改造、工业废物资源化利用和危险废物无害化处理处置。重点推进火电、石化、造纸、钢铁、纺织、化工、食品等高耗水行业节水技术改造，提升再生水、雨水、海水等非常规水源利用水平。

（九）合理调控发展规模，推进集约宜居的新型城镇化建设。以耕地红线和生态保护红线为约束，合理划定城镇开发边界，实施建设用地总量和强度双控，深圳、东莞、佛山等城市加快推进建设用地的存量盘活优化，明确建设用地规模上限。严格控制广州、深圳人口规模。合理规划城市新区，分期有序推进城市新区建设，适时评估“三线一单”落实情况、资源环境承载能力、工业化和城镇化发展潜力等，及时调整规划目标、规模、布局和建设时序。继续推进城市建成区“退二进三”，现有钢铁、有色、造纸、电镀、印染、石化、化工等污染较重的行业企业分类采取集中发展、就地改造、异地搬迁或依法关闭等措施，优先解决重化工业围城、工业和人居功能混杂等问题，保证人居环境与工业生产空间的合理分隔。加快推动广州石化、韶关冶炼厂等企业搬迁。引导村镇工业和人居功能混杂区提升改造，以专业镇和特色小镇建设为载体，加强村镇环境综合整治。加快完善城乡环保基础设施体系，珠三角地区加快城镇污水、垃圾处理处置服务功能向农村延伸；粤东西北地区以乡村振兴发展战略为契机，因地制宜合理推进农村环保基础设施体系建设。

（十）加快区域交通网络建设，促进交通体系绿色低碳发展。大力实施公交优先发展战略，优先发展绿色交通、智能交通，适度控制机动车总量增长，特大城市进一步控制机动车总量。加快珠三角地区内部及与周边区域城际轨道联网建设，提升区域间公共交通服务能力。加快新能源汽车规模化应用，有序推进中心城区、郊区、边远地区非电动公交车梯度淘汰，到 2035 年，全省公交车、出租车全部实现电动化，逐步提升企业及家用新能源乘用车比例。加快推进机动车排放标准升级，强化高排放机动车管理，划定高排放车辆限行区域，加快推进老旧机动车淘汰。全面落实珠三角水域船舶排放控制区实施方案，鼓励内河船舶使用液化天然气（LNG）、电力等清洁能源。建立全省协同控制二氧化硫（SO_2）和氮氧化物（NO_x）的船舶排放控制政策，联合港澳建立国际海事组织认可的粤港澳大湾区水域船舶排放控制区。提高车用和船用油品质量，推进车用柴油、普通柴油和船用燃油“三油并轨”。

四、加强基于“三线一单”的区域生态环境战略性保护

（十一）强化生态保护红线约束，完善区域生态空间管控体系。加快区域生态保护红线的划定—勘界—定标，建立健全生态保护红线监控—评价—考核—补偿机制。强化生态保护红线的刚性约束，建立空间规划体系，统筹协调城镇、农业、生态空间。对粤北南岭生态屏障、珠三角外围生态屏障和东南部海岸带等重要生态保护空间实施用途管制。加强自然保护区和森林公园建设，优先支持关系生态安全的国家公园建设，严格控制各类建设用地占用生态空间，保护珍稀物种栖息地，提升生物多样性水平和生态完整性。加强重要湿地和自然岸线的保护力度，禁止对湿地无序围垦，实施退田还湿，大力开展河岸湿地和珠江口湿地保护与修复，确保湿地面积不降低，自然岸线不减少。

（十二）深化协同减排，促进环境空气持续改善。2020 年，广东省地级及以上城市细颗粒物（$PM_{2.5}$）年均浓度全面稳定达标，深圳力争达到 25 微克 / 立方米；2035 年，全省大气环境治理全面提升，$PM_{2.5}$ 年均浓度进一步降低。率先推动 $PM_{2.5}$ 与臭氧（O_3）污染协同防治，深入实施 $PM_{2.5}$ 及 NO_x、挥发性有机物（VOCs）、SO_2 等污染物协同减排，提升有毒有害大气污染物防控能力。珠三角地区进一步深化能源结构调整，提升天然气、电力等清洁能源消费占比，积极推进核能、生物质能、太阳能等清洁能源和煤的洁净化利用；重点加强 VOCs 和 NO_x 协同控制和重点企业 VOCs“一企一策”综合治理；逐步推动大气污染治理全防全控体系建设，推行工业 VOCs 全过程控制，加快制定重点行业 VOCs 排放标准和产品 VOCs 含量限值标准。粤东城市群推进 VOCs、NO_x 和烟粉尘减排，逐步降低能源消费总量增速，制定并实施更严格的节能环保、产业和清洁生产要求，全面推行最佳可行污染控制技术。粤北地区的清远、云浮、韶关以及珠三角地区的肇庆等城市强化产业环保准入要求，严格控制建材、冶金等高耗能行业规模，依法依规淘汰落后和过剩产能，全面完成“散乱污”企业清理整顿，加强火电、建材、冶金等重点行业大气污染治理。有序推进珠三角地区机场和航空器大气污染排放控制。开展珠三角地区有毒有害大气污染物排放现状与环境污染现状摸底排查，建立

区域有毒有害大气污染物优先控制名录，到 2035 年建成覆盖所有有毒有害大气污染物的大气污染防控体系。

（十三）加强陆海统筹，加大水污染防治力度。2020 年，流域水生态环境状况总体改善，全省地表水水质总体优良，对于划定地表水环境功能区划的水体断面，珠三角地区消除劣Ⅴ类，全省基本消除劣Ⅴ类，地级以上城市建成区黑臭水体比例低于 10%，近岸海域水质优良面积比例不低于 85%；2035 年，流域水生态系统功能全面提升，全省地表水和近岸海域水质优良比例进一步提高。强力推进城市建成区黑臭水体综合整治，持续开展珠三角地区的广州、深圳、佛山、东莞，粤东地区的汕头、揭阳和粤西地区的茂名等城市重污染水体综合治理。珠三角地区全面推进现有生活污水处理设施配套管网建设，实施雨污分流；其余地区着力完善城镇污水处理厂建设，全面推进农村生活污水收集与处理。2020 年年底前广州、深圳等超大城市探索再生水利用，推进城市内涝治理工程建设，2020 年后其余城市逐步推广实施。开展珠江流域农业面源和城市面源污染控制，重点开展珠江口东、西两岸污染整治，推进珠江口、大亚湾、湛江港、水东湾、汕头港等重点河口、海湾总氮入海总量控制，研究推进深圳、惠州等城市污水排海工程建设。加强绿色生态水网建设，强化水网贯通，在西江、北江、东江、韩江、九洲江、鉴江干流及主要支流沿岸、河口地带营建滨水生态林带。

（十四）实施上下游联动，提升饮用水水源安全保障。2020 年，县级及以上集中式饮用水水源水质全部达到或优于Ⅲ类；2035 年，集中式饮用水水源高标准稳定达标。全面统筹规划水源布局，优化整合分散水源地，推进广佛肇、深莞惠、珠中江水源一体化，逐步实现水源地间的联网互通。重点拓展和保护西江水源，严格限制西江沿岸高污染产业发展，推动建立跨省生态环保共建共享体系，探索流域环境监管和行政执法机构试点工作；提高北江水源开发利用率，严防韶关、清远沿江区域及新区发展带来的水污染风险，严格产业转移的环境准入，规范工业集聚区建设，严格流域上游的矿产资源开发环境监管；稳定东江水源，加强支流水环境综合治理和持久性有机污染物监测监控。优化供排水格局，审慎实施长距离、跨流域调水工程，实现高、低用水功能之间的相对分离与协调和谐，严格监控影响供水通道水质的支流和污染源。研究扩大供水通道两岸保护范围，将供水通道干流两岸最高水位线水平外延 100 ～ 1 000 米范围划入供水通道管控区，鼓励各地结合实际情况加强供水通道沿岸环境管控。完善应急备用水源建设，有条件的地区积极推动供水管网向乡镇、农村延伸，发展规模集中供水。加强东江、西江、北江、韩江、九洲江上游各支流两岸第一重山脊线以内的陆域生态保护，建设流域生态廊道体系，加强重要水库保护与公益林建设，提高水源涵养能力。探索制定饮用水水源水质地方标准，开展东江、西江、北江、贺江、韩江、九洲江等跨界河流入境断面主要污染物的通量监测监控与核算，逐步开展集中式饮用水水源地持久性有机污染物、内分泌干扰物和湖库型水源藻毒素监测与风险防控。

（十五）提升生态系统服务功能，保障人居环境安全。着力构建以“两屏、一带、一网”为主体的生态安全格局，构建生态廊道和生物多样性保护网络，提升生态系统服务功能和生物多样性水平。强化南岭山地生态保护，修复受损、退化林地，逐步增加乡土阔叶混交林比例，提升森林生态保护调节、水源涵养能力。加强自然岸线保护，推进重点海湾综合整治，加强红树林、珊瑚礁、海草场等南海典型生态系统保护和修复。切实加强土壤污染防治，逐步改善土壤环境质量，有效保障土壤环境安全，全面管控土壤环境风险。建立健全环境风险防控体系，强化区域环境风险联防联控，重点区域加快建立环境风险信息化管理平台。珠三角地区加强对散乱布局的危险废物处理点和仓库等的统一管理，适时开展老旧工业区与重污染项目周边人居环境安全风险评估。粤东西北地区加强工业园区统一管理和风险监控，严控石化、建材、钢铁、有色等重点行业新增环境风险源。完善环境风险预警体系，强化重污染天气、饮用水水源地、有毒有害气体、核安全等预警工作，开展饮用水水源地水质生物毒性、化工园区有毒有害气体等监测预警试点。

*（十六）制定环境准入负面清单，推动绿色循环低碳发展。*统筹划定区域环境综合管控单元，根据资源环境承载能力确定合理的空间布局、开发强度、资源环境效率限值等管控目标。云开大山、南岭山地等重要水源涵养区严格限制新建排放重金属等有毒有害污染物的工业项目。沿海红树林保护区禁止所有与环境保护和生态建设无关的开发活动。供水通道严禁新建排污口，关停涉重金属、持久性有机污染物的排污口，其余现有排污口不得增加污染物排放量。分阶段、分地区实施更严格的污染物排放标准，率先接轨国际先进水平，促进重点产业升级和落后产能退出。通过标准提升加快促进火电、水泥、平板玻璃、钢铁、建筑陶瓷、炼化等行业结构调整、布局优化及技术改造，对新改扩建企业实施更严格的准入要求，珠三角地区重点行业资源环境效率达到国际先进水平，其他地区达到国内先进水平。

五、推动生态环境治理体制机制现代化

*（十七）完善现代化治理体系，推进生态环境保护社会共治。*贯彻落实国家和广东省生态文明体制改革总体部署，促进生态环境保护社会共治，切实转变政府职能，创新行政管理方式，加快推动区域生态环境治理体系和治理能力现代化。继续推进环保行政审批制度改革，完善事中事后监管配套措施，健全环境信息公开和公众参与制度，加快构建全链条无缝衔接预防体系，推动战略环评、规划环评的落地实施，实施生态环境保护清单式管理，完善分区环境管控，加快推动“三线一单”编制和实施。积极推进实施企业节能、节水、环保领跑者制度。加快推行绿色信贷，将企业环保信息纳入银行信贷征信系统，对不符合环保要求的企业、项目贷款严格实行“一票否决”制，率先推进实施绿色债券、市场化碳排放机制等环保金融政策。建立生态环境保护财政投入资金增长机制，完善多主体、多渠道、多元化生态环境保护投融资机制。在环境高风险领域全面推行环境污染强制责任保险。深化危险废物产生、转移、经营、处理处置全过程监管。强化洋垃圾非法入境监管，引导区域内固体废物资源化产业化，完善运营机制和管理制度。

*（十八）深化区域联防联控，完善多部门跨区域协作机制。*完善珠三角地区环保一体化运行机制，加快解决区域大气复合污染、跨市河流污染等突出问题。深化“广佛肇＋清远、云浮、韶关”“深莞惠＋汕尾、河源”“珠中江＋阳江”等区域内部环保合作，建立粤东地区

大气污染联防联控机制，推动城市间交界区域跨界执法机制试点。全面实施“河长制”，加快实施“湖长制”，探索建立“湾长制”，逐步建立多部门协作的陆源污染联防联控机制。健全泛珠三角区域生态环境协同保护和治理机制，积极探索跨省（区）河流治理机制，加强粤赣、粤闽、粤湘、粤桂跨界河流水污染联合治理，国家督促指导广东上游来水省份认真履行水污染防治责任，确保与广东跨省交接断面水质稳定达标。加强珠江—西江经济带生态环境保护，开展西江流域污染联防联治，推动西江流域环境监管和行政执法机构试点工作。强化粤港澳大湾区生态环保合作，编制实施粤港澳大湾区环保规划。大力推进与“一带一路”沿线国家、地区的环保合作与交流。

（十九）健全生态补偿机制，促进生态环境效益共享。加快推进森林、湿地、海洋、河流、耕地等重点领域生态补偿。加快建立跨市取水的生态补偿制度。逐步实现禁止开发区、重点生态功能区等重要区域生态补偿全覆盖，将南岭山地森林及生物多样性生态功能区作为开展生态补偿的重点区域。探索推进横向生态补偿，鼓励受益地区与生态保护区通过资金补偿、对口协作、产业转移、环保基础设施援建、人才培训和共建园区等方式建立横向补偿关系。

（二十）完善后果严惩制度，健全绿色高效决策机制。严格落实生态环境保护监督管理“一岗双责”“党政同责”，完善政绩考核评价体系，强化生态文明建设目标评价考核，把资源消耗、环境损害、生态效益纳入地方政府领导干部考核体系，将考核结果作为地方党政领导班子和领导干部综合考核评价、干部奖惩任免的重要依据。推动完善环境保护协调机制。建立国有自然资源资产管理和自然生态监管机制，编制自然资源资产负债表，探索主要自然资源资产负债价值量核算技术，落实生态环境损害责任终身追究制，实施领导干部自然资源资产离任审计。

附件：广东省分区环境管控要求汇总表

2018 年 6 月 26 日

附件

广东省分区环境管控要求汇总表

区域	重点管控单元	问题与压力	环境管控措施
珠三角地区	广佛肇地区	颗粒物、臭氧和氮氧化物等多污染物超标问题突出，煤炭消耗占比大，中远期臭氧污染风险加剧，危害人体健康的有毒有害物质、汞等问题显现	近期加快能源结构调整，实行煤炭总量控制，增大天然气、电力等清洁能源供应；全面清理“散乱污”企业，加快落后、重污染企业淘汰；完成老旧车淘汰；推行行业准入负面清单；开展广佛肇城市交界处工业聚集区、村级工业园连片环境综合整治；深化区域联防联控；佛山、肇庆重点实施陶瓷企业大气污染治理设施提标改造；广州、佛山等城市大力实施公交优先发展战略，优化发展绿色、智能交通，适度控制机动车总量过快增长，加快新能源汽车规模化应用。强化 VOCs 防控。 中远期实施能源总量控制，实现煤炭总量负增长；加快推动产业链的绿色转型升级，大幅提升资源能源利用效率和污染治理水平；提高车用和船用油品质量；全面推进船舶、非道路移动源污染控制；有序推进机场和航空器大气污染排放控制；开展重点地区重金属、苯系物、卤代烃、苯胺、酚类化合物、二噁英等有毒有害大气污染物排放现状与环境污染现状摸底排查，建立区域有毒有害空气污染物优先控制名录
		劣Ⅴ类水体尚未根本消除，河网水系连通性下降，流域生态系统健康受损	近期划定广佛跨界河流为水环境优先控制区，实行控制单元内污染物排放“减量置换”，开展系统性全流域综合治理，广州、佛山重点推进广佛跨界河流综合整治，实施“一河一策”精准治污，实行挂图作战；以集聚区为载体推动流域集聚发展，建立健全重污染企业退出机制，广州、佛山大力实施镇、村级工业区升级改造，实行污染集中控制、统一处理；广州、佛山加快推进现有生活污水处理设施配套管网建设，重点完善旧城区污水管网改造及优化调度，推进雨污分流，加快实施城镇污水处理厂提标改造；着力完善肇庆的城镇污水处理厂建设，全面推进农村生活污水收集与处理；推进流域再生水利用工程建设；在广佛跨界河流试行水质考核激励机制。 中远期逐步建立珠江水网大循环体系，加强滨河（湖）带生态建设，在河道两侧建设植被缓冲带和隔离带，重建和恢复湿地生态系统，构建绿色生态水系
		城市建成区水体黑臭问题突出	近期重点推进广州、佛山等城市黑臭水体环境综合整治，将黑臭水体治理与海绵城市、防洪排涝、生态水网建设相结合，因地制宜采取控源截污、垃圾清理、清淤疏浚、生态修复等措施

区域	重点管控单元	问题与压力	环境管控措施
珠三角地区	广佛肇地区	供水排水格局尚未分离，持久性有机污染问题日益凸显，威胁饮用水安全。西江干流水质易受上游广西来水影响，肇庆、佛山等城市饮用水安全保障难度加大。广州特大型城市供水水源外部依赖程度日益增加	近期继续优化调整取水排水格局，建立西北江三角洲“靠西取水、靠东退水”的供排水格局；调整优化供水布局，优化整合零散分布于流域内的水源地，推进广佛肇水源一体化，逐步实现联网供水。广州探索再生水利用，推动造纸、纺织等传统产业升级改造。 中远期严格环境准入管理，将珠江—西江经济带打造为生态经济带，优先保护西江水质，严格限制西江沿岸高污染产业发展，开展西江流域污染联防联治。推进和完善饮用水水源地生物毒性实时监控系统建设，开展集中式饮用水水源地持久性有机污染物、内分泌干扰物和湖库型水源藻毒素监测与风险监控。广州严格控制人口规模。探索推进水价改革，提升非常规水资源利用水平
		生态空间破碎化，人工生态系统占主导，生态服务功能不足	近期划定并严守生态保护红线，保护广州北部花都—从化北部山脉生态屏障，充分利用河流、道路防护林、绿道等生态廊道，连接城市群内部各生态节点，提升区域生态完整性水平。 中远期控制城市发展规模，严守生态保护红线，通过积极打造生态廊道、生态节点，降低生态空间破碎度，提升生态系统服务功能
		遗留污染场地土壤污染，产城混杂威胁人居环境安全	近期加强土壤污染监控、修复力度。通过生态修复，将污染场地转变为生态用地，增加城市生态节点。开展生态修复和城市修补。 中远期逐步搬迁、关闭位于城市中心的高环境风险企业，加快推进广石化搬迁；合理规划产城布局，城市周边工业园区规划预留足够的缓冲空间
	深莞惠地区	东莞臭氧污染问题突出，VOCs行业众多，有毒有害污染物、汞等问题逐步显现	近期重点加强VOCs和氮氧化物协同控制；摸清区域VOCs排放与分布状况，建立VOCs排放清单；完成重点企业VOCs“一企一策”综合治理；严格限制新建项目的VOCs新增排放量。深圳、东莞等城市大力实施公交优先发展战略，优化发展绿色、智能交通，适度控制机动车总量过快增长，加快新能源汽车规模化应用。惠州大亚湾石化产业基地近期炼油规模控制在2 200万吨以内，远期规模扩张应充分论证其环境可行性和风险可接受程度；实施石化企业大气污染治理设施提标改造。 中远期重点推动大气污染治理全防全控体系建设。深入实施$PM_{2.5}$、VOCs、NO_x、SO_2等前体污染物协同减排；制定并落实范围更广、标准更严的节能、环保、产业、清洁生产标准，推动产业结构不断优化；实施工业VOCs全过程控制，加快绿色溶剂替代芳香烃和有害有机溶剂。集装箱、汽车制造业全面推行水性涂料，逐步提高印刷、制鞋、工业涂装（家具制造、船舶制造、装备制造业等）水性原辅材料使用比例。加快制定出台重点行业VOCs排放标准和产品VOCs含量限值标准；开展重点地区重金属、苯系物、卤代烃、苯胺、酚类化合物、二噁英等有毒有害大气污染物排放现状与环境污染现状摸底排查，建立区域有毒有害空气污染物优先控制名录

区域	重点管控单元	问题与压力	环境管控措施
珠三角地区	深莞惠地区	劣Ⅴ类水体未消除，河网水系连通性下降，流域生态系统健康受损	近期划定深圳河、淡水河、茅洲河、石马河为水环境优先控制区，实行控制单元内污染物排放“减量置换”，开展系统性全流域综合治理，推进流域再生水利用工程建设。深圳市重点推进深圳河、淡水河流域综合整治，东莞市重点推进茅洲河、石马河流域综合整治，实施“一河一策”精准治污，实行挂图作战；淡水河、茅洲河加快完善污水管网建设，推进雨污分流，提高现有污水处理厂脱氮除磷效果；茅洲河重点加强电镀产业集聚发展和清洁化改造，大力实施镇、村级工业园升级改造，实行污染集中控制、统一处理，加快推进定点园区建设；深圳河重点加强工业污染治理，实施清洁化改造，开展工业聚集区污水集中处理设施建设。重点完善旧城区污水管网改造及优化调度，城市新区推进污水管网建设，优先实施水源保护区、新建片区、城市更新区、城中村、重点旧城区的管网建设，推进雨污分流，提高污水处理设施的治污效能。在深莞茅洲河、深惠淡水河、深莞石马河等重点跨市域河流试行水质考核激励机制。 中远期提升河涌水网地区绿化建设水平，加强滨河（湖）带生态建设，在河道两侧建设植被缓冲带和隔离带，加大河流湿地保护，构建城市绿色生态水系。推进深圳国家节水型城市建设
		城市建成区水体黑臭问题突出	近期重点推进深圳、东莞等城市黑臭水体环境综合整治，将黑臭水体治理与海绵城市、防洪排涝、生态水网建设相结合，因地制宜采取控源截污、垃圾清理、清淤疏浚、生态修复等措施
		深圳供水水源外部依赖程度高，持久性有机污染物加剧饮用水安全风险	近期加强饮用水水源保护，规范水源地建设，推进深莞惠水源一体化，逐步实现联网供水；深圳加快推进再生水利用工程建设，实施雨水蓄积利用工程。 中远期推进和完善饮用水水源地生物毒性实时监控系统建设，开展集中式饮用水水源地持久性有机污染物、内分泌干扰物和湖库型水源藻毒素监测与风险监控。严格控制深圳超大城市人口规模
		持续高强度开发，挤占生态空间	近期控制深圳城市土地开发强度，提升东莞的土地利用集约化水平，以生态保护红线管控倒逼城市用地格局优化升级，提升土地利用效率，严格控制建设用地对生态空间的侵占，逐步清退红线区内已有建设用地。 中远期积极打造城市生态廊道、生态节点，降低生态空间破碎度，提升生态系统服务功能
		遗留污染场地土壤污染	近期落实土壤污染防治行动计划，重视污染遗留场地土壤修复工作，开展农田土壤修复，加强土壤污染监控力度。通过生态修复，将污染场地转变为生态用地，增加城市生态节点。开展生态修复和城市修补。 中远期进一步完善土壤污染监控平台，合理规划产城布局，城市周边工业区规划预留足够的缓冲空间

区域	重点管控单元	问题与压力	环境管控措施
珠三角地区	珠中江地区	中山、江门等城市臭氧污染问题突出，VOCs行业众多，有毒有害污染物、汞等问题显现	近期重点加强中山、江门等城市VOCs和氮氧化物协同控制；摸清区域VOCs排放与分布状况，建立VOCs排放清单；完成重点企业VOCs“一企一策”综合治理；严格限制新建项目的VOCs新增排放量；珠海重点实施石化企业大气污染治理设施提标改造。 中远期重点推动中山、江门等城市大气污染治理全防全控体系建设。深入实施$PM_{2.5}$、VOCs、NO_x、SO_2等前体污染物协同减排；制定并落实范围更广、标准更严的节能、环保、产业、清洁生产标准，推动产业结构不断优化；实施工业VOCs全过程控制，加快绿色溶剂替代芳香烃和有害有机溶剂。集装箱、汽车制造业全面推行水性涂料，逐步提高印刷、制鞋、工业涂装（家具制造、船舶制造、装备制造业等）水性原辅材料使用比例。加快制定出台重点行业VOCs排放标准和产品VOCs含量限值标准；开展重点地区重金属、苯系物、卤代烃、苯胺、酚类化合物、二噁英等有毒有害大气污染物排放现状与环境污染现状摸底排查，建立区域有毒有害空气污染物优先控制名录
		城市建成区黑臭水体问题突出	近期重点推进珠海、中山等城市黑臭水体环境综合整治，将黑臭水体治理与海绵城市、防洪排涝、生态水网建设相结合，因地制宜采取控源截污、垃圾清理、清淤疏浚、生态修复等措施
		河网水系连通性下降，流域生态系统健康受损	近期推进珠三角绿色生态水网建设。 中远期调整、优化及完善河涌体系，保护和重建河岸绿湖绿化带，建设城市滨河景观带，建设湿地公园，打造绿色生态水系。推进珠海国家节水型城市建设
粤东地区	粤东城市群	区域复合污染显现，规模以下企业数量众多，污染监管和治理相对薄弱。城市群大气复合污染特征日益突出	近期强化粤东城市群的大气污染协同防控，全面深化各类大气污染源综合治理。依法全面清理“散乱污”企业；系统推进VOCs、氮氧化物和烟粉尘减排，着力加强中小企业工业锅炉和窑炉大气污染综合整治，加快推进空气质量达标并持续改善。潮州、揭阳重点加强VOCs和$PM_{2.5}$控制，汕头重点加强烟粉尘控制。 中远期将区域能源总量年均增速控制在2.8%以下，大力发展清洁能源；制定并落实范围更广、标准更严的节能、环保、产业、清洁生产标准，推动产业结构不断优化；加速产业链的绿色转型升级，大幅提升资源能源利用效率和污染治理水平；全面实施最佳可行污染控制技术，推动多污染物协同控制，全面实施高污染燃料禁燃区管理。深入推进工业园区循环化改造
		劣Ⅴ类水体未消除，河网水系连通性下降，流域生态系统健康受损	近期划定练江为水环境优先控制区，实行控制单元内污染物排放“减量置换”，开展系统性全流域综合治理，推进流域再生水利用工程建设。汕头、揭阳等城市重点推进练江流域环境综合整治，优先开展印染印花行业综合整治，以产业集聚为突破口倒逼产业转型升级；实施更严格的流域限批，实行控制单元内污染物排放“减量置换”，制定并执行基于环境容量的流域水污染物排放标准；加强流域环保基础设施建设，推进工程减排；加快城镇污水处理设施建设，完善污水管网，提升污水处理设施治污效能；推进农村环境综合整治，加强畜禽养殖业污染控制，以新一轮生活污水和垃圾处理设施建设为契机，因地制宜推进农村污水处理设施建设。在练江流域试行水质考核激励机制。 中远期建设滨岸生态景观带，逐步改善污染河段水质，恢复河流生态功能，促进河流生态修复；实施生态水利工程，推进水量水质联合调度；完善河流湿地生态系统结构和功能，加强重点自然保护区的生态修复

区域	重点管控单元	问题与压力	环境管控措施
粤东地区	粤东城市群	城镇快速扩张，挤占生态空间，污染场地增加，土壤污染加剧	近期把握发展与保护的平衡，严守生态保护红线，保护生态空间。合理规划，提高土地集约化利用水平。 中远期严格执行环境准入负面清单，加强土壤污染监控与防治
粤西地区	湛茂地区	劣Ⅴ类水体尚未消除，流域生态系统功能受损	近期划定小东江为水环境优先控制区，实行控制单元内污染物排放“减量置换”，开展系统性全流域综合治理，推进流域再生水利用工程建设。茂名优先以入园为抓手，对小东江流域内的皮革、石化企业进行淘汰、整合；湛江、茂名加快城镇污水处理设施建设，完善污水管网；切实加强养殖业污染整治，流域内实行养殖“等量或减量替代”，加强畜禽养殖和水产养殖污染控制；推进农村生活污水治理工程建设；在湛茂小东江试行水质考核激励机制。湛江与广西加强九洲江流域污染联防联控，继续推进九洲江跨省生态补偿试点。加强入境水质监测监控，开展九洲江跨界河流入境断面主要污染物的通量监测与核算。 中远期加强生态建设，提高流域上游地区的林地覆盖率，通过实施森林碳汇、森林进城围城、乡村绿化美化等重点林业生态工程建设，改善和提升流域的整体生态环境状况和水平；茂名、湛江重点加强高州水库、鹤地水库等水质良好湖泊的生态保护工作
		湛江东海岛局部资源型缺水	中远期湛江试点建立海水利用示范园区，提升再生水、雨水、海水等非常规水资源利用水平
		茂名产城混杂威胁人居环境安全，湛江沿海产业快速发展，局部生态功能区面临胁迫，污染场地增加，土壤污染风险加剧	近期合理规划茂名、湛江产城布局，城市周边工业园区规划预留足够的缓冲空间，提高产业准入标准，加强石化、钢铁等高风险产业的污染防治工作。 中远期严格执行环境准入负面清单，加强土壤污染监控与防治
粤北地区	清云韶地区	颗粒物污染问题突出，大气复合污染特征日益凸显	近期重点加强大气污染治理设施建设、升级和运行管理，提高治污效率，全面清理“散乱污”企业，大幅提升资源能源利用效率和污染治理水平。云浮重点加强水泥、陶瓷、火力发电和石材加工行业的大气治理；清远加强建材行业工业粉尘治理；韶关重点治理冶金行业烟粉尘和废气重金属排放；加强准入管理，加快淘汰落后和过剩产能，深化水泥、陶瓷等建材行业去产能行动；严格落实水泥、陶瓷企业抑尘措施，有效控制粉尘无组织排放；实施陶瓷、水泥等重点行业企业大气污染治理设施提标改造。 中远期将能源总量年均增速控制在2.8%以下，大力发展清洁能源；进一步提高能耗、环保等准入门槛，严格控制高耗能行业产能扩张；严格控制建材、冶金等行业规模；提高建材行业能耗要求，淘汰产值低、能耗大的企业；加速产业链绿色转型升级，大幅提升资源能源利用水平和污染治理水平

区域	重点管控单元	问题与压力	环境管控措施
珠江口沿岸地区		珠江口富营养化态势尚未扭转，近岸海域生态系统受损	近期加快沿海地区工业废水集中处理厂建设，提高污水处理率和循环利用率，加快沿海地区污水管网建设；开展珠江流域农业面源和城市面源污染控制，重点完善珠江口、大亚湾陆海统筹的总氮入海总量控制；深圳、惠州等城市推进污水排海工程建设，开展排海工程对大亚湾省级水产自然保护区、香港海域的影响论证，优化排污口位置；开展珠江入海河流污染物通量监测，以及重点入海排污口及邻近海域的在线监测；珠江口、大亚湾建立污染物入海总量控制制度，做好入海排污单位的排污许可管理工作。 中远期强化河口、滨海湿地保护与建设，重点加强围垦湿地退还、湿地补水、污染防控、栖息地恢复，重建和恢复湿地生态系统；推进海洋生态补偿及赔偿，推进“美丽海洋”生态整治修复，重点实施“美丽海湾”建设工程、“美丽海洋”整治工程、“美丽海岛”保护工程、“美丽滨海湿地”修复工程等；强化大亚湾—稔平半岛、珠江口河口、万山群岛和川山群岛等生态环境保护，构筑珠江口生态安全屏障。研究建立大亚湾水产资源自然保护区等省级海洋自然保护区生态保护补偿制度
		持续大规模围填海，破坏自然岸线	近期严守全省大陆自然岸线保有率不低于35%的底线。控制珠海、江门、深圳等地围填海和岸线开发规模，划定自然保护岸线区域，实行严格保护。推进柘林湾、品清湖、大亚湾、狮子洋、深圳湾、广海湾、水东湾、湛江湾等重点海湾综合整治。 中远期划定自然岸线红线区，制定自然岸线红线区管控方案，优化围填海方式。积极开展受损海岸带修复工程，通过人工干预，加快受损的自然岸线及海洋生态系统生态功能的恢复
		临海产业快速发展，重要近岸生态系统保护难度加大，面临退化风险	近期湛江、惠州、江门、深圳等地区合理布局临海产业，保护重要近岸生态系统。加强河口、沿岸重要湿地的保护力度，禁止对湿地滩涂的无序围垦，实施退田还湿，恢复和维持湿地面积与功能，大力开展珠江口湿地保护与修复。 中远期科学统筹海岸带（含海岛地区）、近海海域、深海海域三大海洋保护开发带，重点建设一批集中集约用海区、海洋产业集聚区和滨海经济新区，避免海岸带无序低效开发。加强对重要近岸生态系统的保护，修复和重建滨海湿地

区域	重点管控单元	问题与压力	环境管控措施
东江、西江、北江上游地区		受上游来水影响，饮用水安全风险加剧，生态系统水源涵养服务功能下降	近期严格环境准入管理，云开大山、南岭山地等重要水源涵养区严格限制新建排放重金属及有毒有害污染物的工业项目。将珠江—西江经济带打造为生态经济带，严格限制印染、造纸等重污染行业，完善重污染行业环境准入管理；优先保护西江水质，严格限制西江沿岸高污染产业发展，开展西江流域污染联防联治，推动西江流域开展按流域设置环境监管和行政执法机构试点工作，确保粤桂交界水质达到地表水环境质量Ⅱ类标准；北江加强韶关、清远等市沿江区域及新区发展带来的水污染风险防范，严格矿产资源开发环境监管，韶关深化冶炼行业整治、转型，逐步推进向沿海地区有序转移，推动韶冶等特大型企业环保搬迁；东江流域加强支流水环境综合治理和开展持久性有机污染物监测监控与治理；开展并完善跨省交界断面水质与主要污染物通量实时监控，推动建立东江、西江、北江等跨省流域联防联治机制。切实加强产业转移的规划控制，严格控制新建各类开发区，规范工业集聚区建设，以产业集聚为抓手倒逼产业转型升级。 中远期研究扩大供水通道两岸保护范围，将供水通道干流两岸最高水位线水平外延 100 ～ 1 000 米范围划入管控区，严格准入标准；实施生态保护工程，强化饮用水水源保护。加强东江、西江、北江上游各支流两岸第一重山脊线的生态保护，以北江、东江、西江等主要江河水系和骨干绿道为主体建设生态廊道体系；加强重要水库保护与公益林建设，提高水源涵养能力，河源重点实施新丰江水库上游生态保育工程建设；加强生态公益林建设与湿地保护，依法依规将生态保护红线、重要水库集雨区、供水通道沿岸范围内的林地逐步纳入生态公益林范畴并加强管控，鼓励农民退耕退养还湿；完善流域生态补偿机制，推动东江、西江开展试点工作。探索研究制定饮用水水源水质地方标准，加强入境水质监测监控，开展东江、西江、北江、贺江等跨界河流入境断面主要污染物的通量监测与核算
韩江上游地区		受上游来水影响，局部河段水污染态势尚未扭转，饮用水安全风险加剧	近期优化调整流域取水排水格局，实现高、低用水功能之间的相对分离与协调和谐。切实加强产业转移的规划控制，严格控制新建各类开发区，规范工业集聚区建设，以产业集聚为抓手倒逼产业转型升级。加快污水处理设施建设，逐步完善污水收集管网，提升污水处理设施的治污效能。 中远期流域内所有建制镇建成污水处理设施及配套管网系统，实现城镇污水处理全覆盖；研究扩大供水通道两岸保护范围，将供水通道干流两岸最高水位线水平外延 100 ～ 1 000 米范围划入管控区，严格准入标准；实施生态保护工程，强化水库集雨区保护，严格限制重要水库集雨区变更土地利用方式；加强生态公益林建设与湿地保护，依法依规将生态保护红线、重要水库集雨区、供水通道沿岸范围内的林地逐步纳入生态公益林范畴并加强管控，鼓励农民退耕退养还湿；继续推进汀江—韩江跨省生态补偿试点，逐步完善流域生态补偿机制。探索研究制定饮用水水源水质地方标准，加强入境水质监测监控，开展韩江跨界河流入境断面主要污染物的通量监测与核算

区域	重点管控单元	问题与压力	环境管控措施
南岭山地水源涵养与生物多样性保护重要区		矿产资源开发破坏生态环境，威胁区域生态屏障	近期实行矿产开发准入制，严格控制资源开采的生态影响，控制土壤污染及水土流失，积极修复已遭破坏区域。 中远期严守生态保护红线，实行矿产资源科学开采，边开采边保护，完善生态风险应急预案机制
		森林生态质量不高，生物多样性和水源涵养能力下降	近期加强南岭山地生态屏障保护，完善自然保护区和森林公园建设，国家优先支持关联广东省生态体系的国家公园建设，加大退化林修复力度，逐步增加乡土阔叶混交林比例，科学开展森林经营活动。建立国有自然资源资产管理和自然生态监管机制。 中远期重建和修复退化生态系统，提高森林生态系统稳定性，提升森林生态保护调节、生态文化服务、生态系统支持和林产品供给能力

注：1. 近期到 2020 年，中期到 2030 年，远期到 2035 年；

2. 珠江口沿海地区指广州、深圳、珠海、东莞、中山、江门、惠州等城市；东江、西江、北江上游地区主要涉及河源、云浮、肇庆、韶关、清远等城市；韩江上游地区主要涉及梅州市；南岭山地水源涵养与生物多样性保护重要区主要涉及韶关、清远、河源、肇庆、梅州、惠州和广州等城市。